知识图谱与认知智能

基本原理、关键技术、应用场景与解决方案

吴睿◎著

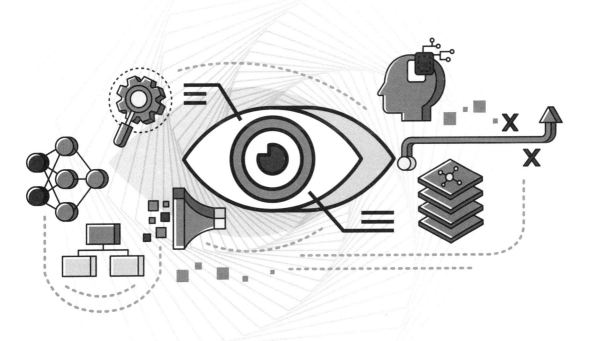

电子工业出版社
Publishing House of Electronics Industry
北京·BEIJING

内容简介

认知的高度决定了你创造价值的高度，包括你对世界的认知及世界对你的认知。知识图谱与认知智能技术的发展，既孕育了圈层变更的机会，也带来了人、机器、企业如何协同与博弈的难题。

本书总计 12 章，从理论到产业应用对知识图谱与认知智能进行了介绍。第 1~7 章围绕知识图谱与认知智能的需求，以用户、设备、企业为中心，讲解知识体系建设、知识图谱构建、知识存储、知识推理的基本原理与关键技术。第 8~12 章讲解如何运用知识图谱与认知智能技术，构建产品化及系统化解决方案，以满足企业营销、服务、供应链、生产、运维、经营管理、数据交易等应用场景的业务需求。

读者通过本书可以了解企业认知智能的原理、应用方法、执行策略，以此构建企业认知博弈的最优策略。企业数据智能相关从业者可以参考本书，构建以用户为中心的企业认知智能解决方案，通过人机协同的方式，实现对业务的认知与引导，并从业务演变中获益。此外，本书可以作为自然语言处理、知识工程、人工智能、社会计算等相关课程的教材。

图书在版编目（CIP）数据

知识图谱与认知智能：基本原理、关键技术、应用场景与解决方案 / 吴睿著. —北京：电子工业出版社，2022.2

ISBN 978-7-121-42595-0

Ⅰ. ①知… Ⅱ. ①吴… Ⅲ. ①人工智能－应用－知识管理 Ⅳ. ①G302-39

中国版本图书馆 CIP 数据核字（2022）第 016393 号

责任编辑：张国霞

印　　刷：三河市君旺印务有限公司

装　　订：三河市君旺印务有限公司

出版发行：电子工业出版社

　　　　　北京市海淀区万寿路 173 信箱　　邮编 100036

开　　本：787×980　　1/16　　印张：23.75　　字数：530 千字

版　　次：2022 年 2 月第 1 版

印　　次：2022 年 2 月第 1 次印刷

印　　数：5000 册　　定价：118.00 元

推荐序

一个人人都要使用大数据和人工智能算法的时代来临了！

信息经济研究领军人物张翼成教授在《重塑》一书中曾提及智能化"个人助理"。如果你想去一个没去过的国家来趟自由行，那么"个人助理"会依次帮你做如下事项。

（1）依照你的个人喜好给出一张旅游设计表。

（2）在你选了一些感兴趣的行程后，马上为你排出行程表并给出交通、时间和住宿建议。

（3）在你整合数个建议并做出一些调整后，马上依照你的住宿喜好等给出建议并依照你的决定租下住处。

（4）立刻把你选定的旅游地点的历史、特点、附近餐饮等收集好，做成长、中、短等不同版本提供给你。

如果你是一位游记作家或国际事务特约报导员，那么"个人助理"会帮助你收集你所在行程点的相关新闻、历史、人物、报导、小说等，变成你的写作材料。在你组合写作材料做出一个草稿时，会将你的草稿加上你在行程中的录音、录影转成"报导"，然后"高仿"你的个人写作风格整理出一个初稿，提供给你进行最后的修改以定稿。如果"报导"是多人多地同步进行创作的，那么还会把你的初稿上传到一个集体创作平台，和其他人的"个人助理"相互学习、改进，以形成统一的写作风格和内容，便于大家进一步修改。在修改过程中，"个人助理"又在进行学习及相互学习以帮忙持续整合和调整。在几轮人机互动后，定稿完成。

以上种种，已经在我们身边发生！我们去旅游网站订房，"个人助理"就已经根据我们的习惯给出推荐！只是现在的推荐是拥有大数据的企业为我们提供的，将来会是我们的笔记本电脑或手机为我们提供的，我们将会拥有数量非常可观的"个人助理"！

太阳底下无新鲜之事，历史总是在不断地重复它自己。

20 世纪 40 年代，计算机和软件只在美国国防部、英国国防部破解密码时使用。随着 IBM 360、

370 的出现，众多企业走上信息化的道路。20 世纪 70 年代后，个人 PC 出现，接着智能化手持设备不断推陈出新，如今几乎人人都在使用计算机。在智能化时代，将会有数十甚至数百个大数据分析及人工智能算法软件供我们随身使用，这已是可以期待的了。

未来，在企业内部的协同工作场景中，各组织及平台上的工作者都会和工作流程中的上下游伙伴及各利益相关者形成人机共构网络，与其"智能助理"在工作平台上协同作业、集体行动并集体创造。

20 世纪 90 年代，信息化终于带来了企业再造（Business Re-engineering）运动，其中未能很好地适应因个人电脑与网络化而出现的企业流程与结构再造的私营企业，大概都已被淘汰出局。如今，智能化时代已来，我们可以期许因智能化而出现的企业再造跟着到来。

然而这些从个人消费、工作到组织经营的智能化基础是什么？

（1）大数据。从公开数据的抓取到版权数据的购买，再到个人或企业自有数据的整合，并将大数据依我们的需求利用自然语言分析、地理信息分析、图像分析、网络分析、多模态分析、可视化等加以结构化。

（2）知识图谱。从大数据中抽取出的与我们相关的知识点，会以知识图谱的方式呈现出它们的底层结构，成为我们进一步可利用的知识架构。

（3）用于辅助决策的智能算法。这些算法会学习我们的工作方法、决策风格、社交网络、协同工作习惯等，给出各种建议，辅助我们对生活及工作中的方方面面进行决策。

本书中提及的知识图谱和认知智能，以数据中台为基础，以知识连接为核心，是企业将大数据作为公司级战略的重要抓手。这种从信息到知识再到智慧产生的底层逻辑体现了互联网时代网络式的、自组织的、自下而上涌现的公司治理思维和模式。知识图谱作为一种图网络形态的知识存储结构，展现着经过信息化、知识化处理的数据；认知智能则基于知识图谱，对知识进行推理、计算和转化，从而帮助个体突破认知上限，创造更大的个人价值，并帮助企业整合离散数据及建设认知应用，提升用户、物、企业的认知协同能力，创造更大的业务价值。

总之，AI 加强了人的智能，人的智能又会影响 AI，在这样的不断交互中呈现出一个崭新的人机相互增强的新系统。本书从知识图谱在企业治理中的应用逻辑到真实场景中的应用案例，较为系统地阐述了企业管理的新模式和实际操作方案，为企业的战略性思考和业务应用提供了有效参考。

罗家德

清华大学社会学系与公共管理学院合聘教授

序言

　　认知的高度决定了你所创造价值的高度，包括你对世界的认知，以及世界对你的认知。万物互联、产业互通等时代变革，带来了数量庞大、关联复杂、快速演变的信息环境。人、物、企业，既需要提升自身认知，做出最优决策，又需要把控并影响外界对自身的认知，通过信息博弈使自身利益最大化。以企业为例，一方面，企业需要对其营销、服务、供应链、生产、研发、经营管理等业务状态有全面且精准的认知，才能做出正向决策；另一方面，企业需要把控并引导市场对其品牌、产品、人员的认知，才能与外界有效协作，提升企业的商业及社会价值，规避系统性风险。企业认知的变化，会以股价变化、舆论变化、风险变化等形态显现，这些变化正是认知的价值体现。因此，认知的提升，可以为人、物、企业带来状态演变，创造更高的价值。那么应如何将"认知的提升"这一抽象概念，从理论转为实践呢？

　　为了达成认知的提升，需要基于知识图谱构建认知智能应用。认知的基础是知识。对于人类来说，认知是基于自身知识，经过分析与推理对目标状态做出判断；对于机器来说，认知是基于知识图谱，聚合数据与知识，实现分析与推理；对于企业来说，认知涉及大量人类个体、机器设备。因此，企业更需要基于知识图谱，将不同来源的数据与知识聚合，实现人类与机器的知识共享。知识图谱不仅可以聚合人类知识与经验的语义逻辑信息，还可以将海量物联网的实体数据状态与关联聚合成统一视图。因此，知识图谱是人、物、企业认知互联互通的基础。基于知识图谱，企业可以实现对用户、商品等目标实体从宏观组织结构到个体状态的全方位认知，并在此基础上，运用认知智能技术引导业务状态变化以获益。比如，企业通过认知用户，构建并筛选商品推荐、社群营销策略，引导其购买、分享，就可以从收入与品牌影响力等方面获益。又如，企业通过认知设备，构建并筛选设备生产、调度策略，引导设备高效且稳定地生产，就可以从降本增效、安全运行等方面获益。再如，政府与投资机构通过认知企业，构建并筛选投资、扶植策略，引导企业产品方向、利润模式演变，就可以从市值变化、产业结构变化等方面获益。

　　然而知识图谱与认知智能，从基本原理到关键技术，都有相当高的理解门槛。同时，如何基于两者的技术特性，找到适合落地的应用场景，构建可用的解决方案，对领域从业者都是巨大的挑战。

　　本书总计 12 章，第 1～8 章围绕用户域、物联域、企业域这三大业务领域，循序渐进地讲解知识体系建设、知识图谱构建、知识存储与计算、知识推理、知识图谱管理平台等知识图谱与认知智能的基本原理、关键技术；第 9～11 章讲解企业营销、服务、供应、生产、运维及企业经营管理场景中知识图谱与认知智能的应用与解决方案；第 12 章讲解数据交易的基本原理和解决方案。

　　知识图谱与认知智能是极具行业前瞻性的领域，在其未来引发的行业变革浪潮中，员工与企业既可能从降本增效、风险回避等方面获益，也可能面临因对手变强、博弈难度增加而被淘汰的风险。本书可帮助读者快速了解知识图谱与认知智能在不同业务领域的核心目标、主流技术方案、关键评估指标，以在变革浪潮中获益更多。

吴睿
2021 年 12 月

目录

第 1 章

知识图谱与认知智能理论的基本概念

人工智能是研究和开发能够模拟、延伸和扩展人类智能的理论。对人工智能的应用和研究，从产业落地的视角，已在高性能计算、人脸识别、语音识别等方面逐步落地和成熟。但是当人工智能深入用户个体、物联网、企业，并在营销、金融、教育、工业制造等垂直域场景中应用时，会面临巨大的挑战：企业期望人工智能具有认知能力，包括理解业务场景需求，记忆分散、复杂的行业知识及业务逻辑，高效、准确地进行推理，并通过人机友好交互模式提升业务人员的决策效率等。

企业业务需要达到认知智能以创造价值，而知识图谱是认知智能的基石。知识图谱作为图链接的抽象符号网络，具有知识交互便利、信息精炼、数据关联性强等多种优秀特性。企业可以运用知识图谱技术，提升对用户画像、商品搜索和推荐、企业经营管理等场景的认知及决策能力。

可见，知识图谱是人工智能进一步落地并创造商业价值的有力工具。

本章分别讨论人工智能、知识图谱与认知智能等相关概念，帮助读者建立知识图谱与认知智能的基础理论体系。

1.1　人工智能

认知，指人类等智慧生命体对信息的获取、存储、转化和运用。从认知心理学的角度来看，心理活动包括知觉、注意、回忆、思考、分类、推理和决策。

人工智能综合心理学、统计学、计算机科学等多领域的技术，对人类认知、决策的智能过程进行模拟、延伸和扩展，进而帮助人类创造更大的价值。那么，人工智能的技术领域及技术目标是什么呢？

本节从类型和能力这两个角度详细介绍人工智能的基本概念。在整体上，知识图谱与认知智能属于认知智能领域，认知智能领域是实现强人工智能及超人工智能的技术领域。

1.1.1　人工智能的类型

人工智能可分为**计算智能**、**感知智能**和**认知智能**，如图 1-1 所示。计算智能指对数据的基础逻辑计算和统计分析；感知智能指基于视觉、声学的信号，对目标进行模式识别与分类；认知智能指实现对信息的认知、理解、推理和决策，并实现人、物、企业等智慧实体的认知与协同。那么，三者的差异有哪些呢？接下来会进行讲解。

計算智能　　　　　　感知智能　　　　　　认知智能

图 1-1

（1）计算智能，通常指基于清晰规则的数值运算，比如数值加减、微积分、矩阵分解等。计算智能得益于计算机存储与硬件的快速发展，已给互联网、金融和工业等多个领域带来产业价值。然而计算智能也面临显著困境。以金融场景为例，计算智能受限于指定的数据逻辑规则，虽然可以高性能地计算股票的统计特征，但无法运用专家知识，也难以进行深度、动态和启发式的推理，对投资、博弈等业务贡献的价值有限。计算智能所需的高性能硬件和网络支持等，也给企业带来了巨大的成本压力。

（2）感知智能，其核心在于模拟人的视觉、听觉和触觉等感知能力。感知智能目前用于完成人可以简单完成的重复度较高的工作，比如人脸识别、语音识别等。感知智能的核心业务目标是提高效率且降低成本。但是，感知智能在产业落地方面面临诸如成本高昂、智能能力有限、业务突破性价值局限等众多挑战：在成本方面，图像识别的机器成本、样本标注成本都非常高；在智能能力方面，感知智能主要集中在模式识别层面，重在提升视觉、语音等单一场景中的效率，不具备理解和推理能力；在业务突破性价值方面，人工智能在产业中落地时只有集合领域的专业知识，提升对业务场景的认知与决策能力，才能创造核心价值。比如，在发票自动识别、审批和审计，以及工业品质量检测等诸多场景中，需要对基于感知智能获取的图像信息进行审计和检测等知识推理；在与人类行为相关的用户营销、生产安全管理等场景中，企业不仅需要对用户的行为进行感知与识别，更需要对其动机和后果结合专业知识进行认知、理解、预测和判断，例如在生产安全管理场景中，企业可以通过监控设备感知来识别用户的行为，结合安全专业知识、企业业务安全规则，判断其是否违规。

（3）认知智能，则具有人类思维理解、知识共享、行动协同或博弈等核心特征。首先，认知智能需要具有对采集的信息进行处理、存储和转化的能力，在这一阶段需要运用计算智能、感知智能的数据清洗、图像识别能力。其次，认知智能需要拥有对业务需求的理解及对分散数据、知识的治理能力。最后，认知智能需要能够针对业务场景进行策略构建和决策，提升人与机器、人与人、人与业务的协同、共享和博弈等能力。

为什么需要建设认知智能能力呢？答案如下。

（1）当产业落地时，企业对人工智能有更高的预期。综合计算智能、感知智能的缺陷，人工智能在产业中落地时需要基于专业的领域知识和数据，开发具有意图理解、分析、推理和决策能力的认知智能应用，实现业务价值的突破。

（2）认知智能已有基础。产业互联网的发展带来了人与人、机器与机器、人与机器、人与组织、消费者与企业、企业与企业的深度连接。通过物联网、大数据及企业信息系统的基础建设，在产业互联网中存在丰富、分散的数据与知识。

（3）认知智能已在多场景中初步应用。在企业营销推荐、公安侦查、信贷风控等领域，不少企业已基于知识图谱、搜索、问答等技术，提升其在业务场景中引导用户认知及决策的能力。

（4）认知智能是产业实现突破的核心手段。人工智能产业的发展，迫切需要探索超出存储计算、感知识别价值的商业模式，来撑起更大的人工智能市场。在政府、企业等组织的数据智能化变革中，基于人、物、企业物理连接的协同、共享和博弈是核心业务需求。协同的基础是认知意图、数据、知识之间的逻辑关系和业务意义，以此辅助分析和辅助决策。人工智能的新一代的需求趋势是利用知识、数据、算法和算力，将符号学知识驱动的人工智能和数据驱动的人工智能结合起来，形成更强大的认知决策智能，提升人、物和企业的信息博弈能力。

如何从计算、感知提升到认知呢？业内比较推荐的是 DIKWI 模型，即 **Data**（**数据**）、**Information**（信息）、**Knowledge**（知识）、**Wisdom**（智慧）和 **Impact**（冲击），如图 1-2 所示。

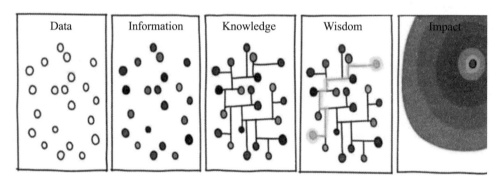

图 1-2

分散的数据经过计算和挖掘，通过分类处理形成信息。信息通过连接形成知识，基于知识的推理形成智慧，智慧通过提升认知带来影响。对 **DIKWI 模型**要素的详细解释如下。

- **Data**：指对世界进行记录的符号化的最原始的素材，通常以数字、文本、图像和图拓扑等形式呈现。数据在未被加工、解释前，是不能解决特定问题的。典型的数据有用户点击日志数据、电网电压数据、工厂设备生产日志数据、车辆运行轨迹数据和企业财务报销数据等。

- **Information**：指被处理、识别后，具有逻辑表达能力的数据，比如通过图像感知智能技术进行人脸识别、车辆识别可获得人名、车牌信息等。

- **Knowledge**：指信息经抽取、提炼之后形成的实体的状态与关联数据。知识一方面对实体的个体状态具有描述能力，能辅助知识的应用方进行认知与判断；另一方面对实体间的逻辑关联、状态关联具有描述能力，能作为推理的条件、规则、约束、凭据，辅助知识的应用方进行推理与决策。

- **Wisdom**：指人类等智慧物种表现出来的对物理世界的状态认知、知识补全、条件推理、策略筛选等认知与决策能力。

- **Impact**：指智慧个体的认知、决策与行动给环境带来的影响，会影响个体对环境的认知及环境对个体的认知。

1.1.2　人工智能的能力层级

人工智能从能力的角度可分为**弱人工智能、强人工智能和超人工智能**。

（1）**弱人工智能**：又被称为限制领域人工智能或应用型人工智能，指专注且只能解决特定领域问题的人工智能。鉴于弱人工智能在功能上的局限性，人们更愿意将弱人工智能视为人类的工具，而不会将弱人工智能视为威胁。在当前诸多业务场景中，弱人工智能已经取得重大进展，在多个细分领域的特定任务中甚至超过人类的水平。

（2）**强人工智能**：又被称为通用人工智能或完全人工智能，指可以胜任人类所有工作的人工智能。强人工智能，首先应具有知识表示能力，包括常识性的知识表示能力等；然后应具有规划与学习能力，以及存在不确定因素时的推理、使用策略、制定决策、解决问题的能力；最后应具有交互能力，比如使用自然语言、物理动作智能地与环境进行沟通、交流的能力。虽然目前计算机的水平还远不能达到强人工智能，但学术研究的重心正逐步由感知智能领域向认知智能领域发展。知识图谱指用图模型数据化、知识化万物状态及关联联系的大规模抽象符号网络，可支持非线性的、高阶关系的分析，帮助机器实现理解、解释和推理的能力，是认知智能的底层支撑。知识图谱技术的发展，使人工智能对知识的存储、规划、应用及沟通能力大幅提升。所以，知识图谱和认知智能是实现强人工智能的核心。

（3）**超人工智能**：是一种假设的概念。假设计算机程序通过不断发展，可以比世界上最聪明、最有天赋的人类还聪明，那么由此产生的人工智能系统就可被称为超人工智能。牛津大学哲学家、未来学家尼克·波斯特洛姆（Nick Bostrom）在他的《超级智能》一书中，将超人工智能定义为"在科学创造力、智慧和社交能力等每一方面都比最强的人类大脑聪明很多的智能"。超人工智能若要比人类更聪明，就需要比人类拥有更佳的数据收集、知识抽取与提炼、知识推理、策略筛选和决策行动能力，而这些都是知识图谱与认知智能的关键研究领域。因此，超人工智能的实现，需要进一步深挖知识图谱与认知智能技术，才能实现领域突破。

1.2 知识图谱

学术界及工业界的不同行业、不同领域,对知识图谱和认知智能的定义和概念有不同的描述。在比较广泛的认知中,知识图谱这个概念是从知识工程和专家系统演变来的,而认知智能来源于心理学对人类智慧的计算、感知和认知的定义。

在企业实践中,知识图谱对业务人员通常有较高的理解与应用门槛,因此本节将综合相关定义,从个体、物、企业的知识图谱产业实践的角度来介绍相关概念。整体上,知识图谱是一种数据经过信息化、知识化工作转化而成的,以图网络形态存在的知识存储结构。而认知智能是基于知识图谱对知识进行推理、计算和转化的过程。

1.2.1 知识的形态

知识,以多种形态存在。如图 1-3 所示,知识通常以文档、图纸、视频等媒介,存储数学、物理、化学等专业理论,以及机理模型、规章制度、行业标准等专业文件。常见的知识存储有多种形态,比如文本文件、高清图像及企业数据仓库的二维表等。文本和图像形态的知识,对人类友好、资源丰富,是最常见的知识存储形式,但机器难以从中高效获取信息。而以企业数据仓库为代表的二维表,是机器高效获取信息的渠道,但对复杂知识的表达能力有限,与自然人进行交互及应用非常困难。

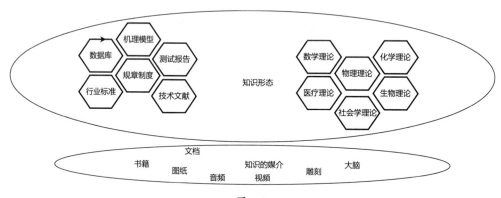

图 1-3

知识可分为**描述性知识**与**过程性知识**两种。

- **描述性知识**：指客观描述事物的形态、状况等的静态信息。事物指人、物、企业等特定的可在脑中"具象"的实体，对事物的特性概览与总结被称为概念。在实践中，通常会将业务的目标实体（比如用户、商品、设备、企业的状态信息、业务需求等）转化为描述性知识进行存储。描述性知识需要连接分散的数据，为解决问题提供更广泛的数据支持。对描述性知识通过机器和人都可以理解的语义方式进行抽象、符号化存储，比如将"感冒由病毒引起"转化为<病毒，引起，感冒>，将"小明今年 25 岁"转化为<小明，年龄，25>等。

- **过程性知识**：指如何应用描述性知识求解动态信息，包括描述性知识的规则、关联顺序、逻辑依存关系等。在实践中，通常会将专家对状态信息分析、推理、处理的规则与逻辑存储在过程性知识中，比如将"感冒了，该添衣"转化为<感冒，推荐行动，添衣>，将"某商品投放经验是 25 岁的核心用户"转化为<某商品，投放规则，25 岁的核心用户>等。

从认知智能的视角，描述性知识是对事物状态的理解，过程性知识是对事物状态引导的方法的记录，两者结合才能构成认知智能的基础。企业在实践中会基于知识图谱，运用知识推理能力，打造认知智能应用。

1.2.2 知识图谱的定义

在学术领域，**知识图谱**指一种用图网络将不同语义符号进行关联所形成的符号网络。知识图谱由实体及其之间的各种关系组成，实体可以是人、设备及企业，而关系可以是人的社交关系、设备的网络关联、企业的资金关联等。知识图谱的组成元素，按使用场景的不同，会有属性、属性值、概念、上下位词、事件等扩展或细分定义。知识图谱是一种通过图链接的抽象符号来表示物理世界和认知世界的方式，并作为不同个体认知世界、交换信息的桥梁。

知识表示指以一种人、计算机可以接受的数据结构来描述知识。从早期的专家系统时代，到语义网时代，都采用了以符号逻辑为基础的知识表示方法。

知识图谱通常用（主语、谓词、宾语）三元组来表示知识，如（世界卫生组织，总部，瑞士日内瓦）表示"世界卫生组织的总部设置在瑞士日内瓦"。图 1-4 展示了知识图谱的三元组示例。这种三元组表示知识的方法虽然被广泛使用，但是在知识表示能力和知识应用便捷性方面都受到了极大的限制。

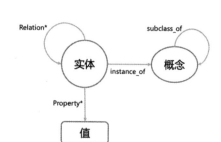

基本元素: 三元组(S, P, O)事实

(实体，关系，实体)

(实体，属性，属性值)

图 1-4

从知识图谱中实体类型与认知智能应用的角度，知识图谱可以分为人、物、企业三大领域。这三大领域是企业的不同业务领域需求、事理知识、商业应用的核心连接点。尤其在企业数据智能转型战略中，建议将围绕人、物、企业的认知能力作为业务的核心目标。

知识图谱从知识来源和应用场景的角度，可被整体分为开发域知识图谱与行业（垂直）知识图谱两种。知识图谱是行业领域性非常强的系统性工程，在知识图谱与认知智能落地的过程中，知识治理和认知应用是绑定行业进行的。

开发域知识图谱主要用在百科知识方面，例如语义网、WordNet 和 Freebase。开发域知识图谱的本体和知识常来源于百科网站，数据来源常为半结构化的网页数据，强调知识的广度，对知识的质量容忍度较高，主要应用场景是搜索与问答。

行业知识图谱的本体来源于专家经验和领域专业文档，数据来源丰富，形态多样，有结构化数据、半结构化数据和非结构化数据。行业知识图谱主要面向行业中企业的研发、生产、供应、营销、服务等业务应用，因此对知识的深度和质量都有相当高的要求。

行业知识图谱是关于某个行业领域的知识图谱，例如金融、医疗、工业等领域，这些专业领域中的企业希望将行业中的研究对象、研究方法、研究结果以知识库与知识推理的方式存储下来，即将所有过程都用知识图谱的方式梳理清楚，形成统一的表达，从而形成知识的复用。行业知识图谱来自垂直行业，包含企业海量的结构化数据和非结构化数据，与开发域知识图谱相比，对知识的准确性要求更高。行业知识图谱的目标是通过符号和图网络实现对人类专家经验等复杂信息的存储与表达，并支持通过机器高效地读取和分析这些信息。

具体来讲，在企业数据智能应用实践中，知识能以知识图谱的形态进行聚合管理。知识图谱可以对企业的分散数据进行连接和聚合，将企业大量的数据表、非结构化数据以**业务需求、事理知识、实体状态**的知识图谱形态管理起来。随后可以基于知识图谱构建产品应用，通过可视化交互方式，让人和机器形成对知识的互通与理解，推进人机协同。值得关注的是，知识图谱的建设成本高昂，因此在企业数据智能实践中，只有从组织管理、数据智能应用、信息系统等多方面进行协同建设，才能将企业级知识转为可用的知识图谱。

1.2.3 知识图谱涉及的技术领域

如图 1-5 所示，对知识图谱应用的研究融合了自然语言处理（NLP）、图论及数据库等领域的技术，是一个交叠的研究领域。学术界的研究主要关注知识图谱的自然语言特性，包括语义网、信息抽取、自然语言对话等。而在金融、公共安全、营销服务等产业的落地过程中，企业主要关注知识图谱的存储与计算、数据治理、数据管理等相关应用研究。在社交网络、电网、交通网络等领域，企业主要关注图论、图网络计算等相关应用研究。

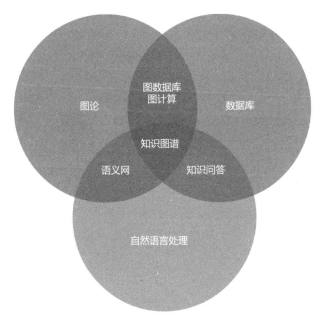

图 1-5

总体来讲，在不同的领域，知识图谱所涉及的技术都有所偏差，但核心目标都是提升其业务场景中知识沉淀、数据关联和推理分析的效率。

在业务实践中，知识图谱既可以从语义增强的角度提升自然语言理解任务的效果，又可以从图结构信息增强的角度提升模型对全局信息的利用率。因此，如何利用更多元的知识表示增强知识图谱的语义表达能力，以应对复杂多变的认知智能应用需求，已成为亟待解决的重要问题。

知识图谱的落地研究，应充分利用知识图谱所具有的**符号学派**特性、**统计学派**特性及**图网络学派**特性。

- **符号学派特性**：指知识图谱可以存储符号的语义逻辑关联，比如用户社群运营规则、专家检修经验规则、财务审计经验规则等过程性知识。

- **统计学派特性**：指知识图谱具有数据概念关联能力，即知识图谱可以定义数据之间的关联类型及权重。

- **图网络学派特性**：指知识图谱具有复杂网络、图结构的信息存储和关联扩展能力。

在知识图谱的应用过程中，通常会基于业务场景的特性选择利用知识图谱的符号信息或者图拓扑结构信息，采用统计知识表示等方式生成特征并使用。如果需要进一步综合符号信息和图拓扑结构信息，则会面临数据空间不一致、关联难度高等挑战。目前，图神经网络（Graph Neural Networks，GNN）是最有希望解决知识图谱上述挑战的方法之一。

1.3　认知智能

从应用实践的角度，认知智能研究的目标是基于知识图谱，提升业务中人、机器和企业组织的认知与决策能力。在整体框架上，认知智能需要在业务知识图谱上通过构建规则、统计推理或图推理的方式构建知识推理引擎。知识推理引擎需要深度挖掘知识图谱网络的隐藏信息，并找到人类专家难以发现的潜在关系、规则和解决方法，通过与业务系统集成来提高人类专家的决策分析能力。本节将整体介绍认知智能的定义、认知智能与知识图谱的技术关联及认知智能的技术领域。

1.3.1　认知智能的定义

认知智能包含了人类对信息获取、存储、转化、运用的全过程。从心理学的角度，人类个体在进行认知心理活动时，会对信息进行知觉、注意、回忆、思考、分类、推理和决策等认知过程。

人类的认知过程如图 1-6 所示，包括信息输入、注意、信息接收、信息处理、计划执行和信息输出 6 个阶段，在每个阶段中，又有多个子阶段。

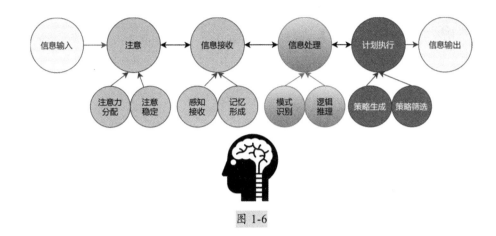

图 1-6

那么人类认知过程之间的关联是怎样的呢？

（1）人类通过视觉、听觉、触觉等方式输入的信息会首先进入注意阶段。在注意阶段，人类将整体分配注意力，并通过抗干扰等方式维持注意的稳定性。

（2）信息在经过注意阶段后，会进入信息接收阶段。在这个过程中，人类会对进入的信息进行存储，比如对视觉、听觉等感官信息进行存储，形成记忆供后续阶段使用。

（3）存储的信息进入信息处理阶段。在这个过程中，人类会通过模式识别（图像处理）和逻辑推理方式将信息转化为知识。

（4）在计划执行阶段，人类通过对知识的推理分析，进行策略生成及策略筛选，并与环境业务系统相结合，执行决策（信息输出）。

那么在产业实践中，对认知智能又该如何定义呢？

如图 1-7 所示，在产业实践中，**用户认知智能、设备认知智能和企业认知智能**是核心业务场景。企业希望通过人工智能技术，提升用户、设备、企业对业务状态的认知与决策能力。参考心理学的认知与决策过程，可知计算智能和感知智能能辅助企业完成在信息输入、注意、信息接收和信息处理阶段的部分工作，但是对计划执行阶段的策略生成、策略筛选工作是相当无力的。从人工智能为个体、企业创造业务价值的角度，认知智能是在计算智能、感知智能之后，企业智能化变革新的增长空间。但人工智能要想创造业务价值，就必须能够对人类个体、企业围绕业务流程认知、决策、行动的过程进行加速、协同、取代，来降低成本、提高收益。从趋势上，目前人工智能已经从计算智能发展到感知智能。感知智能为认知智能提供了一定的信息处理基础，而计算智能为认知智能提供了推理决策基础。

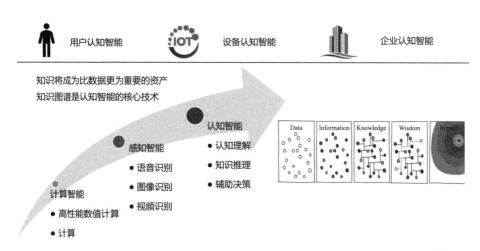

图 1-7

在产业实践中,认知智能基于业务场景的知识图谱构建场景知识推理引擎,实现业务认知能力的提升。如图 1-8 所示,企业认知智能的落地指在以人、物、企业为中心的业务知识图谱上构建业务认知智能应用,进而帮助业务人员提升在用户精准营销、物联设备智能、企业经营与投资等场景中的认知能力。

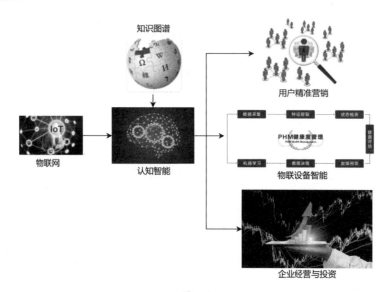

图 1-8

因此,从产业实践的角度,认知智能应是在计算智能、感知智能的基础之上,完成对业务状态的全面认知、知识推理、策略生成、策略筛选并输出可执行策略。比如,在用户营销服务场景中，认知智能可提升社群营销中导购的营销话术、商品推荐能力；在设备生产场景中，认知智能通过状态分析、控制策略推荐可提升业务人员及机器人的调度控制能力；在企业调度、企业组织管理场景中，认知智能通过数据可视化展现、知识辅助解读、任务自动下发等可提升企业管理者与业务员的认知决策能力。

1.3.2　认知智能与知识图谱的技术关联

知识图谱是认知智能状态获取与决策的基石,那么认知智能技术与知识图谱技术有哪些技术关联呢？

在认知智能的知识存储与转化过程中，知识图谱将数据通过治理、抽取转化为由符号与图拓扑组成的知识表示结构，可以更加有效地将场景数据与知识经验的关联状态清晰地展现出来。知识图谱为认知智能提供了从全局知识关联的角度去联合描述客观世界信息规律的能力，具有图拓扑结构与语义抽象能力，有效聚集了企业在复杂认知决策场景中所需的多模态异构信息。因此知识图谱可以作为认知智能知识存储、知识推理的基础媒介，帮助认知智能完成对信息的理解、处理、计划及执行。

知识图谱的图关联符号网络结构蕴含了大量信息,认知智能可以基于此运用图挖掘技术从多方面获得收益，典型的如下。

（1）认知智能基于知识图谱可以获得个体状态、关联实体和组织结构从微观到宏观的**全面认知**，通过知识可视化的应用，根据业务需求对知识图谱进行可视化展现，并将目标实体的因果、依存、互斥、传播进行可视化展现，帮助决策者进行联想。在社交营销、公安侦查、税务稽查、信贷反欺诈场景中，业务人员可以将用户的个体信息、社交关系和社会组织结构通过知识图谱进行统一的聚合管理，以形成全面认知。同时，基于图数据库等高性能图系统，业务人员可以获得远超传统关系数据库的关联查询与分析效率。

（2）认知智能基于知识图谱，可以运用统计、深度学习模型构建更深度、更精确的**推理决策能力**。基于图的拓扑结构、符号信息，业务人员可以更加深入地对事物的状态进行判断，了解过去、现在与未来。首先，基于知识图谱的传导性，可以构建公司的风险传导模型，对上市公司的子公司股价变化引起的级联变化进行精准预估。然后，基于知识图谱的图拓扑结构，在知识图谱上进行实体属性的预测或者校验，比如在用户画像场景中，通过知识图谱挖掘用户的年龄、兴趣等真实属性，把控用户的真实需求。最后，基于知识图谱还可以做结构预测，比如从已知的蛋白质结构特性推理未知的相似蛋白质结构特性。知识越多，公理越多，认知智能的知识推理能力就越强。

（3）认知智能基于知识图谱可以获得**知识沉淀和策略优化**能力。知识沉淀指对人类专家经验、业务规则标准进行聚合、沉淀，并进行知识的分享、传递与传承。例如，将企业业务团队面向用户、设备等实体的业务逻辑，以知识图谱的形式进行关联存储，形成企业知识库。在此之上可以建设企业认知决策助手，为业务提供行业知识推理、策略搜索、策略建议、策略筛选的策略优化能力。企业决策助手可以构建行业知识推理引擎，通过如文档搜索、知识问答等方式，实现对知识图谱的存储与调用。企业决策助手基于企业知识库的知识沉淀，可以独立或者辅助业务人员进行知识联想、归因、演绎决策的知识推理，提升决策效率。例如，企业决策助手可以辅助新员工对业务场景状态进行认知，并通过意图理解、检索匹配专家策略、算法策略进行推送，提升新员工的业务能力。

（4）认知智能基于知识图谱可以构建**认知协同**的智能应用能力。协同的基础是寻找可协作对象，以及高效获得协作对象的需求与反馈，通过网络决策实现智能协同，达到资源共享。知识图谱的分布式数据结构，可以协助网络中的实体进行信息共享、关联查询和协同决策，从而推进网络全局协同。在微博、Facebook 等社交场景中，用户通过分享推荐实现认知协同；在电商场景中，用户通过团购获得更低的商品价格；在 Uber、滴滴等拼车场景中，企业通过汽车认知协同形成资源最优化配置。在以上场景中，知识图谱都可以高效地进行数据聚合和关联查询，进而为认知协同提供支持。

1.3.3　认知智能的技术领域

在产业实践中，企业希望基于认知智能提升业务人员对用户、商品、市场、供应链、企业经营状态等多个领域的认知能力。因此，认知智能既涉及大数据、人工智能技术，又涉及营销、服务、供应链管理等企业专业领域的技术。认知智能在大数据与人工智能领域，主要涉及数据采集、知识转化、存储计算、知识推理、策略生成、策略筛选等相关技术；而在企业专业领域，认知智能需要与市场营销、供应链管理、设备运维与检修、设备智能生产、企业管理学等诸多专业技术融合。由此可见，认知智能在产业中落地是极具挑战性的综合性技术。

那么在产业实践中，该如何建设认知智能的技术体系呢？

回顾认知智能的流程可知，认知智能的核心流程包括**状态认知和决策**：状态认知是运用知识图谱聚合数据知识，对业务状态进行精准判断；而决策是在状态认知基础上，结合专业场景的知识经验，构建知识推理、策略生成、策略筛选模型，进行最优决策。因此，建立认知智能的技术体系，可以从知识图谱技术体系与专业场景技术体系两个方向进行，前者将在第 3～8 章介绍，后者将在第 9～11 章介绍。

第 2 章

知识图谱与认知智能的需求场景

从微观的个体用户、物联网设备，到宏观的企业、政府，都需要基于不同场景的目标，收集信息，建立认知，并建构策略空间，做出最优决策。在信息爆炸、业务复杂、竞争激烈的环境中，个体、企业的认知决策无疑面临巨大的挑战。

从微观个体的视角，**认知的上限决定了个体创造价值的上限**，因此知识图谱与认知智能的需求场景应围绕个体如何提升认知，并与群体认知博弈或协作进行。面对企业现有的营销或风险管理认知智能技术，个体应建立怎样的个人知识图谱，才能提升个体收益？在自动驾驶、智能运维、智能工厂场景中，如何有效地进行人与物的认知配合，才能提升个体竞争力？在企业数据智能化转型过程中，企业员工如何有效利用认知工具，提升竞争优势？个体需要提升认知决策力以获得竞争力的提升，而这需要理解并运用认知智能技术。

从宏观的群体视角,政府、企业等组织需要通过数字化、智能化转型演变,提升组织的认知决策智能力,而知识图谱是企业业务场景中知识与数据的核心连接器。知识图谱可以聚合业务抽象概念的需求、人类事理知识经验及海量实体数据状态中的语义符号、逻辑关联和图拓扑结构信息,对企业的首要价值是对企业用户、商品、合作伙伴等实体从宏观结构到个体状态,从业务经验到实时状态进行全方位认知,并提供数据基础。因此企业、政府管理者可以通过知识图谱技术,将业务需求、场景知识、用户、物、企业等分散的数据,通过企业物联中台、企业数据中台、企业 AI 中台采集、存储、转化、聚合为企业全域知识图谱,在此基础上,进一步建设用户智能营销、设备智能运维、企业知识库、企业决策助手等多种认知应用,提升用户、物、企业的认知协同能力,带来业务价值。因此,企业等组织需要引入知识图谱与认知智能技术来提升组织的认知决策能力,进而提升企业竞争力。

知识图谱是实现认知智能的基石,而认知智能是提升个体、群体组织分析、决策及协同能力的重要方式。本章介绍在不同行业中,与人、物、企业相关的知识图谱与认知智能技术的需求场景,以及背后的商业逻辑。

2.1　知识图谱与认知智能需求总览

知识图谱和认知智能作为前沿技术方向,在概念理解、需求规划、方案设计、应用落地等方面对从业者而言都有相当高的门槛。在知识图谱与认知智能技术落地的过程中,我们难免对其所需的基础设施、业务目标、产业影响感到迷茫和困惑。

那么该如何解决这些问题呢?

2.1.1　认知智能的产业需求

认知智能作为人工智能领域的一个方向,其需求自然不会凭空而起。因此理解认知智能的产业需求特性,需要从人工智能的整体产业需求开始。

互联网、互联网+、产业互联网是人工智能落地的基础。人工智能技术已在互联网社交、电商、游戏等众多场景中,通过业务系统集成的落地,提升了用户活跃度、销售金额、游戏付费等业务指标。随着时代的发展,互联网技术进一步延伸,形成互联网+产业互联网的生态。如图 2-1 所示,互联网连接了人,互联网+连接了人与服务,而产业互联网连接了产业。

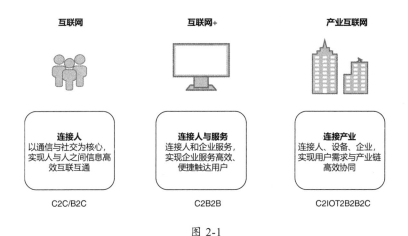

图 2-1

互联网的目标是实现信息互联互通，互联网+的目标是提升企业服务用户的能力，产业互联网的目标是通过互联实现产业链协同。这三者共有的三大核心要素是：**连接、数据、智能**。

- **连接**：以用户为中心，连接用户、商品、供应链企业、生产设备、员工和企业组织，为信息的流通提供通道。

- **数据**：为人、物、企业互联之后实时产生的数据。

- **智能**：为数据驱动的业务自动化及智能化，包括智能认知用户需求、物联网设备智能认知与交互、企业人机智能、企业认知协同等。

在以上三大核心要素中，智能是由人工智能技术实现的。从人工智能产业落地的视角，人工智能作为生产力，围绕金融、医疗、工业制造、市场营销等行业场景，通过如图像识别、语音识别等具体应用逐步建立从感知识别的感知智能能力，到理解与思考、决策与交互的认知智能能力。

如图 2-2 所示，人工智能产业应用目前主要集中在对人工作的辅助或替代，为政府、企业带来降本增效、安全运行的业务价值。比如在金融领域，风险控制管理人员通过大数据和人工智能构建风险预测算法，可以提高风险研判效率；在医疗领域，人工智能基于医疗大数据、专业知识和专业模型，可以辅助医生提高研判效率。因此，人工智能的核心价值是辅助或者替代人的认知决策。所以，知识图谱与认知智能是在已有人工智能场景上的进一步应用。

图 2-2

2.1.2　认知智能的产业落地

同理，认知智能的产业落地也应构建在人工智能产业落地基础之上，那么人工智能在产业中如何落地呢？

人工智能的产业落地可分为不同的层面。图 2-3 展示了人工智能的产业落地方向，并从横向和纵向的视角对相关工作进行了梳理。

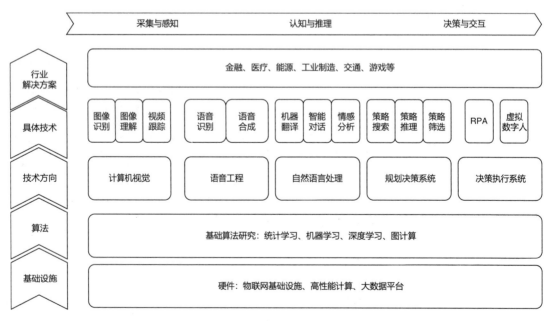

图 2-3

从横向视角来看，人工智能的产业落地可以分为采集与感知、认知与推理、决策与交互这三大领域。知识图谱与认知智能技术则同时覆盖认知与推理、决策与交互领域，综合了大数据和统计分析、机器学习、自然语言处理、图计算等领域的技术。

从纵向视角来看，人工智能的产业落地可以分为基础设施层、算法层、技术方向层、具体技术层和行业解决方案层这几大层次。围绕着金融、医疗、能源、工业制造、交通、游戏等行业的需求，不同层次的落地方向如下。

- 在基础设施层，以云厂商为首的企业，通过建设物联网基础设施、高性能计算、大数据平台等底座，为人工智能提供了硬件基础。

- 在算法层，学术界、工业界的各行业人工智能从业者从统计学习、机器学习、深度学习、图计算等不同方向构建了人工智能的基础算法。

- 在技术方向层，按人类认知思考的流程，人工智能的技术方向可分为计算机视觉、语音工程、自然语言处理、规划决策系统、决策执行系统等。

- 在具体技术层，计算机视觉以图像识别（人脸识别）、图像理解（花朵分类）、视频跟踪（短视频分类、安全巡检）为主要场景，语音工程以语音识别、语音合成为主要场景。自然语言处理进一步拓展了人工智能理解与思考的领域，主要以机器翻译、智能对话、情感分析为主要场景。

- 在行业解决方案层，围绕着金融、医疗、能源等行业的业务场景，业务专家、咨询顾问、产品架构师、技术架构师会相互协同，在整体上规划技术与应用相融合的解决方案，将图像识别、智能对话、虚拟数字人等人工智能技术，融入交易支付、病情诊断、配电调度的业务流程与系统中，形成无人支付、诊断助手、虚拟调度员等通用性强、商业回报清晰的行业级人工智能解决方案。

那么人工智能如何在企业中落地呢？如图 2-4 所示，近年来，不少企业已建设人工智能平台，国内的云服务商（如腾讯云、阿里云、华为云）也面向不同的业务领域，打造了企业 AI 中台的云产品能力。各云厂商的 AI 中台主要建设在云底层设施（IaaS、PaaS）基础上，具有低成本、高效率等优势。在此优势之上，云厂商与合作伙伴深入合作，逐级往上建设 SaaS 应用。云厂商通过 SaaS 应用积累平台的生态优势，再面向用户业务场景组团形成联合解决方案。

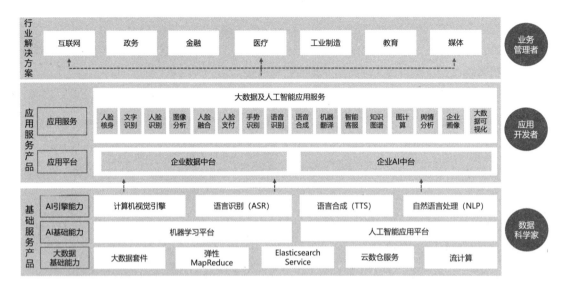

图 2-4

比如，面向金融、政务、工业制造等领域的人工智能用户需求，云厂商需要联合垂直行业的合作伙伴一同建设行业级企业 AI 中台。垂直行业的数据、知识、专业模型是行业合作伙伴的优势，可以与云厂商高性能、低成本的底层平台相结合。因此，垂直行业的技术服务供应商可以基于云服务商的企业 AI 中台的底层平台，将自有的数据、知识、推理应用搭载在平台之上。人工智能对行业的认知高度决定了人工智能创造价值的高度，需要由垂直行业的合作伙伴与云厂商一起建设。这一生态结构对于人工智能领域的从业者而言，是实现人工智能创新应用的巨大机会。云厂商提供了大数据与人工智能底层平台，可以极大地降低人工智能应用基础建设的成本。而人工智能从业者可以基于垂直行业的场景需求，梳理和建设行业知识库，开发垂直行业的人工智能应用，进一步实现拥有认知智能的人工智能应用。

知识图谱与认知智能技术在人工智能产业的基础上，进一步结合了行业领域的专业知识及经验，提升了业务场景中人、物、企业组织的认知与决策能力。认知智能落地是系统化工程，涉及知识体系设计、知识图谱构建、知识推理应用开发等多项流程，涉及的技术领域包括数据治理、图数据库、自然语言处理、机器学习和图计算。企业知识库是企业认知智能的典型场景，需要提高对企业知识的统一管理及服务能力，这需要将企业各领域的数据知识通过知识图谱聚合并管理，为企业上层应用提供统一、准确的搜索和问答等知识服务。

在产业互联网的浪潮下，不少企业已开始进行信息化及数字化转型，并在营销、服务等场景中探索数据智能化转型。因此，人、物、企业的认知智能落地已有一定的基础，主要体现在以下几个层面。

- **基座层面**：大数据存储推动了计算平台和人工智能平台的快速发展，为知识图谱与认知智能技术的数据采集、知识构建、知识推理提供了平台化支持。同时，人工智能经由认知与推理而生成的业务策略，可直接被企业信息系统使用，实现决策执行的自动化。

- **数据层面**：大数据平台和数据中台的发展加速了企业大数据的采集、计算、聚合等相关产业链的发展。企业数据平台建设、数据标准化已有一定基础。

- **知识层面**：企业各业务流程的信息化、自动化、数据化建设，为企业业务经验规则的沉淀积累了大量素材。企业的专业知识分散在企业办公文档、企业业务系统日志、企业数据仓库中，亟待知识图谱技术将其转化为知识。

- **算法层面**：认知智能技术的实现涉及知识图谱构建与知识推理等多个方面的算法建设。随着自然语言与大数据挖掘、分析技术的发展，知识图谱已具有半自动及自动建设能力。同时，随着机器学习、深度学习算法的快速发展，知识图谱在用户画像、搜索问答、推荐等场景中已逐步显示巨大的商业价值。

因此，认知智能已具备在产业互联网中落地的基础。在产业互联网中，企业可以运用知识图谱技术聚合多来源数据、知识形成业务知识图谱，在此基础上构建知识推理、策略生成、策略筛选等认知智能能力，提升不同场景中业务人员的认知与决策能力。

认知智能与企业所处的行业的专业知识与业务流程紧密相关。专业知识和业务模型可以在业务积累中不断迭代、优化与扩展。因此，企业在认知智能方向投入得越早，就越能获得更多的先发优势，包括知识积累、知识标准、知识应用等多个方面。企业通过数据、知识、应用、行业生态，将形成极具竞争力的壁垒。因此，企业需要深挖行业需求，聚合行业数据、知识，尽早构建认知智能应用，以获得行业竞争优势，成为行业知识与标准的领头羊。

2.1.3　认知智能的产业价值

在概念上，知识图谱能够帮助认知智能建立行业"Know How"，而认知智能应用拥有对知识推理、分析及决策的能力，自动或者辅助人类提升业务场景中的决策效果。那么认知智能产业落地的核心场景是什么呢？答案是企业认知智能。以企业场景为例，**企业认知的高度决定了企业创造价值的高度**。企业认知不仅包括企业自身对用户、产品、企业经营管理的认知，也包括**外界对企业的认知**。

图 2-5 展示了企业认知智能应用体系，可见，认知智能可以与企业研发、生产、供应、销售、服务等全业务流程进行融合并发挥作用。以研发场景为例，企业通过认知智能技术，可以精确地从用户的行为数据中构建用户画像，通过知识解读认知用户的个性化需求和痛点；在研发设计阶

段，基于对用户的认知，开发者可以构建更精准的仿真模型，对产品设计的参数、组件策略进行精准搜索，因此，企业可以设计更适配用户口味的产品，用户也乐于为自身的个性化定制买单，从个性化研发中获得额外的利润。

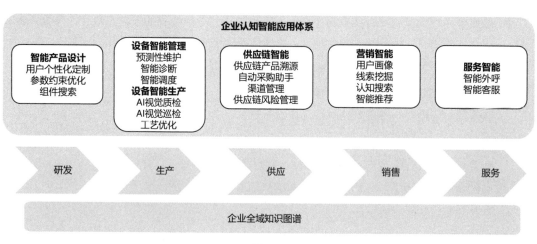

图 2-5

另外，这种从用户需求出发进行生产、制造的模式，也被称为 C2M（Customer-to-Manufacturer，用户直连工厂）模式。在 C2M 模式下，用户可以直接通过平台向工厂下单，工厂接受用户的个性化订单，再根据对用户需求的认知与理解，进行产品设计、采购、生产及派发，这需要具备用户画像、产销协同、柔性供应链等相关能力。C2M 模式所需的这些能力，通常在数据量大、业务关联复杂、知识领域性强的环境中建设，对传统的大数据分析与挖掘技术带来了巨大的挑战。得益于知识图谱聚合数据与知识的能力，以及认知智能技术的推理与分析能力，从业者可以更有效地应对 C2M 模式所带来的技术挑战。

对企业而言，认知智能可带来的价值集中在降本、增效、扩营收方面。降本指降低企业生产经营的成本，比如降低设备检修、调度的成本；增效指提高企业生产经营的效率，比如提高任务下发、流程审核、审批等办公场景中的效率；扩营收指提升企业收入与利润，比如在用户营销与服务场景中，运用认知智能提升用户的需求理解能力，既可以通过满足用户个性化的产品需求来扩大营收等，又可以通过产销协同、柔性供应链等来实现成本优化并提高利润。

2.1.4　认知智能的产业影响

在认知智能的落地过程中，产业中的不同层级、不同个体必然受到不同程度的影响，认知智能在提升人、物、企业决策分析能力的同时，也将减少甚至替换人类和组织的工作。

从人类个体的视角,从重复工作、高危工作开始,越来越多的工作被人工智能所取代,而认知智能会进一步加剧这个问题的出现。**认知智能不仅优化了个体的工作效率,也逐步扩散了"低效"的工作范围。**

从物的视角,互联网的连接能力从线上走到线下。人工智能的感知能力通过物联网在汽车、家居、建筑场景中快速提升。随着物联网进一步集成认知智能应用,物联网将从万物互联的感知进化到万物认知与协同。比如在车联网中,不同的汽车能够智能感知环境,并通过认知智能与其他汽车形成认知协同,在保证安全的同时最大化地提高运输效率。

从企业的视角,认知智能可能决定企业的生死。在快速演变的环境中,企业的整个市场可能在一夜之间由于用户认知的变化,快速地生长或毁灭。认知智能将在企业经营管理、生产制造、供应链、商品营销与服务等全流程中改变企业的个体、组织、业务系统的决策分析能力,当用户与企业认知协同时,可能会诞生颠覆性的企业认知智能应用。

2.2 个体认知智能

有人说,**人们只能赚到认知范围之内的钱**,提升个体认知,将为个体创造更高的价值。那么知识图谱与认知智能如何助益个体认知呢?

2.2.1 个体对环境的认知智能需求场景

个体所创造的价值受限于自身的认知,同时包括他人对个体的认知。因此个体需要通过认知智能应用提升对环境的认知能力,优化环境对个体的认知。

个体认知智能的需求整体如图 2-6 所示,在流程上分为知识构建、知识存储、知识推理和行动辅助。在不同的流程中,个体需要借助不同的辅助认知工具提升认知能力。**个体的决策依据来源于个体的知识、策略所构成的认知边界,个体决策的效果受策略生成及策略执行效率的影响。**因此想要提升个体认知,首先需要提升知识构建与存储的能力,以获得对环境更全面、及时的认知;其次,需要提升基于知识的策略构建、策略搜索能力;最后,需要提升决策行动能力。

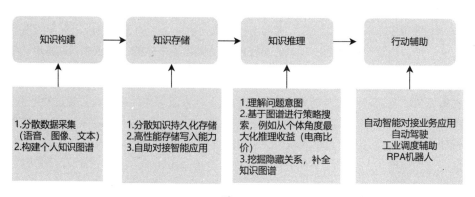

图 2-6

在工作与生活场景中，不少人有知识梳理习惯，比如手工梳理知识体系并将其存储于纸、电子文档等媒介中。业内已有不少软件应用通过自动化信息处理、收藏的方式，帮助用户提升知识收集、整理的效率。如图 2-7 所示，知识管理助手类应用就是典型的个体认知智能应用。在知识管理的基础上，个体可以使用智能机器人与手机、大屏、汽车等终端通过语音、图像进行交互。个体通过智能机器人提供的知识服务，不仅可以获得知识，还可以提升与场景的交互能力。比如个体在旅游过程中，使用聊天助手提供的文化背景知识、文化商业知识服务，可以提升旅游与购物体验。随着物联网技术的快速发展，个体通过智能机器人可以更高效地与家居、车、旅游环境等进行交互。在这一场景中，知识图谱可以在提升知识管理效率的同时，增强智能机器人的认知推理能力，更好地满足用户对景点知识、商品知识的诉求。

图 2-7

在个体工作场景中，个体需要使用企业提供的相关知识管理工具进行知识构建与管理。个体需要通过知识图谱工具，将专业知识、业务规则沉淀于企业系统中，并使用企业数字办公助手、RPA 机器人等产品提升决策与行动效率。企业数字办公助手的主要目标是帮助企业各层级、各领域的员工进行知识管理，并通过领域分析决策辅助助手、知识协作助手等应用，提高其认知与协作能力。通过企业数字办公助手不仅可以提高个体信息处理效率，还可以降低个体工作量。个体可以通过知识共享、策略共享形成决策知识互通、策略互通，从而进行认知与决策协同。

因此，个人对认知智能的需求主要集中在对知识构建、存储、推理、行动辅助的知识全生命周期管理及认知与决策辅助应用方面。个体需要用辅助工具将分散的信息自动或半自动地梳理成知识图谱，提升知识整理、知识沉淀及策略生成的能力。当个体认知所需的知识构建、知识管理、策略生成、策略搜索、策略执行实现标准化、自动化时，个体在行动时的认知与决策能力就可以大大增强。比如在金融投资场景中，交易员可以借助知识图谱将交易行情数据、公司舆情、交易规则聚合，并在此之上构建算法交易模型，提升投资收益。在军事游戏中，战场情报聚合、辅助瞄准等认知辅助功能可大幅提升游戏获胜率。随着技术研究的推进，没有使用认知智能辅助的个体面对有认知智能辅助的个体，在博弈场景中会处于巨大劣势地位。

另外，个体认知智能需求也会与个体所处的环境有强关联性。

（1）从认知心理学角度，人的驱动力来源于对任务目标的认知、决策、行动、反馈形成的**心理落差**。而个体心理落差通常会受到群体决策结果的影响。比如在学习场景中，个体认知会受周围同学和老师的认知的影响。个体在与同学进行协作与对抗的过程中，会获取学习成绩与名次的正负反馈。因此，越是在竞争激烈的环境中，个体对认知智能的需求越强烈。

（2）从社会学角度，不同的社会圈子构成了不同的认知圈层，而不同的认知圈层决定了个体的社会圈层。因此，如果个体希望实现圈层迁移，那么提升自身认知是非常重要的。因此，在社交圈层变化越强烈的场景中，个体对认知智能的需求越强烈。

2.2.2　环境对个体的认知智能需求场景

为了达成业务目标，个体所处环境的相关企业、组织实体对个体状态认知有持续且强烈的需求。如图 2-8 所示，大数据公司 Palantir 基于本体融合等技术集成了多种来源的数据，通过知识图谱和语义技术增强了数据之间的关联性，使得企业可以用更加直观的方式对数据进行关联、挖掘与分析。

以企业营销场景为例，企业的领导者逐渐意识到，由于用户需求在快速提升，企业所提供的体验也必须随之提升。企业想要获得竞争优势，就必须做出改变，要关注用户的个性化需求，打造活性用户关系。

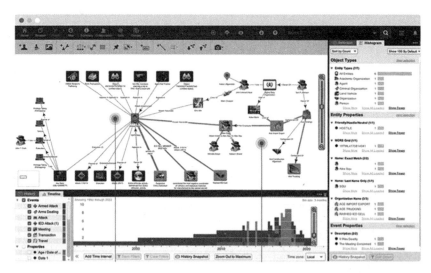

图 2-8

要想做到千人千面的个性化服务，企业就需要基于对用户的大数据分析，构建 360°的用户画像，精准筛选和推荐符合用户需求的商品服务。知识图谱可以从知识增强的角度显著提升企业的用户画像能力，以及建设可解释性强、体验佳的推荐能力。不少互联网公司已在自身的多项社交、电商业务中，基于深度学习、知识图谱、图深度学习等技术，精准认知用户过去、现在及未来的状态。在此基础上，企业通过个性化产品设计、用户精细化运营、用户个性化服务，形成数据知识驱动的用户服务能力。同时，企业通过对其品牌粉丝群等私域流量用户的精准认知，通过搜索、推荐和社群营销引导用户社群演变，以获得品牌价值提升、销售金额提升等。

产业互联网需要实现人、物、企业的高效互联，并达到认知协同，以实现资源最优分配、效率收益最大化等业务目标。企业对用户的认知能力是企业竞争的核心能力，对用户认知的深度决定了企业决策的效果，也决定了企业竞争的成败。

2.3 物联认知智能

在全球物联网设备的快速增长中，设备相互连接产生的数据、知识也在急速增长。物联网包括人、商品、设备、企业、环境的连接协同。近年来，物联网已在计算智能、感知智能应用方面呈爆发式增长，正快速走向认知智能阶段。

物联认知智能可被抽象为**物联之上**、**数据互通**、**认知相连**。物联认知智能的主要场景可分为消费物联网场景和工业物联网场景。消费物联网主要集中在智慧营销、智慧服务、车联网等领域，企业通过建设手机、电视、汽车等终端设备的认知智能能力，提升营销服务效果。在消费物联网场景中，企业需要以用户认知、商品认知为中心，全面构建用户物联知识图谱，提升用户画像、搜索、推荐的效果。而在工业物联网场景中，企业需要以智能生产制造认知、智能设备运维认知为目标，构建以设备为中心的设备物联知识图谱，通过设备物联网实现企业生产先进调度、运维自动化等应用能力，获得降本增效、安全生产等收益。

那么在消费物联网和工业物联网中，认知智能具体有哪些需求呢？下面逐节讨论。

2.3.1 消费物联网中的认知智能

物联网中的人类个体会从海量设备中获得海量信息，然而，面临信息爆炸等挑战，个体的认知与决策能力是有限的。心理学家称**人类是有限能力加工者**，这意味着人在同一时间只能从事有限的认知工作，比如阅读一篇社论或观看一段短视频。心理学家乔治·米勒的研究显示，人类在同一时间可以完全区分的刺激源一般为 5～9 个。因此，用户的注意力始终是有限的。那么在互联网、互联网+和产业互联网中，企业应该如何赢得这场注意力争夺战呢？

在消费物联网中，人与手机、汽车、智能家居、智慧门店、商品彼此相连。消费物联网的终端，不仅具有对用户行为看、听的感知能力，也具有接触用户并与之交互的行动能力。在营销场景中，每一个物联网设备都可以为企业认知用户提供数据支持，而每一个物联网设备也可以成为企业对用户认知与引导的助手。因此，企业将拥有对用户全面认知和引导的能力。

在消费物联网中，用户对手机、AR 眼镜、汽车等终端设备的诉求将不仅仅是被动接受指令的工具，还是一个可交互、知识全面、分析能力强、善于决策的智能助手。业内已有不少手机、电视、汽车等厂家通过集成语音识别、语音合成技术，提升终端的人机交互能力。智能助手通过语音进行自然语言沟通，在这一过程中，机器不仅需要理解用户的简单指令，更需要理解用户的意图。智能助手需要综合物联网的多来源数据，形成个体状态、需求精准认知，并提供信息检索、商品推荐、知识问答、策略建议等能力。智能助手为了实现上述功能，不仅需要运用知识图谱技术聚合数据知识，也需要运用认知智能技术构建分析、推理、决策的能力。企业可以通过智能助手认知用户，并构建投入最小、收益最大的策略引导用户。值得关注的是，**软硬结合的智能助手更受市场和用户的认可**，比如早教机器玩具、大厅客服机器人、自动驾驶汽车等。

在营销场景中，如图 2-9 所示，物联网可以通过**触达力、感知力和认知力**提升营销效果。物联网首先通过丰富的设备提升对用户的触达力、交互力，然后通过物联网设备的语音、图像感知能力，全面收集营销场景中的数据，最后通过认知智能技术对用户状态进行精准认知、引导策略构建并执行决策。在触达力方面，物联网行业的多家厂商需要围绕用户的通信、家居、汽车物联网需求，建设物联网设备云，进行万物互联基础设施建设。随着手机、AR 眼镜、VR 眼镜、智能穿戴设备、智能家居等终端物联网设备的加入，企业将拥有与用户全时段、全场景的触达、交互渠道。在感知力方面，物联网通过海量设备传感器，可以从视觉、声音、温度等多个角度获取用户的状态数据。在认知力方面，通过认知智能技术，企业可以更精准地理解用户的需求。在此基础上，无论是提供引导式的信息查询与搜索服务，还是提供千人千面的商品个性化推荐服务，都蕴含了巨大的商业价值。

- **触达力**：商品通过广泛的物联设备触达并影响用户
- **感知力**：物联设备全面收集用户信息，理解用户的过去、现在与未来
- **认知力**：运用知识图谱技术构建智能认知营销推荐能力

图 2-9

在用户购物场景中，首先，智能助手需要拥有对交易对话、交易文件的理解能力；其次，需要拥有基于专业知识进行功能分析、信用分析的知识推理能力；最后，需要具备自动或半自动决策能力，提升交易效率。企业通过智能助手提供面向个体交易的决策能力非常重要。**智能助手通过加速个体消费决策的过程，可促使个体在单位时间内进行更多的商品交易，扩大企业的商业空间**，为企业带来更多收益。比如不少企业已通过人脸识别、动作识别、结合支付系统构建了无人货柜、无人商店等应用，无人货柜通过用户拿取行为的精确感知，可以实现无感自动支付。智能助手通过手机、AR 眼镜等设备可以和每一个门店的物联网设备配合，为用户提供精准且富有视觉冲击的广告推送。同时，用户可以通过智能助手与门店高效交互，通过语音、手势等方式进行购买操作。如果进一步结合认知智能技术，企业就可以通过大数据分析、动作理解形成**对用户需求的精准认知**，再通过对话、可视化交互模式**对用户的认知进行引导**，帮助用户快速、精确地**获取收益最大的商品**。在旅游场景中，智能助手需要拥有全面、及时的文化知识和商圈动态，帮助用户处理旅游场景中的问题，提升旅游体验。

在智能家居场景中，智能家居设备可以通过多种传感器采集用户的生活数据，构建用户画像，完成对用户实时全面的认知。为了解决用户的生活问题，智能家居设备需要引入智能助手来理解

需求、解决问题。智能助手需要拥有生活常识、生活专业知识与技能。生活常识与生活专业知识可以来源于百科网站、专业论坛和垂直知识站点。分散的数据知识需要通过知识图谱技术转化为营养学、医学、温度控制等生活知识图谱。智能助手可以基于专家规则、机器学习和深度学习，建设智能温控、智能食品服务推荐等认知智能应用。如果智能助手既拥有丰富的专业知识，又能深度理解用户需求，甚至**比用户更懂用户**，并在此基础上构建最优的照顾策略，那么用户会获得更好的生活体验。通过智能助手，智能家居将成为提升用户生活质量的物联网。

2.3.2　工业物联网中的认知智能

图 2-10 展示了四次工业革命的行业需求、技术创新及产业变革。目前，工业行业演变将进入第四次工业革命，即工业 4.0。工业 4.0 需要综合物联网、云计算、人工智能等关键技术实现产业中人、设备、企业的**协同智能**。

图 2-10

随着进入工业 4.0，业内众多企业对工业互联网、云计算、大数据与人工智能等相关技术的需求变得更加强烈。在工业互联网中，设备是最为关键的核心实体。设备通常分为通用设备和专用设备：通用设备包括机械设备、电气设备、特种设备、办公设备、运输车辆、仪器仪表、计算机及网络设备等；专用设备包括矿山专用设备、化工专用设备、航空航天专用设备和公安消防专用设备等。

物联网设备为工业带来海量分散、异构、断续的大数据。工业大数据解析相比互联网大数据，要求具有更强的真实性、关联性、专业性、时效性和精确性等。从真实性角度，需要在数据缺失、断续的场景中提取、挖掘实体的真实状态。从关联性角度，需要全面收集设备个体状态数据与设备物理关联数据或逻辑关联数据，需要覆盖工业过程中的各类变化条件。从专业性角度，设备分析涉及数学、物理、工控等深度领域知识和行业专家经验。从时效性角度，工业物联网的设备数据分析对场景决策分析执行的时间有很高的要求。从精确性角度,工业大数据对于分析结果的准确度要求非常高,只要存在细微的错误,就可能带来重大的安全事故。

那么在工业物联网中,基于海量、分散的设备数据,需要解决什么问题呢?

如图 2-11 所示,工业物联网的设备认知智能比较突出的需求场景是设备智能运维与设备智能生产。前者主要围绕设备的健康状态,进行设备预测性维护、设备故障诊断及设备智能修理。后者主要围绕设备的生产效率进行设备先进控制、设备效率优化及设备智能调度。

图 2-11

随着工业物联网的业务演变,有限的人力资源与快速增长的设备运维需求之间的矛盾日益突出,亟待自动且智能的设备运维管理。知识图谱与认知智能技术在海量设备运维方面的需求增长旺盛,主要场景涉及设备故障定位、设备故障溯源、设备故障预警、设备运行监控、设备健康管理和设备缺陷记录检索等。在这些场景中,需要基于知识图谱与认知智能技术提高文档搜索、知识问答、设备状态推理、设备风险预测等应用的效率。

在工业物联网场景中,知识图谱的天然优势是拥有对分散数据的聚合能力及对知识经验的沉淀能力。知识图谱可以通过语义符号与图拓扑结构相结合的方式,将设备传感器上报的电流、电压等状态数据、专家运维事理规则知识、运维的业务需求聚合为业务领域的知识图谱,通过知识图谱实现对多源、异构、碎片化的物联网设备数据的管理。在此基础上,运用规则推理、统计推理和深度学习推理等知识推理技术的优势,实现融合人类专家经验与规则、数据启发式算法及模糊推理的综合知识推理能力。

整体上,设备物联网需要实现设备数字孪生。数字孪生指将物理空间中的实体产品,通过摄像头、麦克风、数字化、压力传感器,借助语音识别、视频图像识别及大数据信息处理,映射成数字世界,以实现**设备数字孪生**。数字孪生需要建设诸如设备状态数字可视化、设备语音交互等基础应用,以满足业务对设备状态的基础认知与交互需求。

在数字孪生的基础上，需要基于知识图谱技术辅助业务人员实现**设备云管端一体化**认知决策能力，将数据以符号化、图形化、图表化形式，在云端为管理者提供数据支持；同时通过知识关联、策略搜索、日志搜索等功能，辅助管理者对设备管理业务进行整体协调。而在移动端，需要构建自动化及半自动化的决策助手，辅助一线工作人员进行认知与决策并提高行动效率。比如在能源场景中，知识图谱与认知智能技术可实现设备办公标准流程识别与解决方案精准推送等应用的效果，进而提升能源调度指挥中心的管理能力及员工移动作业的效率。

在工业物联网的设备数据智能场景中，设备数量越多、组件数量越多、设备之间的关联越复杂，对知识图谱技术的需求越大。设备多、关联复杂、知识专业性强的电网业务就是一个对知识图谱需求非常强烈的场景。以电网需求为例，认知智能技术对于提升企业管理运营水平、为基层提质减负具有技术优势，主要需求集中在以下三方面。

（1）在设备运维方面，首先需要对输电通道、输变配设备状态进行全息感知，并构建输电线路全景监控统一管控模型，通过无人机、在线监测、监拍装置、移动巡检提升输电线路设备状态感知能力，构建诸如无人机、机器人、移动巡检、在线监测、视频监控、声纹监测等变电站联合巡检体系，以形成对变电站设备状态信息的视、听、触、嗅的全息感知。通过知识图谱，可以将分散的数据、知识在各级变电站中进行聚合，形成设备统一数据模型。在此基础上，通过对设备状态和缺陷进行识别、分析和研判，形成对设备状态的综合评价和对缺陷发展的预测，以此实现精细化、精准化、智能化设备运维与检修管理模式。比如在新能源汽车场景中减少电动汽车规模化、随机无序充电对电网的影响等；又或者在工业园区供电场景中，提升大型园区的用电监测、设备状态预测诊断和定制化服务能力。

（2）在电网调度方面，需要重点解决电网安全运行的系统性风险、结构性矛盾管控，以及清洁能源的消化、吸纳问题；需要通过认知智能技术，对海量调度信号进行分析，提前预判，减少故障发生的可能性；需要减轻调度员的重复性工作负担，提升电话业务处置效率；需要生成电网调度控制策略，实现电网稳态自适应巡航，提升调控系统与决策的智能性与完备性。

（3）在安全管控方面，需要提升生产的安全性。典型的需求包括现场作业环境识别与分析、到岗到位管控、人员行为规范识别、作业人员身份资格验证、工作票信息自动采集、安全注意事项智能推送等；需要提供实时可视、高效管控的作业现场安全监管服务，辅助管理人员对现场进行全面、及时的认知。

2.4 企业认知智能

随着物联网、大数据与人工智能技术的发展，人与商品、商品与设备、设备与企业将形成万物互联的产业互联网。产业互联网将从人、物、企业物理连接发展到数据连接，并通过智能连接形成认知相连、认知协同的一体化。那么，企业认知智能在这个企业协同网络中应该扮演怎样的角色呢？

2.4.1　企业认知智能与企业协同

企业认知智能，指通过大数据与人工智能技术，提升企业业务人员及业务系统的认知决策能力。企业通过全域数据进行采集、存储治理、抽象转化，可以提升企业营销服务、供应链管理、生产管理、办公协同、风险管理等场景中人、物、企业的认知、推理、决策和行动效率。企业在实现数字化、信息化后，需要进行深度智能化转型，特别是认知智能转型。

图 2-12 展示了企业数字化转型与企业协同体系，其中，企业协同分为企业内部管理效能、用户协同、产业链协同、平台协同和生态协同等不同阶段。而企业数字化转型在企业协同的过程中，逐步实现物联基建、流程信息化、业务数据化、业务智能化到企业认知协同。企业认知智能是企业数字化转型的目标，而企业认知协同是企业认知智能的产物。

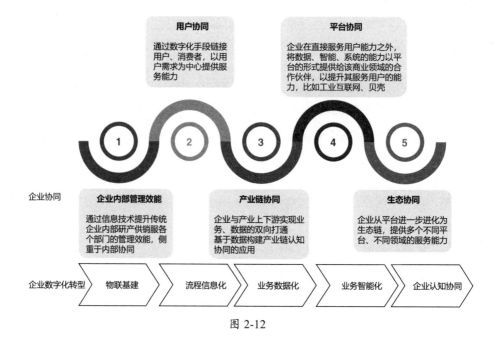

图 2-12

未来，**每个企业都需要拥有自己的企业大脑**，才能在复杂、激烈的博弈中赢得优势。龙头企业的大脑，不仅可以服务企业内部，还可以通过平台化能力领导并服务产业生态，并且主导行业知识体系的标准建设，推动行业认知智能应用落地，形成行业生态协同。

2.4.2 企业认知智能需求总览

企业认知智能的需求不会凭空而起，它用于在企业数字化、信息化、智能化的基础上解决企业认知协同的问题，是企业信息化、数字化转型的目标。企业数字化转型的底层逻辑是通过业务流程自动化实现效率提升。而企业认知智能转型的底层逻辑是提升业务认知，实现业务增收与提效。比如企业信息化、数字化转型用于提升企业从目标 A 向目标 B 推进的效率，而认知智能用于帮助企业发现投入更少及价值更大的目标 C，为企业带来更高的效率和收益。

企业认知智能已有基础。知识是企业发展和创新的重要基石。随着互联网的快速发展，企业内部信息化的基础设施不断完善，信息系统在大中小企业中广泛覆盖。信息化的变革不仅极大提升了企业的运作效率，也为企业积累了丰富的数据资源。企业信息化与数据化为企业认知智能奠定了数据、知识和落地场景基础，比如在研发、生产、营销、销售到服务的业务流程中，企业各组织、各级员工通过业务实战、会议研讨、项目总结，沉淀了大量业务知识和应用经验。在企业信息化建设过程中，企业知识管理会以企业知识分享平台、项目文档共享管理的形式存在。

因此，企业认知智能的核心需求是提升企业知识管理能力，建立企业知识服务能力并提升企业协同与博弈能力。

在企业知识管理方面，知识图谱与认知智能技术可提升企业知识管理能力。行业知识标准、知识关联建设是企业对行业问题、解决方案及技术诀窍建立认知的基础。企业在产生知识需求后，已有的经验、知识和解决方案需要通过系统化的产品，快速、精确地认知使用者的需求，个性化且智能化地根据使用者的场景进行信息推送，比如在设备维修场景中为一线维修人员推送设备相关产品说明与历史维修经验。企业内部的知识来源广泛，知识增长体量大，知识识别、知识审核和知识管理的难度高，并且随着企业业务发展形成的部门墙及数据孤岛，进一步阻碍与制约了企业有效实施知识管理与知识应用。

因此，企业需要一套能够聚合企业分散知识，并能够自动化、智能化进行知识管理及应用的解决方案。**知识图谱在信息表达上更接近人类的认知方式**，有利于理解和认知企业的个体需求场景，同时具有聚合海量信息的能力，能将分散的数据通过图的形式进行聚合，方便检索与查询。因此，企业需要构建基于知识图谱的企业知识库与企业管理数字驾驶舱，通过信息推送、自然语言交互等模式与企业业务 IT 系统深度集成。

知识图谱与认知智能技术可以帮助企业个体有效组织和管理知识,提升从多源异构数据中洞察业务的机会。同时,企业通过知识图谱与认知智能技术,可以推动企业在研发、生产、供应链、营销服务等全业务场景中的全域知识共享、认知一致和决策协同。因此,企业可以拥有组织群体认知、群体决策的群体智能能力。

在知识服务方面,知识图谱与认知智能技术带来新知识经济模式。在产业链中,无论是生产商、供应商还是用户,其创造价值的能力都正比于与其对于环境、业务的认知能力。产业链中的企业需要用数据与知识来提升认知能力,并开拓新的商业模式。在传统的产品制造服务模式之外,数据知识的生产与服务是企业新的经济模式。企业可以将在研发、生产、运营过程中产生的数据通过知识化的形式向外界提供服务,以此获得额外收益。业内已有不少企业从自身业务场景中沉淀数据、知识和解决方案,向产业的上下游提供数据、知识及其他服务。因此,企业通过对知识图谱与认知智能技术的投入,不仅可以让数据与知识服务提升自身的业务效果,也可以通过数据知识化服务提升企业产业链的业务能力。知识图谱与认知智能可以帮助企业构建知识专利授权、知识咨询、知识同业培训等知识经济模式,从而为企业创造新的利润点。

在企业协同与博弈方面,企业认知智能可以提升企业的协同与对抗能力。无论是国家层面的产业链竞争,还是个体企业层面的竞争,其竞争结果都受竞争个体的认知能力影响。产业互联网推动了信息的互联,也带来了大量的信息决策和博弈需求,**认知智能将成为企业在信息爆炸、决策困难、激烈博弈环境中的最佳助手**。业内各行业、各企业在博弈与协同中都会遇到数据与知识分散、决策策略难以构建的痛点,而知识图谱与认知智能技术天然适合该场景。知识图谱可以聚合分散的数据、离散的专家知识来提升认知的边界,而认知智能的策略生成、策略搜索与策略筛选等能力可以显著提升人员决策的效率与准确率。比如通过认知用户,企业可以构建产销网络协同,即通过用户需求驱动生产制造;通过认知设备,可以实现企业生产的稳定、安全及效能提升;通过认知企业业务,可以实现企业业务人员认知决策能力的提升,帮助企业洞悉先机、提升业务效率并实现业务协同。

资本市场是一个典型的非完美博弈市场,投资方会基于自身的认知对投资目标的未来进行预测,而认知能力的高低决定了判断的准确性。不同的投资方受限于自身认知,会对投资目标有不同的预期,形成预期差值。**预期差值**来源于信息不对称与认知不对称,而这正是在投资博弈中关键收益的决定因子。因此,在金融投资及企业战略布局场景中,企业需要建立认知智能能力,帮助企业相较于市场,获得更多的信息不对称优势及认知不对称优势,并以此构建企业博弈收益最大化策略。

如果一家企业的竞争对手通过知识图谱与认知智能技术实现了人机协同的认知决策能力，而企业自身由于投入不足还继续沿用传统的基于人力的认知决策模式，那么在市场博弈中，企业很可能遭受竞争对手的降维打击却无力招架。那么，企业在哪些具体场景中可以率先引入知识图谱与认知智能技术呢？

2.4.3　企业全域数据治理场景

企业全域数据治理，是知识图谱与认知智能技术的典型需求场景。企业认知决策所需的数据、知识通常是分割的，因此企业需要针对业务场景，按业务域进行数据域划分，并通过知识图谱进行数据关联，建设"企业知识一张图"。企业可以通过建立数据湖，汇总人、物、企业、环境的数据，构建以人、物、企业为核心的业务数据体系，业务专家、数据专家、知识图谱工程师共同合作，运用知识图谱管理平台建设并管理企业不同领域的知识图谱。企业需要各部门对数据与业务有统一的认知，并通过知识图谱形成认知共识，比如在用户知识体系建设的过程中，需要将用户画像业务需求方、数据生产方与管理方的不同观点进行融合、对齐，才可以构建可落地的用户知识体系。

随着从互联网走向产业互联网，企业认知智能需要实现对企业研发、生产、供应、营销和服务的全域智能协同。全域智能协同需要在业务信息化、数据化的基础上实现智能化。企业通过物联网设备、业务办公系统采集数据，并通过知识图谱技术实现数据的知识化。图 2-13 展示了企业知识图谱的示例，企业的用户、商品、设备生产等领域的数据、知识可以通过知识图谱形成相互关联的一张图。比如企业可以根据用户行为数据构建用户服务知识图谱，根据商品订单、售卖数据构建用户营销知识图谱，根据货品、仓储数据构建商品供应链管理知识图谱，根据设备物联网数据构建设备运维知识图谱，根据企业电子、化工等专业领域的数据、知识构建生产优化知识图谱，等等，并将所有知识图谱都通过人、物、企业进行关联和聚合。企业需要通过知识图谱实现对企业研发、生产、供应、营销和服务的全域数据打通。在知识图谱建设方面，企业需要通过知识图谱管理平台，形成对知识体系建设、知识图谱构建、知识图谱存储与计算的全流程管理。通过知识图谱，企业可以实现对业务需求、企业经验规则知识和业务状态数据的聚合。

那么如何具体落地呢？第 3～8 章将介绍知识图谱建设相关技术的基本原理及技术方案，以供读者参考。

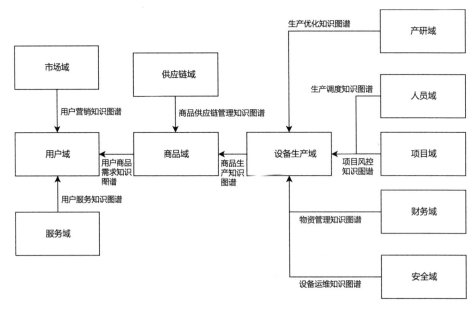

图 2-13

2.4.4 企业营销认知智能场景

营销是企业实现商业变现的核心场景，也是企业认知智能可以带来显著价值的场景。企业需要以用户为中心，通过应用认知智能技术重塑企业的营销能力。

企业产销协同是企业营销认知智能的典型场景。如图 2-14 所示，企业产销协同指通过用户认知、商品认知、产业链认知、设备生产认知和企业经营管理认知等领域的认知智能应用，实现以用户需求为中心的企业产销协同。

以化妆品、食品等零售行业为例，零售企业面临线上线下融合、以用户为中心的产品营销变革的挑战。在这场变革"生死"战中，只有及时、精准地理解用户需求，才能有效地制定产品设计、产品研发和产品运营的策略，与竞争对手围绕用户的认知展开竞争与博弈。零售企业需要通过建设柔性供应链能力，满足数字化时代快速演变、成本透明、个性化程度高的用户需求。在营销渠道方面，零售企业需要结合产业物联网中的手机、电视、汽车、门店等终端，形成对用户多渠道触达的能力。

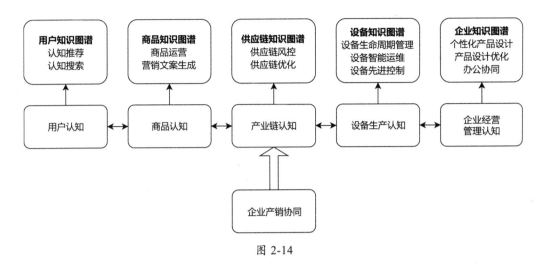

图 2-14

企业生产的产品价值、价格、利润与用户的认知息息相关。比如，用户对企业品牌的认知会为产品带来品牌溢价。因此，企业可以通过对用户认知的引导，来改变产品的价值曲线。如图 2-15 所示，企业生产的产业链包括前端的产品设计、中端的加工与制造和后端的供应、营销、服务等环节，不同环节的成本和利润是不一致的，业内称之为企业利润的微笑曲线。在这些环节中，产品品牌认知、服务价值认知等是产品的高利润空间来源，而这些都与企业的用户认知紧密相关。因此，企业可以通过营销服务改变用户对企业及企业产品的认知，通过品牌溢价的模式为企业获取更多的利润。

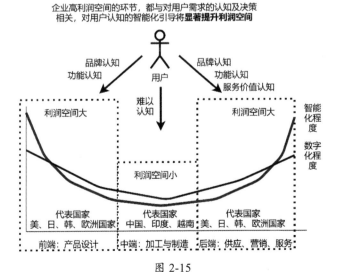

图 2-15

因此为了进一步提高利润，企业需要建设对用户认知及引导的能力，并以用户的需求为中心，建设企业研发、生产、供应、营销和服务的业务协同体系，建立用户认知引导能力矩阵。

在前端，企业需要提升产品设计的附加值。传统制造产业通常用生产线决定产品的模式，即从已有生产线、供应链能力决定产品的设计生产并驱动市场销售。C2M 模式则从用户需求决定生产线。C2M 模式从认知用户的个性化需求出发，支持个性化产品定制，并通过数据驱动确定产品的推广范围，从用户需求反向驱动产品的研发与供应链改革。为了应对用户的个性化需求复杂而产业能力组合有限等挑战，应建设柔性供应链，通过大数据与认知智能技术把控全局。企业通过大数据技术实现对用户数据的采集，通过知识图谱与用户画像技术实现对用户状态的精准认知。比如，企业可以根据用户的产品反馈、活跃时长、付费意愿进行产品功能设计与研发迭代。知识图谱能够聚合用户需求、专业知识、业务数据，实现以用户需求为驱动的决策链条，建设终端用户需求直达的产业能力。因此，知识图谱与认知智能技术是实现 C2M 模式的关键技术。

在后端，企业需要提升供应销售服务的附加值。通过优化产品服务，提升企业在微笑曲线中获取附加值的能力。企业可以基于认知智能技术，为用户提供个性化、智能化的服务。消费物联网中的手机、电视、车等物联网设备是企业为用户提供个性化、智能化服务的重要媒介。同时，企业可以在万物互联的物联网中集成智能客服、智能服务机器人，为用户提供全面、及时、个性化、人机交互友好的服务，进而持续地获得额外利润。

那么企业营销认知智能具体应如何落地呢？第 9 章将围绕用户认知引导的全流程，介绍企业营销认知智能的解决方案。

2.4.5　企业生产认知智能场景

产业互联网、工业互联网的发展，对企业的生产制造而言，既孕育着机会，也隐藏着风险。企业的一线业务人员与管理者需要在海量的设备、爆炸的信息、复杂的业务流程、动态的用户需求中，快速、精准地进行认知与决策。这对人类个体与企业组织而言，无论是从技术的角度，还是从组织管理的角度，都极具挑战性。

为了应对这些挑战，企业不仅需要实现生产自动化、数字化，还需要实现智能化。实现智能化不仅可以对设备进行智能控制、智能调度、智能运维，还可以提升生产业务流程中个体与组织的认知能力。因此，企业需要以设备和人为中心，构建企业生产认知战略。

图 2-16 展示了企业生产认知智能战略体系。企业生产认知智能战略指建设企业数据智能基座，围绕用户需求、竞争环境、产业政策、技术创新，不断地进行企业生产认知智能战略手段的

迭代，构建以用户需求为中心的智能生产能力。在企业数据智能能力基座方面，企业需要在工业物联网基建的基础上建设数据智能能力及组织管理能力。通过上层应用牵引和底层架构支持，企业生产将最终实现卓越的生产体系，提升全场景用户价值并实现认知智能创新业务模式等。

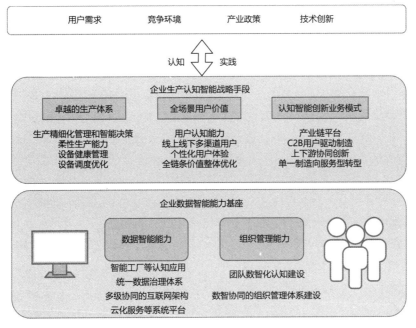

图 2-16

如 2.3.2 节所述，第四次工业革命的核心是运用物联网、云计算与人工智能技术实现工业智能协同。在工业智能协同的目标下，企业需要建设智能工厂、智能物流、C2M 的智能应用能力，因此在企业数据智能能力基座层面，企业需要通过物联网、机器人、大数据与人工智能技术，连接并打通设备生产运营系统、设备运维管理系统，形成智能生产的基座。在企业数据智能能力的基座之上，企业需要进一步通过知识图谱与认知智能技术形成生产信息互通，进而在设备管理、生产计划、供应链等方面构建协同智能。协同智能通过信息共享、策略互通、行动互助实现整体的收益提升，因此，在企业生产认知智能落地的过程中，需要为企业生产带来**精准、智能、协同**的能力。

（1）**精准**：指认知智能需要辅助设备、人对生产进行精准认知。在生产业务场景中，企业需要基于对状态的认知，驱动产品线决策，完成良品率提升、节能降耗、设备故障预测性维护的业务目标。为达成以上业务目标，企业需要在工业物联网中实现数字孪生，使生产制造过程中的信息数据化。为了实现对生产状态的精准认知，企业需要对产业链上设备生产方、设备运营方、材料供应链等多方的数据进行打通、关联并聚合。在知识图谱、认知智能和物联网之间，数据具有天然可融合的特性。知识图谱可以将生产数字孪生、生产优化的数据、知识进行深度聚合，比如西门子就曾构建了设备知识图谱，对设备多来源知识进行一站式知识管理，辅助业务人员建立对设备全面、精准的认知。

（2）智能：指认知智能需要提高生产效率和质量，降低成本和资源消耗。企业通过实现设备生产信息互联，希望进一步实现设备先进控制、设备协同优化等智能应用，在提高生产效率的同时减少工作量。在设备生产与运维场景中，设备运营商和设备生产商都需要智能的设备运维能力。企业通过构建大数据系统与人工智能运营系统，可实现设备全生命周期的信息管理和服务，让设备整体运行得更加智能、稳定，从而提高设备运行效率，节能并降低运维与检修成本。在设备生产智能管理方面，知识图谱可以协助拉通企业在整个生产流程中的数据与知识。知识图谱与认知智能技术可以将机器视觉的感知智能、大数据统计推理与机器学习能力、工业专家系统结合起来。在聚合了设备状态数据与专业知识的知识图谱上，构建设备认知智能，完成设备生产优化、设备调度的业务需求。企业生产设备优化涉及生产专业领域的深度知识，需要构建融合专家经验与统计推理、深度学习推理的知识推理模型，各知识推理模型之间需要进行相互增强或交叉辅助验证，以构建对设备生产的智能调度或先进控制能力。围绕人、机、料、法、环等场景构建工业认知智能的能力，是极具挑战且投入巨大的领域，也是实现工业制造的必备能力。

（3）协同：指认知智能需要实现生产中人、设备、企业的协同能力。在企业生产端与需求端协同方面，以 C2M 场景为例，企业生产需要以用户需求为中心，以较低的成本满足用户定制化的需求。因此，企业需要在宏观上实现全生产链条的信息整合，使得整个生产系统协同优化。在人的协同方面，企业可以构建研发生产知识库，实现从专利到研发技术的知识检索，提升产品研发协同能力。在产业链协同方面，企业需要建设智能生产供应链，实现柔性供应链、供应链优化智能应用能力。比如通过物资供应链统一知识图谱的建设，构建供应商的全息画像，在此基础上，企业可以实现供应链风险预测、风向预警、质量归因与供应商溯源、物资无纸化审批、辅助评标、招标文件自检等智能协同应用。

企业设备生产与运维的认知智能解决方案将在第 10 章详细介绍。

2.4.6　企业经营管理认知智能场景

管理者的认知会通过各种经营决策影响企业的经营绩效。在产业互联网中，人、物、企业相互连接，形成了信息爆炸、关联复杂、快速变化的复杂信息网络。企业管理者不仅要在数据分散且需要多方面专业知识、快速迭代的复杂流程中进行精准认知和判断，还要处理组织管理中的虚假信息、内部博弈、组织协调难等业务风险，这为企业不同层级的管理者进行认知及经营管理与决策都带来了巨大的挑战。企业亟待进行经营管理转型，为组织认知与决策降本增效，并帮助企业回避风险。

那么如何解决这个问题呢？

企业首先需要通过信息化、数字化基础建设，完成企业专业业务、财务、风险管理、战略投资等办公流程的信息化底座建设。在此基础上，企业需要推动大数据、人工智能技术与企业数字办公软件的融合，通过数据可视化、策略搜索、策略建议等提升企业管理层的运营管理、认知与决策水平，并为基层业务人员的认知与决策提质减负。

并且，企业需要提升日常办公的智能化处理能力，比如对流程文件进行便捷、快速、高效的办理，通过认知智能技术改善数据繁杂、结构各异、流程冗长、决策推理效率低等问题，有效提升办公写作、发展规划、发展策略、精准投资、财务报销、审计、供应链管理等方面的经营效率。在审计业务中，审计模型涉及业务面广、知识专业度高、推理模型复杂，因此需要通过知识图谱与认知智能技术提升数字化审计效率。在市场舆情智能化分析与预警场景中，企业通常面临水平较低、单一软件/手动分析处理情况较多、无法满足全网覆盖的舆情实时预警、引导及处置等挑战，需要融合媒体智能能力，实现对舆情的智能化采集、汇聚和分析。

因此，在企业经营管理场景中，企业需要运用知识图谱聚合企业人力资源、财务、战略投资、风险管理等业务领域的数据与知识，形成"企业经营管理一张图"，并通过平台的企业知识库对"企业经营管理一张图"进行统一管理，为上层业务应用提供专业、稳定、高质量的知识服务。企业知识库通过知识图谱技术，可以显著提升产业知识管理与知识查询搜索的效率。

在企业知识库的基础上，企业需要构建企业决策助手。企业决策助手通过知识图谱与认知智能技术，构建自然语言对话、可视化交互、专家建议、策略搜索和策略建议功能，提升企业业务人员的认知与决策能力。企业决策助手可以与企业管理驾驶舱、企业商业智能软件、企业财务管理软件等集成，以更好地与企业经营管理业务流程结合。

那么，企业知识库与企业决策助手具体应如何落地呢？第 11 章将详细介绍企业经营管理的认知智能解决方案。

第 3 章

知识体系建设

如前所述，企业需要通过知识图谱技术，将分散的数据和知识连接、聚合、转化为业务知识图谱，并在此之上，围绕人、物、企业等实体，构建营销、服务、供应链、生产和研发等认知智能应用。但是企业在落地实践的过程中，第一个面临的挑战往往是如何建设业务可用的知识体系。

在学术定义中，知识图谱需要通过本体论来确定知识体系，包括知识模式、范围等。然而在企业级业务实践中，企业业务的数据体系、知识体系与公开的开放域知识体系相比，从建设目标、形态约束到落地场景都有显著差异。同时，知识图谱的理论与概念对企业业务人员而言，也有相当高的门槛。以上这些都导致企业难以有效地知识图谱的概念、理论，以及设计业务可用的知识体系。

为了应对以上挑战，知识图谱的知识体系建设理论需要与企业已有的数据仓库管理、业务数据指标体系设计、数据治理、知识管理等方法论相结合，并围绕企业的业务场景进行理论适配与调整。综合本体论、数据治理、特征管理等理论，本章梳理了企业业务知识体系建设方法论。

如前所述，想要进行企业认知智能转型，就需要对企业的目标用户、商品、设备、产业上下游企业、员工、业务流程形成全面的认知与协同。因此，企业的业务知识体系应包含人、**物、企业**的实体状态数据、业务事理知识和业务需求概念。业务知识体系应围绕业务场景的目标，对解决业务需求所需的专业事理知识、业务规则逻辑、实体状态数据知识进行体系化梳理及关联、聚合。因此，**业务知识体系**应由**需求概念域、事理知识域、实体状态域**的知识体系互相关联、聚合而成。企业通过业务知识体系实现对业务需求、业务领域知识及业务相关实体状态数据的全面连接。

本章首先介绍面向企业业务的知识体系建设理论；然后以人、物、企业为核心，介绍用户画像、设备管理、企业营销等不同场景中的知识体系案例；最后在数据治理的理论体系基础上，梳理并分享知识治理的方法论。

3.1 知识体系建设理论

知识体系，在学术研究中通常以本体论的形态存在，而在工业界落地时会以数据模式设计、数据血缘设计、元数据管理、特征管理等多种形态存在。知识体系是连接业务数据、专家经验与机器学习、深度学习等智能应用的关键中间媒介。在知识体系设计实践中，需要组织并推动业务人员、知识图谱工程师、智能应用专家，在本体论、数据治理理论、机器学习特征管理等方法的基础上，围绕业务需求、事理知识、业务状态，建设统一的知识体系框架。本节将从知识体系定义、知识体系建设的方法和知识体系建设的原则三个方面，介绍知识体系建设理论。

3.1.1 知识体系定义

图 3-1 展示了知识图谱的构建及应用流程，可见知识体系的构建是知识图谱建设及应用的第一步。

知识体系建设，指如何定义和组织所需表达的领域知识，其核心是构建一个本体，对目标知识进行描述。比如我们对用户、商品进行分类，该分类就是本体。

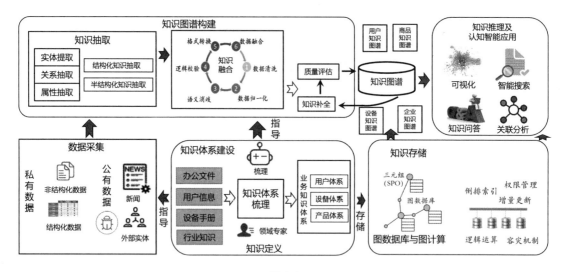

图 3-1

知识体系建设，是需要业务人员、知识图谱专家和领域专家共同围绕业务目标、数据来源进行整合、梳理并持续迭代的系统化工作。在知识体系（本体）中需要定义：

- 知识的类别体系，比如人物类-娱乐人物-歌手、商品类-母婴用品-童车等；

- 各类别知识体系下实体间的关系和实体自身所具有的属性；

- 知识图谱中不同关系或者属性的定义域、值域等约束信息，比如出生日期的属性值是 Date 类型，身高属性值是 Float 类型，简介是 String 类型，等等；

- 知识约束/规则定义。

3.1.2 知识体系建设的方法

知识体系设计的业务目标是面向**业务需求、事理知识和业务实体**设计知识体系，以此将满足业务需求所需的知识存储在知识图谱里，并通过认知智能应用提高人员对业务状态的认知与决策能力。企业认知智能转型所需的企业全域知识体系示例如图 3-2 所示。

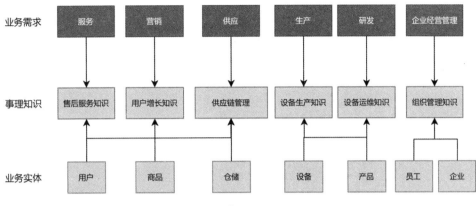

图 3-2

知识图谱具有抽象存储与信息关联的特性，知识图谱的实体、关系、属性等以语义抽象的符号来表示知识与知识、数据与知识的物理或者逻辑关系。**知识图谱，既可以让人类理解，又可以让机器高效利用。**人类专家可以通过知识图谱，对经验进行存储、转化和分享。而知识图谱可以存储海量文本、数值和图像等异构数据及数据之间的复杂关联关系，使机器可以构建规则推理、统计推理、深度学习推理等知识推理能力。

因此，如图 3-3 所示，业务知识体系建设框架包含三个领域，需要业务人员、业务专家与知识图谱开发者的共同参与。业务专家需要对业务人员的需求进行总结，梳理满足需求所需的专业知识与数据。知识图谱开发者需要理解业务需求，了解知识与数据的来源，与业务专家共同设计并迭代面向业务需求的知识体系。通过知识体系的建设，业务需求被抽象为**需求概念域**，专家知识被转化为**事理知识域**，而海量的用户、设备、商品等实体状态数据被映射为**实体状态域**。

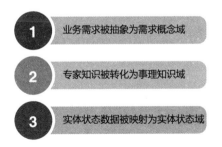

图 3-3

（1）**需求概念域的建设。**通过知识体系的建设，可以将业务需求抽象为需求概念域。需求是人可以认知的抽象概念，需求概念之间通常会相互关联或者与事理知识、实体状态等关联。因此通过知识图谱，可以有效地对需求进行抽象表达和展现，并与事理知识、实体状态进行逻辑关联。比如"对宝宝出行商品有兴趣的用户"就可以作为业务需求的概念实体节点。需求概念域的知识体系建设主要由业务需求体系梳理、需求关联方管理、需求实例化建设组成。在需求概念域的知识体系建设中，需要组织业务需求方和生产方进行统一沟通，将各自的认知拉通为需求概念域。在企业的具体实践中，对企业产品功能需求体系的梳理就是典型的场景。为了解决业务场景中的需求痛点，产品经理会规划产品的需求及功能体系，从业务需求场景出发，将需求抽象为不同的产品功能模块。不同的产品功能模块又分为多级子功能模块，在每个功能模块中都有场景的需求功能描述。如果把知识图谱作为一个产品，那么需求概念域的知识体系设计就如同产品的需求体系设计。

（2）**事理知识域的建设**。围绕需求概念域，业务专家需要将解决问题所需的专业知识体系梳理为事理知识域。图 3-4 展示了企业全域知识体系建设示例，事理知识域的知识图谱可以是营销场景中的标签筛选规则知识。比如构建<中型车广告，第一投放规则，小孩年龄大于 5 岁且近期有访问 SUV 品类的用户>，事理知识域体系就可以被定义为<业务广告类型，规则类型，标签筛选条件>。通常既可以通过人工梳理与机器半自动（或自动）挖掘相结合的方式建设事理域的知识体系，也可以通过参考开放知识图谱的知识体系来加速建设事理知识域体系，常见的来源包括 Schema.org、DBpedia、Wikipedia、大词林、百科网站等。开发者可以参考网站的 XML 树体系，通过 DOM 解析的方式获取开放域知识体系。开放域知识体系可以对企业业务事理知识域进行补充，降低构建成本。

（3）**实体状态域的建设**。企业业务专家和知识图谱开发人员可以将业务实体类目、状态数据建设为实体状态域的知识图谱。实体状态域的知识体系建设需要在充分考虑实体状态数据体系、数据关联及知识关联的基础上，利用知识图谱符号与图的特性进行本体知识体系设计。在实体状态数据体系方面，实体状态域的知识体系设计与数据治理的元数据设计方法相近，需要基于业务场景中的业务目标、数据血缘进行设计。而充分利用知识图谱的特性相当有挑战性：从符号逻辑特性角度，知识图谱常见的逻辑结构有归属、因果、关联传导等，知识图谱将数据与知识之间的逻辑关联连接在一起，以此构建规则推理，因此实体状态域的数据、知识关联体系，可以从业务规则推理中反推出来；而从图特性角度，知识图谱可以从路径、图拓扑结构等多种方向来表示数据与知识，知识图谱的图从方向角度可以是双向图、有向图，而从图拓扑结构角度可以是树状图、环形图。由此可见，知识图谱的知识表示能力非常强，业务实体状态域的物理关联、时序关联、逻辑关联都可以通过知识图谱进行映射、存储。因此，实体状态域的知识体系的主要建设方法就是将业务关注的人、物、企业的属性体系与数据关联体系连接、聚合并转化为知识体系的定义结构。在企业级业务实践中，可以通过企业数据仓库的数据字典映射快速构建实体状态域。

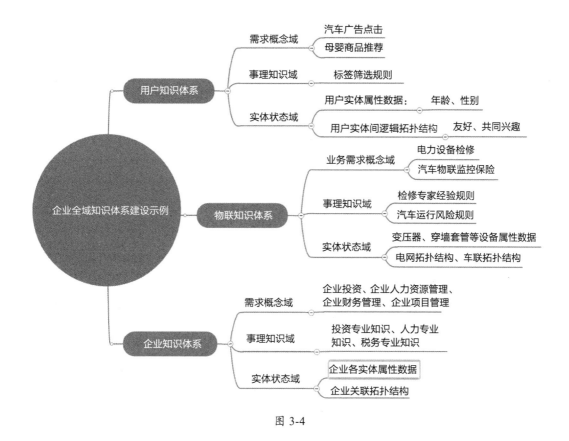

图 3-4

围绕企业知识体系的建设框架，如图 3-5 所示，知识体系的建模方法可分为自顶向下和自底向上两种。

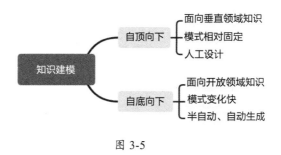

图 3-5

（1）自顶向下。企业业务专家、知识图谱开发人员需要先对业务领域所具备的知识点、概念、术语进行顶层的认知和抽象，提炼出最具广泛性的概念；然后在此概念的基础上，对业务需求、事理知识、实体状态逐步细化，并定义更多的属性和关系，来约束并生成更为具体的类别。比如在汽车领域定义高层概念"汽车领域"和"组织"，并从"汽车领域"继承出"车型""配件"，从"配件"扩展出"发动机""座椅"，从"组织"扩展出"经销商""车厂"。自顶向下的方法通常适用于对领域知识体系已有深刻洞察和全面了解的情况。

（2）**自底向上**。自底向上是与自顶向下逻辑相反的建模方法。当业务面临多业务场景、复杂数据体系、海量分散文本时，是难以直接在需求概念域、事理知识域和实体状态域中建立自顶向下的概念体系的。因此，业务人员和开发人员需要从分散的数据库表的数据字典、数据关联、Schema 定义、属性、关系等原始信息中，通过相似性比较、搜索、聚类、歧义消除、体系融合等方式，自底向上聚合内容并抽象概念以构建知识体系。比如在构建商品知识图谱体系时，需要对商品描述文本构建层次的聚类模型聚合、抽取主题并定义品类体系。

知识体系建设工作通常需要由对业务更加熟悉的业务专家来主导，但业务专家对知识图谱及本体概念的理解和运用是常见的难题。同时，解决业务需求所需的数据与知识不仅分散，而且时常变化。因此，业务专家不仅需要有丰富的应用经验，还需要及时获取数据与知识的变化，才能有效规划知识体系。这些都直接导致业务专家无法快速地从自身业务知识、海量数据中抽象、归纳出满足业务需求的知识体系。因此，在业务实践中，无论是自顶向下，还是自底向上，通过业务专家手工建设知识体系都相当困难。那么，能否自动或者半自动地构建知识体系呢？

为了解决这个问题，需要为知识体系设计者提供相关的知识发现工具。比如在用户画像相关知识体系设计工作方面，业务运营专家可以运用用户群体洞察分析工具，获得宝马、旅行、摄影等基础标签。在此基础上，既可以人工定义"旅游一族"的抽象概念来聚合标签体系，又可以通过聚类、关联、扩展半自动地生成用户知识体系。在事理知识域的建设中，可以运用开放域知识图谱工具，通过 OpenIE 或自行构建知识抽取工具，对文本内容进行知识发现。比如在税务知识问答场景中，通过知识抽取工具，可以对在客服场景中产生的大量用户问句进行知识抽取，以获取需求主体的实体、关系和属性。比如在"深圳买二套房所需的增值税是多少？"这个问句中，通过序列标注，可以提取"深圳""二套房""增值税"作为税务知识体系的关键实体，以此降低税务专家从海量文本中建设税务知识体系的成本。

3.1.3　知识体系建设的原则

知识图谱的知识范围可以无限扩张，但从知识图谱的建设成本、可用性及收益角度，**能解决问题的知识才是值得投入资源的知识**。这就好比优秀的考生会针对考试题目设计可以获得高分的知识体系。而对于企业级知识图谱应用，考题就是业务需求。

因此，知识体系建设的首要原则，就是业务原则。企业业务的知识体系，一定是围绕业务的需求概念域进行建设的。业务的需求概念域通常又来源于用户场景的业务问题。比如在运维知识问答场景中，需要基于运维人员在场景中提出的问题来建设运维知识体系。

在业务原则的基础上，图 3-6 进一步展示了较为通用的知识体系的建设原则。知识图谱的建设应遵循业务原则、分析原则、冗余原则和效率原则。

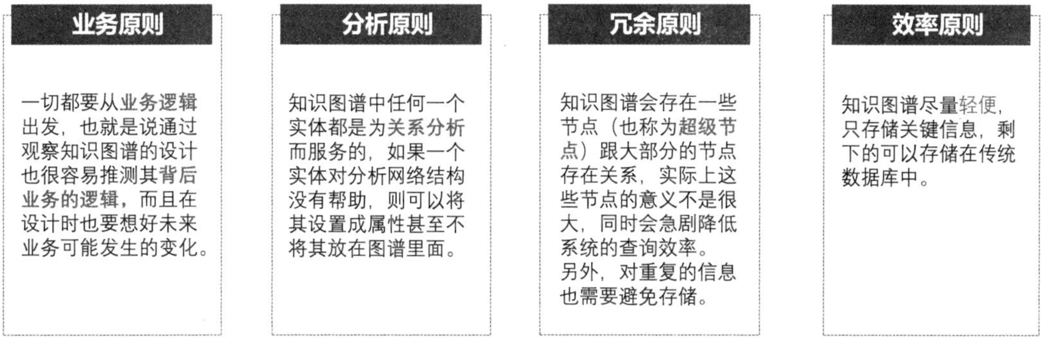

业务原则	分析原则	冗余原则	效率原则
一切都要从业务逻辑出发，也就是说通过观察知识图谱的设计也很容易推测其背后业务的逻辑，而且在设计时也要想好未来业务可能发生的变化。	知识图谱中任何一个实体都是为关系分析而服务的，如果一个实体对分析网络结构没有帮助，则可以将其设置成属性甚至不将其放在图谱里面。	知识图谱会存在一些节点（也称为超级节点）跟大部分的节点存在关系，实际上这些节点的意义不是很大，同时会急剧降低系统的查询效率。另外，对重复的信息也需要避免存储。	知识图谱尽量轻便，只存储关键信息，剩下的可以存储在传统数据库中。

图 3-6

对业务原则这里不再赘述。分析原则的关键是知识体系应服务于业务认知分析场景，为了减少对分析的干扰，知识体系的设计需要最大化地突出关键的分析因子。

冗余原则和效率原则与知识图谱的存储、查询服务效率相关。知识体系不仅需要面向业务，也需要考虑底层存储与查询数据结构。当处理知识体系冗余和效率低的问题时，可以参考传统数据仓库的 Schema 设计、数据血缘设计等相关方法。知识体系的设计应充分考虑底层存储媒介的特性，将适配的数据结构放入合适的存储媒介，避免产生存在超级节点、数据表冗余等问题。

3.2　用户知识体系

"水能载舟，亦能覆舟"，用户是企业立足之本、危机之源、利益之母。因此，**企业对用户的认知决定了企业的生死与兴衰**。

在互联网、金融、零售等诸多行业中，企业会在用户画像场景中构建用户标签体系，以服务于企业营销推荐、用户运营增长等业务场景。用户标签体系通常是分层、树状的图结构。因此从逻辑定义、数据结构的角度，**用户标签体系是用户知识体系的一部分**，通常包含需求概念域与实体状态域的知识。因此，通过知识图谱，可以把企业关于用户的业务需求、事理知识、状态数据相互聚合和关联，协助企业通过用户画像技术建立对用户的全面认知。

本节首先回顾用户画像知识体系理论；然后介绍用户画像知识体系建设的挑战和方法；最后逐节分享用户画像基础知识体系、用户营销领域的画像知识体系和用户增长领域的用户画像知识体系的分析案例。

3.2.1　用户画像知识体系理论

对用户状态有目的的、具体的、标签化的数据描述，通常被称为**用户画像**。用户画像通过数据构建用户的360°全方位虚拟形象，帮助业务认知用户的过去、现在与未来。用户画像已在用户增长运营、广告营销、金融风控、电商推荐等场景中发挥着核心作用。用户画像典型的应用场景是为业务需求找到特性匹配的用户，并辅助场景的策略制定，比如：

- 在用户增长运营场景中，为企业定向到核心用户，按投入回报比进行资源分配；

- 在广告营销场景中，广告平台会根据广告素材与用户画像筛选曝光人群；

- 在金融风控场景中，金融机构会根据用户对风险的认知决定是否贷款及贷款额度是多少；

- 在电商推荐场景中，平台会认知用户过去、现在与未来的需求，筛选收益最高的商品进行推荐。

对用户的认知越深，就越容易构建业务策略，也越容易提升业务效果。在用户画像任务中，对用户的认知，包括对用户行为的认知、对用户状态的认知，以及对用户深层需求的认知。对用户的认知，不仅需要用专家知识判断，还需要从数据中挖掘真实的用户状态。用户过去、现在、未来的状态不仅相互关联，还受用户在每个状态下认知、决策与行动的影响。因此，如果企业需要精准认知用户，则既需要通过知识图谱聚合用户的分散数据与专家知识，也需要通过认知智能技术理解用户行为之间的关联，进行状态模拟推演及状态预测。因此，用户画像知识体系需要兼容专家经验性知识体系、行业专业知识体系与业务（画像、搜索、推荐）模型的特征体系。

知识图谱可以将**用户行为数据、产品运营策略、领域专业知识**聚合起来，这是理解用户认知状态、决策空间、决策归因和事件因果关联等的基础。在营销场景中，业务人员希望引导用户进行品牌认知，增加广告点击量。在某国政治选举中，竞选团队在 Facebook 等社交平台通过精准的政治广告引导用户的政治意见，提升了团队的品牌特性。在这个过程中，知识图谱不仅可以关联用户的状态、社交关系链及商品数据，还可以关联广告业务的运营策略和不同行业的专业知识，帮助运营人员实现一阶或者多阶的因果网络归因推理。营销人员可以清晰地了解不同策略对用户认知状态造成的影响，以便更好地构建营销策略。因此，用户画像需要通过知识图谱与认知智能技术来实现更高阶的能力，用户画像知识体系需要帮助业务实现对用户的进一步认知。

另外，有不少企业希望通过营销、服务、风险管理等业务应用实现**数据资产的价值转化与变现**，并在此基础上，通过数据反馈、数据迭代的方式提升数据资产的价值。然而，用户海量的行为等数据并不能直接带来业务价值，在使用过程中还面临数据隐私、业务隐私等安全问题。因此，很多企业都意识到，需要在数据和业务应用之间构建一个**数据知识化服务的中间层**，而这个中间层就是用户画像的标签与在用户画像知识体系场景下构建的知识图谱。因此，用户画像知识体系需要帮助企业连接下层的用户状态数据与上层的业务应用。

用户画像的标签体系、知识体系在企业落地过程中，通常会在企业的数据管理平台上进行统一管理。比如在广告的 DMP、CDP、DSP 平台中，用户画像的标签体系、知识体系会以数据资产、数据地图、标签筛选等产品形态进行展示，是广告主了解广告平台数据能力范围的首要及核心路径。广告主通过用户画像的标签体系认知流量人群特征，进而构建自身的投放策略。而用户画像知识体系需要有与企业数据管理产品集成的能力。

3.2.2　用户画像知识体系建设的挑战

如前所述，用户画像知识体系需要满足支持专家知识、模型特征管理、用户进阶认知、业务与数据连接、企业数据产品集成等诸多需求，然而在企业业务中落地时，会遇到相当多的设计问题。

（1）**知识体系的覆盖度问题**。用户知识体系、标签体系往往难以及时、准确、全面地满足业务需求。在用户标签、用户知识图谱的建设过程中，建设方希望尽可能以相对通用的体系满足各种各样的业务需求。然而，建设方会不可避免地遇到诸如数据范围不支持、业务需求定制化程度过高、开发成本不匹配等问题。业务需求方可能根据业务数据有一些发散性的构思，但实际上在建设过程中很难覆盖得特别全面。标签体系、知识体系通常是相对固定的，而业务需求是随时间动态变化的。因此，用户知识体系的覆盖度问题是建设方难以规避的问题。

（2）**知识体系的可用性问题**。用户知识体系、标签体系越复杂，业务使用难度越高，业务可能会根据自身场景中的语言定义标签需求。比如，业务可能需要一线城市的青年才俊标签，然而平台可能只有用户的年龄、性别、城市标签。业务需要从标签描述的规则定义、统计口径、常用场景方面与自己的需求进行匹配。从业务的视角，通常是难以快速、准确地定位到可用标签的：当标签体系覆盖不足时，业务难以找到匹配需求的标签；而当标签体系过于复杂时，业务难以找到可用的标签。

（3）**知识体系的认知不一致问题**。用户画像知识体系是与业务知识、专家经验相关的。不同的业务人员对知识体系可能会有不同的认知，比如：

- 运营部门一般运用用户画像标签做运营活动，因此运营人员关注的是怎样做一个活动才能提高用户的点击率、转化率及留存率；

- 产品部门的产品经理经常需要为某一个业务问题提供产品解决方案，因此需要通过用户画像获取用户的关键特征，以决定如何设计产品，才能覆盖大多数业务场景；

- 数据部门作为用户画像、知识体系的建设方，通常通过数据自身的抽象含义、逻辑关联来确定知识体系，并对数据进行统一管理，对于业务需求的理解往往不够精确。

因此，在企业用户画像知识体系落地的过程中，运营部门、产品部门和数据部门等可能**对知识体系的认知并不一致，进而造成误解**。在用户画像知识体系结构设计中，需要从组织管理的角度，建设业务团队、用户画像知识体系设计团队、数据方等多团队沟通设计模式。当进行需求整理、体系设计和标签开发时，最好采用系统化平台解决方案，让业务方、设计方和开发方能够在同一产品中对齐认知，实现业务知识体系、数据知识体系的统一对齐，并可随业务的演变进行系统化迭代。

在企业业务实践中，用户画像知识体系通常通过建设数据管理平台（Data Management Platform，DMP）、用户数据中台（Customer Data Platform，CDP）对用户画像知识体系进行统一管理。CDP、DMP 沉淀了海量用户标签，为各业务系统提供了统一的用户知识服务。为了解决标签体系的复杂度问题，DMP 会建设目标群体指数（Target Group Index，TGI）、统计占比等标签价值评估指标，来辅助业务人员判断平台标签对用户业务的价值度。产品经理和运营人员在此基础上，可以通过用户画像 TGI 来确认标签筛选的组合。知识图谱与认知智能技术能进一步解决该场景中的问题，详细的方案可以参考第 9 章的相关内容。

3.2.3 用户画像知识体系建设的方法

从数据架构的角度，用户画像标签体系是单向、分层的树状图。在引入知识图谱的知识体系后，用户画像标签体系中的各个节点会相互连接，扩展形成由实体状态域、事理知识域和需求概念域组成的知识图谱。

（1）在实体状态域，用户在不同时间的属性可以通过知识图谱关联，用户之间的社交关系、互动关系也可被关联。

（2）在事理知识域，汽车、游戏等兴趣标签可以与场景的专业知识关联，比如用户喜欢玩"射手鲁班"，那么他会害怕"刺客李白"。

（3）在需求概念域，不同业务的需求概念可以相互关联，比如氪金用户、二次元用户、白富美等业务的需求概念可以与年龄、性别、兴趣等标签关联。由此可见，用户画像标签体系是用户画像知识体系面向业务需求的子图。

因此，如果按照知识图谱三元组的结构，那么用户画像知识体系可以被定义为（人，属性，属性值）、（用户，互动方式，商品）、（人，关系模式，人）、（人，关系类型，企业）、（人，策略类型，人）等知识体系形态。

用户画像标签体系是用户画像知识体系的子图，因此用户画像知识体系可以在用户画像标签体系设计的基础上通过概念抽象、关联连接、属性扩充等方式进行扩展，比如，用户的年龄、性别、学历等人口学标签体系是用户画像的基础标签体系，而业务定义的抽象概念标签，例如白富美、学霸等，可以与用户画像的基础标签体系进行关联。因此，业务需求通过需求概念域的知识体系进行承接，并和用户状态域的基础标签体系进行关联、聚合，就可以获得融合业务需求和用户状态的知识体系。在关联方面，可以将用户画像的知识图谱与用户交互相关的内容知识图谱、商品知识图谱通过商品 ID、内容 ID 进行关联。由此，用户画像知识体系可以融合内容与商品知识体系，当通过用户兴趣属性链接时，又可以进一步拓宽用户知识体系的范围。属性扩充，与关联链接相似，可以将用户的相关标签转化为属性，并附加在用户标签体系树上。

上述方法通常需要业务专家、知识图谱开发人员和用户画像开发人员，通过人工的方式对用户标签体系树进行梳理与关联。然而，在不少业务实践中，业务专家通常难以将抽象的业务描述与用户的行为特征进行关联。因此，是否有自动或者半自动的用户标签体系及知识体系建设方法呢？

回顾知识体系的建设方法，在垂直业务场景中，可以采取**自底向上**的方法，通过知识抽取、聚类等方式提取业务数据之间的关联结构，以此辅助专家进行知识体系建设。因此，在用户画像场景中，用户画像开发人员也可以从用户数据、海量知识中通过模型半自动或自动地挖掘用户画像知识体系。同时，通过数据启发式的标签体系构建方式，专家还可以挖掘出深层次、超出业务主观认知的知识。

那么具体如何落地呢？

知识图谱的业务目标，是作为数据知识来源帮助用户画像等认知智能应用实现对业务目标状态的全面认知的，以便构建最优策略，实现对目标的引导。回顾知识体系的建设原则，**对业务目标有价值的知识才是有用的知识**。因此，知识体系的建设应围绕业务状态的变化进行监督、半监督、无监督的知识体系建设。

企业在用户认知智能场景中的目标是通过**认知用户状态**，通过认知智能应用**引导用户认知**

与决策，引导**用户状态改变来获益**。因此，知识图谱需要帮助认知智能应用找到能够理解并改变业务目标状态的信息，并以知识图谱的形式表达出来。搜索、推荐、知识问答、风险控制等认知智能应用会基于知识图谱数据，通过规则、统计、图深度学习方式构建知识增强的召回、精排、重排模型，这些模型既可以直接使用知识图谱的概念、实体名、关系、属性和属性值的语义抽象符号，又可以使用数值化的知识表示向量。

假如将业务状态定义为 Y，那么业务实体状态的变化可以将 ΔY 作为目标。Y 可以是用户点击广告次数、用户浏览时长、用户活跃度、用户付费率等业务指标。在用户画像知识体系下，这个业务目标就是用户，因此用户画像知识体系需要围绕业务目标变化 ΔY 来构建。从机器学习的视角，就是围绕目标 ΔY 搜索最相关数据、知识，再通过抽象、聚类、推理等方式构建特征体系，特征之间的复杂逻辑、拓扑关联的信息通过知识图谱的形态进行表达，再给到上层的搜索推荐业务应用使用。

- 在营销领域，ΔY 可能是用户点击广告、用户购买商品的状态变化。

- 在风险管理领域，ΔY 可能是用户还款、违约的状态变化。

- 在产品增长分析领域，ΔY 是可能业务增长相关的活跃度、价值度、流失率的状态变化。

图 3-7 展示了面向实体的认知引导过程。

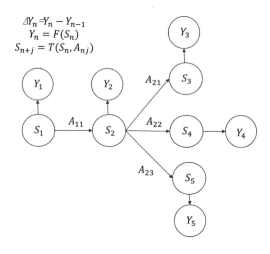

图 3-7

在用户画像中，企业希望认知用户过去的状态 S_1、当前的状态 S_2，以及未来的状态 S_3、S_4、S_5 的关键状态特征，以及受到不同策略行动影响后状态之间的演变模式。比如在推荐场景中，可以采用 DIN（Deep Interest Network）算法捕捉用户状态的演变，以及与之关联的特征，关联的特征是通过深度神经网络表示的。

以内容推荐场景为例，业务需要了解用户当前的状态S_2与过去的状态S_1关联的数据与知识有哪些，是用户的年龄、性别，还是兴趣、业务知识、业务数据？同时需要了解用户的状态S_N与策略A_N行动之间的关联。ΔY来自状态S_N之间的收益变化，在不同场景中会有所差别。在内容推荐场景中，可能是用户浏览市场最大化、内容关联广告点击率最大化或广告商品转化收益最大化等。

通常，ΔY需要运用多任务模型，对多个模型的任务目标进行合并，并给予神经网络反馈。比如用户过的状态S_1，因为运营、广告、内容的策略行动A_1，进入当前的状态 S_2。而推荐算法需要找到最优的策略行动A_N，来推动用户进入业务目标状态S_T。基于状态策构构建搜索是典型的强化学习问题，通常可以用深度图神经网络来构建数据之间的多层抽象表示。

得益于知识图谱强大的数据、知识表示与存储能力，上述实体状态数据、状态关联、策略关联、策略状态关联、领域过程性的专业知识、经验数据和任务目标数据等都可以通过知识图谱存储起来。由此可见，用户画像的整体知识体系，就是对上述领域的知识体系进行拼接，用户画像场景中的知识图谱可以为专家经验与规则和数据启发式模型的深度融合提供基础。第 9 章会详细介绍营销用户画像场景中知识图谱的应用方式。

那么在用户画像的不同领域，如何自动或者半自动地构建知识体系呢？

- **在用户画像的实体状态域**，用户的实体状态是一个高维度的张量（Tensor），当以知识图谱的形式表示时，是以用户实体为中心的图拓扑网络，其中，用户实体之间的关联包括时序关联、人与人的社交关联、用户与商品的交互关联、用户与物的交互关联。在企业实践中，实体状态域的知识体系可以由存储用户数据的数据库的数据字典、逻辑模型，通过关联、映射、聚合而成。比如，用户的时序数据、社交数据、商品交互数据可以将用户 ID 作为主键，打通多张数据库表的数据字典，关联并聚合成融合商品、社交关联、时空序列的知识体系。在聚合过程中，通常需要进行实体链接和知识融合。值得关注的是，用户的个体标签是一个关联网络，而用户社群结构与标签也是一个关联网络，知识体系的开发人员合理运用前者，就可以构建标签概率网络，通过概率推理生成标签体系；合理运用后者，就可以通过对社群结构的分析，将社群的标签体系赋予个体用户。

- **在用户画像的事理知识域**，主要包含企业业务事理逻辑知识、专业域知识和开放域知识等，因此该领域中的知识体系建设方法可以参考开放域的监督、非监督、半监督的知识体系建设方法。而用户的运营策略体系、广告的素材策略体系、推荐的召回策略体系等，可以通过体系映射的方式转化为事理知识域的知识体系。

- **在用户画像的需求概念域**，主要包含业务的目标 Y、业务的收益逻辑和业务抽象的需求概念知识。业务目标可以从企业的 KPI、OKR 等指标体系通过映射进行转化，而收益逻辑需要从业务专业模型转化而来。业务抽象的需求概念可以从用户画像的落地场景数据中生成。当用户画像服务于营销导购场景时，在导购员与用户的沟通对话中会产生大量的需求描述问句。开发人员可以根据这些问句，通过分类、序列标注等方法获得业务需求的属性和关系。在抽取的关系、属性和属性值的基础上，通过数据整理、关联预测、体系拼接等方式，协助业务专家梳理需求概念域的知识体系，通过对需求数据自底向上进行抽象、聚类、分类，可以大幅提升需求概念域的效率。

用户画像知识体系建设是企业级知识图谱与认知智能落地的典型场景。如本节所述，开发人员需要围绕业务目标的状态变化，通过自顶向下或自底向上的数据特征搜索、概念搜索、体系映射、人工整理等方法，进行手动、半自动或自动的知识体系建设。商品、设备、企业等知识图谱的建设也可以参考上述方法。

本节详细分享了如何从认知引导这一目标建设用户画像知识体系的相关解决方案。然而在企业级应用实践中，从 0 到 1 设计业务用户画像知识体系是极具挑战性的。因此在后续的章节中，将分享业内公开的用户、设备、电商、企业等标签体系与知识体系案例，读者可以以此作为业务场景中知识体系的设计参考，提高知识体系的设计效率。知识体系是与业务场景、业务需求、业务解决方案强相关的。因此，读者在阅读本节后续小节时，可以与第 9~11 章的垂直解决方案结合阅读，提高对场景知识体系的理解效率。

3.2.4 用户画像基础知识体系

用户画像基础知识体系，是企业中相对通用的用户知识体系。在企业实践中，该体系通常由负责数据统一管理的数据中台团队，与多个业务团队沟通、协作、沉淀而成。企业通常会将物联网、业务系统、企业数据仓库等不同来源的用户数据，通过数据清洗与导入、统计计算、机器学习推理、深度学习模型预测等方法，构建成用户画像，因此用户画像基础知识体系可以在用户画像标签体系的基础上扩展而成。

如图 3-8 所示是业内公开的用户画像标签体系。按照用户标签生产方式的不同，可以将标签分为数据清洗与导入类标签、模型标签和预测标签。

人口属性信息是最常见的用户画像标签体系，如图 3-9 所示是用户画像人口基础体系。用户通常会在产品注册时留下年龄、性别等注册信息，这些注册信息是人口属性标签的重要数据来源。然而在业务实践中，受用户数据安全隐私保护、业务覆盖度、时效性等问题的影响，注册的信息会存在数据质量、数据覆盖度及业务可用性的问题。因此，人口学基础数据需要通过模型算法的进一步修正，才能初步被业务应用。为了更好地保护用户隐私，提升业务的可用性，用户画像标签体系需要融入知识图谱技术，将数据进行知识化服务。比如，将用户年龄标签通过知识抽象为某业务青年标签，就可以对用户的隐私有一定的保护，同时增强数据的可用性。

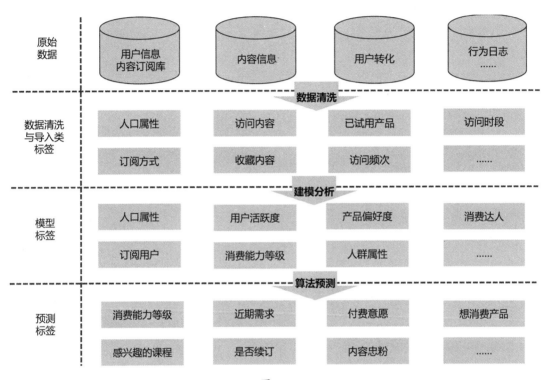

图 3-8

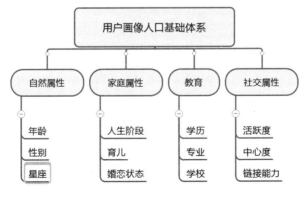

图 3-9

因此，用户画像基础知识体系需要在用户画像标签体系的基础上，从企业自身的业务需求场景出发，对知识图谱的基础标签进行扩展、细化和抽象建设，示例如下。

- 母婴用户企业不仅需要关注用户自身的年龄和性别，还需要进一步了解用户孩子的年龄属性。在孩子年龄的基础上，增加年龄、月份所关联的专业母婴知识，以对知识体系进一步扩展与细化。孩子的不同发育阶段是需要不同奶粉的，因此企业可以抽象用户孩子的年龄为 1 段适用、2 段适用，这既提高了可用性，又保护了用户隐私。用户的其他基础标签也可以通过类似的方式进行扩展。

- 教育培训企业需要细化、建设用户的学校、学历、专业等相关教育属性，并与自身行业的专业特性、商品信息关联。

- 社交产品企业需要将用户在产品上的活跃度、分享度等社交标签通过计算社会学、业务专业知识扩展、细化、抽象为游戏社群领袖等标签。

所以，用户画像标签体系需要围绕业务需求进行数据的知识化建设，才能形成用户隐私安全、业务可解释性强、业务效果好的用户画像知识图谱。

用户画像标签体系在互联网、金融等企业的营销服务领域，经过多年业务实践，已有方法论和数据积累。而知识图谱通过开放域的百科知识、企业业务垂直域的知识，对用户画像标签体系进行了细化、扩展及知识化服务。因此，开发者可以参考本节的案例与方法，将业务中的用户画像标签体系转化为用户画像基础知识体系。

3.2.5　用户营销领域的用户画像知识体系

随着互联网人口红利的减少，获取用户的成本越来越高。对于企业而言，不同的用户其价值是不同的，不少企业因此极为重视数据，希望通过数据指导资源分配，以最小化的成本获得最好的营销效果。比如，企业广告主会在各媒体广告平台通过标签筛选定向人群，购买精准的人群流量进行广告曝光。在用户点击后，又通过标签定向运营进行差异化营销，提供个性化的产品及服务。

因此，用户营销领域的知识体系的业务目标是辅助提升企业的运营人员、策划人员对用户的认知，提升不同营销阶段的营销效果。具体而言，需要帮助营销人员将用户营销认知决策的全流程知识、数据进行统一的聚合、管理，并辅助人群筛选、素材构建、运营资源分配等策略的制定与落地。

在营销场景中，用户营销认知决策流程如图 3-10 所示，用户的认知状态可以分为 4 个阶段，包括**品牌认知、产品认知、价值认知及转化决策**。

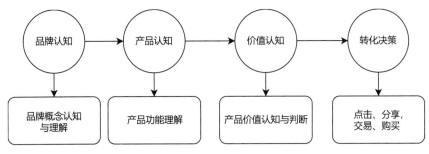

图 3-10

（1）**品牌认知**：指用户对企业品牌概念的认知与理解。按照知识体系的领域框架，品牌认知的知识图谱会存储用户对企业品牌的认知状态，比如是否听说过该品牌或者是否了解该品牌的特性。用户关于企业品牌的知识主要来自日常与品牌的交互，包括关于品牌的广告、社交渠道的朋友介绍等。因此，关于用户品牌认知的实体状态知识图谱需要将用户的品牌广告曝光、营销活动触达、用户市场调研问卷等数据通过用户 ID 进行统一、聚合。也就是说，品牌认知实体状态域的知识体系，需要将营销过程中不同渠道所触达用户的状态数据体系，通过映射、转化来获得。比如将线上流量（如社交软件、短视频平台）的用户标签体系与线下流量（商场、门店、导购员）的用户标签体系，通过用户 ID 进行关联与聚合。而品牌认知事理知识域的知识图谱是关于品牌宣传的概念逻辑，因此该领域的知识体系应由负责营销的市场部、设计部和产品部梳理和建设。品牌认知需求概念域的知识图谱需要将品牌认知需求的概念进行统一、聚合，因此需要由营销人员和策划人员梳理和建设。

（2）**产品认知**：指用户对产品功能的理解。产品认知知识图谱的实体状态域可以从用户的行为数据中挖掘来获得。比如通过用户浏览、操作、购买行为日志，可以预测用户是新手还是老手，以此构建相应的知识图谱。产品认知的事理知识域来源于开放域的知识图谱，或者企业产品设计、研发部门的设计文档、功能描述等。产品认知知识图谱的实体需求概念域，则需要营销人员与策划人员梳理和建设。用户的产品认知知识图谱非常重要，特别是那些需要经过专业知识推理与决策才能进行购买的产品。比如用户在购买一台洗衣机时，需要基于该洗衣机在不同场景下的功能和性能状态知识，与自己的需求进行匹配、推理和判断。因此，如果能了解用户对产品功能的认知程度，就可以制定相应的营销策略，包括安排导购人员对产品功能进行进一步的培训与引导等。

（3）**价值认知**：指用户对产品价值的认知与判断。用户价值认知的实体状态域的知识图谱数据主要来源于用户自身的购买能力、消费观和历史购买记录等，会受用户的经济状态、个人价值认知、环境价值认知、竞品价值认知等多方因素的影响。用户价值判断的标签难以获得，需要从用户的行为中深度挖掘和推断。一方面，用户价值认知的事理知识域的知识图谱可以通过关联商品知识图谱、领域专业知识图谱获得，开发人员可以将商品知识图谱中的商品投入产出比、商品价格、竞品价格和商品附加值等知识图谱数据与用户状态数据关联，以此获得用户的价值认知事理图谱；另一方面，也可以由营销、运营等领域的专家，将场景的历史经验规则转化为知识图谱，商品价格相关的数据可以通过运营整理、商品管理系统读取、第三方数据爬取等方式获得，用户价值认知的需求概念域的知识体系也需要由营销人员和策划人员梳理和建设。

（4）转化决策：指用户基于策略的行动。用户在对商品的品牌、产品能力、价值有所认知后，会逐步建构相关决策并行动，可能浏览其他平台以获取更多信息，进行产品能力对比、点击、分享、购买等不同行为。转化决策知识图谱的实体状态域包括用户行为数据，比如用户是否点击、购买，通常需要从企业的客户关系管理（CRM）系统、软件日志及第三方平台获得。转化决策知识图谱的事理知识域则需要运营、营销专家基于对用户的决策行为及影响的理解，从已有的用户行为数据、环境数据中进行梳理和总结，比如产品购买的核心特征是什么。转化决策知识图谱的需求概念域的知识体系来源于营销的策略体系，比如对某次营销的转化定义是分享还是购买，通常需要由专家梳理而成。

用户营销知识体系示例如图 3-11 所示，企业需要将用户的基础信息、渠道信息、会员信息、商品信息和订单信息等通过用户 ID 进行统一、聚合。其中，商品、订单、供应商等实体相关的知识图谱，需要进一步通过商品 ID、订单 ID、供应商 ID 来关联，以此构建用户营销实体状态域的知识体系。

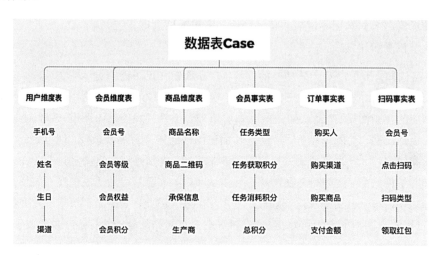

图 3-11

在产业互联网的发展下，企业营销认知智能的用户定义需要进一步扩充。企业用户不仅包括个体用户，也包括用户社群、小型企业等用户。以汽车企业的营销认知智能为例，汽车企业的营销认知涉及不同类型的用户，比如汽车销售会通过不同层级的经销商进行渠道销售。经销商作为小 B 用户, 其行为和个体用户非常相似, 但会有差异。汽车企业需要对小 B 用户运用用户画像知识体系进行认知和理解, 才能更好地构建营销策略。比如围绕对经销商的认知, 企业需要在业务需求域建设企业渠道需求知识体系, 包括渠道产品权限管理、销售返点、代理折扣等业务场景需求。在经销商的实体状态域, 企业需要建设对经销商当前状态的认知, 比如当前汽车销售金额、销售品类、补货需求等。

汽车营销知识体系如图 3-12 所示。汽车营销知识体系的业务目标是支持汽车厂商对不同的用户营销认知全流程进行精准把控, 并为业务决策提供知识与数据。

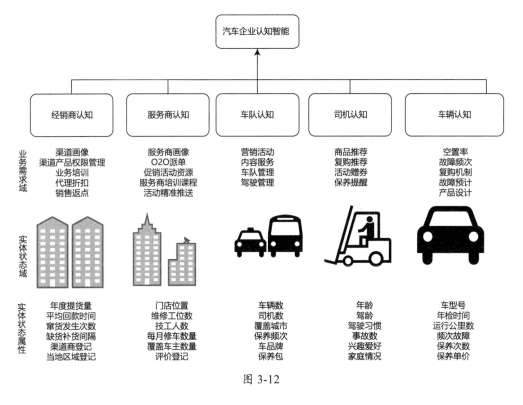

图 3-12

在经销商之外, 企业需要建设对车队、车公司、汽车俱乐部等群体车主的认知。汽车企业, 特别是中大型汽车企业, 在消费的基础需求之外会有基于汽车进行运输、租赁等经营工作创造商业价值的需求。因此, 汽车企业需要从车队的内容需求、营销需求、管理需求、业务需求角度进行认知。在实体状态域, 汽车企业可以通过物联网采集或者与第三方平台进行合作的方法, 将车辆数、司机数、保养次数等实体状态数据通过知识图谱进行关联、聚合。

对司机的认知同理, 汽车企业需要从司机的需求角度建设对配件、保养、保险等业务需求的认知，并通过用户注册、数据购买等方式，获取司机的年龄、驾驶习惯、兴趣爱好等实体状态信息，以此来支持面向用户的内容营销、品牌运营等相关工作。

对车辆的认知也是从业务需求域出发的。知识图谱开发者需要与汽车营销业务专家一同梳理如故障预计、外观设计、功能设计等业务需求域的知识体系。在实体状态域，需要对车辆管理业务系统的数据进行梳理，获得诸如汽车车型号、年检时间、运行公里数、保养次数、保养单价等实体状态数据，通过聚合形成汽车实体状态域的知识体系。

3.2.6　用户增长领域的用户画像知识体系

在用户增长领域，企业希望把现有用户的资产挖掘和用户运营做得更好，以实现业务增长。企业运营人员需要从粗放化走向精细化，通过数据分析、知识图谱技术对用户群体进行更清晰、更高价值的划分，通过短信、推送、邮件、活动等方式，实现关怀、挽回、激励等策略。用户标签就是对用户的描述，通过知识图谱对标签进行扩展，可以更深层次地挖掘和分析满足业务增长需求的用户知识。

图 3-13 展示了用户增长领域的用户分析方法，包括漏斗分析、事件分析、路径分析、价值度分析、归因分析和留存分析等。

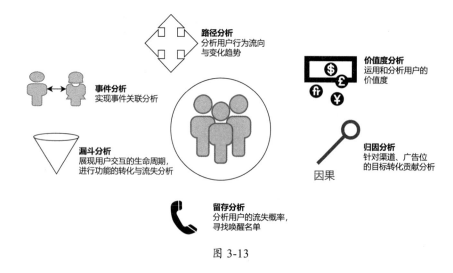

图 3-13

参考前文围绕业务状态变化构建用户知识体系的方法，在用户增长场景中，业务状态的变化包括用户数、用户增长率等业务指标。如果能提升漏斗分析、事件分析、路径分析等用户增长分析模型的特征，就可以引入用户增长领域的知识体系。如果该特征会关联用户交互的其他商品、产品、业务，就可以通过知识图谱将相关数据知识进行聚合。在用户增长领域中，用户通常会与业务的游戏、商品、广告进行互动。因此，用户增长领域的知识体系可以扩展用户的游戏兴趣及商品兴趣。而通过游戏、商品实体，用户增长知识体系可以聚合游戏、商品知识图谱。

图 3-14 展示了用户增长领域针对不同状态的用户可采取的增长运营策略。在用户增长领域，知识图谱可以将用户增长的需求、专业经验知识、实体状态数据聚合，在与增长知识推理模型结合后，形成运营增长用户认知引导模型，可以通过数据服务、知识推理服务、知识专利等多种方式进行知识变现。

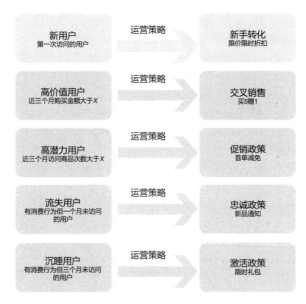

图 3-14

3.3　物联知识体系

在物联网中，万物互联的数据、知识可以通过知识图谱进行聚合和存储，并为上层的智能营销、智能供应链、设备智能生产、设备智能运维等物联网认知智能应用提供知识服务。

那么，该如何建设服务于物联网应用的物联知识体系呢？

在物联网中，商品和设备是典型的实体。商品可以拉通营销、服务、供应链、生产、研发、设计等多个场景中的数据知识；而设备可以拉通生产、运维、企业经营管理等多个场景中的数据知识，关联并聚合成商品知识体系和设备知识体系。因此，本节将展示商品知识图谱的知识体系和设备知识图谱的知识体系的建设方法与示例。

3.3.1 商品知识图谱知识体系

回顾知识体系的建设方法论，在建设商品知识图谱知识体系时，首要的工作是整理商品知识图谱的业务需求，建立商品知识图谱与业务目标状态变化之间的关联。

- 在产业互联网中，商品知识图谱常见的应用场景包括电商搜索推荐、智能客服、风险管理等。

- 在营销场景中，商品知识图谱的核心目标是辅助业务人员对用户浏览商品、点击、分享等行为进行认知，以此构建更精准的商品推荐、搜索、广告推送能力，提升成交率等业务指标。

图 3-15 展示了商品知识图谱所服务的场景。企业想要认知用户的需求，就需要理解用户与商品之间的关联，以及商品与商品之间的关联。在商品销售场景中，企业需要引导和推动用户与商品完成接触、熟悉、功能比对、价值认知、点击、购买、分享等，并最大化企业的利润。因此，商品知识图谱可协助提升广告推送、搜索、推荐等智能引擎的效果，完成对用户从触达到购买的状态转变。比如，当业务目标是用户点击时，企业会通过意图理解、搜索发现等产品功能引导和提升用户的点击率。

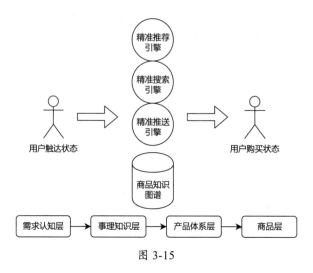

图 3-15

回顾用户营销的认知流程，用户需要对商品完成产品认知和价值认知，才能进入购买决策阶段，所以商品知识图谱需要拥有详细的商品实体状态知识及场景事理知识。由此，企业可以通过知识问答、搜索关联、智能推荐等方式辅助用户进行购买决策。例如，当用户对自身需求不明确时，会问"维修轮胎需要准备什么配件？""七夕送什么好？"又比如，当用户对产品功能是否适配不了解时，会问"面对 50m² 的房子，扫地机器人需要什么功能？""这显卡怎么样，能不能带动某个游戏？"

回顾知识体系建设的方法论，知识图谱体系的建设需要基于业务的需求，沿着业务目标演变的有利方向搜集数据知识，建立需求概念域，关联事理知识域及实体状态域。在电商等领域的实践中，商品知识图谱的需求与技术来源于商品画像，而商品画像具有明显的层级结构。因此，商品知识图谱可以沿用商品画像的层级结构，将相应的领域转化为相应的层。

由此，商品知识图谱体系可以分为**需求认知层、事理知识层、产品体系层和商品层**，在商品知识图谱体系的不同层需要达到相应的目标。图 3-16 展示了商品知识图谱体系的样例。

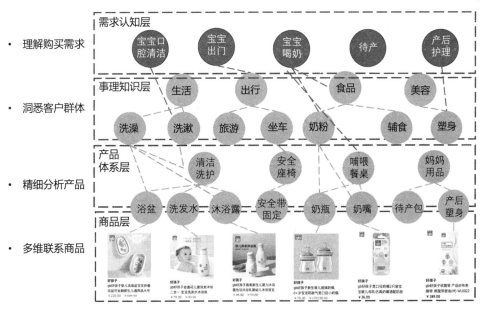

图 3-16

- **在需求认知层**，需要建立需求概念图，表征用户的意图和需求。需求认知层需要将场景和需求抽象为概念，进一步地认知用户的深层需求。很多时候，用户面临的是一个场景痛点或者具体问题，并不知道什么商品可以帮助解决这个问题。因此，企业需要将对用户需求的定义进一步抽象、泛化为电商概念，用于表达用户需求的商品概念就组成了需求认知层。如图 3-16 所示的宝宝口腔清洁、宝宝出门、宝宝喝奶就是典型的商品概念。

- **在事理知识层**，需要基于需求补齐领域相关的专业事理知识、热点事件等数据。

- **在产品体系层**，需要获取和表征商品关系，构建商品关系网络。值得关注的是，产品体系层与商品品类规划相关，一个品类通常代表消费者的一种需求。商品知识图谱，相对于商品类目体系，是扩展和细化。比如在商品类目体系下，会建立服饰、女装、连衣裙的层级关联体系，业内会采用商品概念层级聚类的方式，通过算法模型挖掘各个类目的关键属性，将其组合成类目体系。

- **在商品层**，需要表征商品，定义商品是什么。在普遍的认知中，商品实体是用户认知并购买的最小单元。图 3-17 对商品知识图谱体系的建设方法进行了展示。

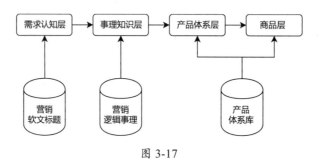

图 3-17

3.3.2　设备知识图谱知识体系

如 2.3.2 节及 2.4.5 节所述，设备知识图谱是实现设备生产、运维等场景认知智能的重要基础。在设备运维与检修需求场景中，为了构建设备检查及修理策略，业务人员需要聚合多种来源的数据知识，才能进行有效的认知和判断。知识图谱可以将设备的实体状态数据（电压、燃气、燃油）、设备检修场景的事理知识（电气、物理、化学）进行统一、聚合，辅助检修人员对设备状态进行及时、精准地认知。在设备知识图谱上，业务专家还可以构建设备断面检索等智能应用，**以此检索出引导设备向有利方向演变所需的最佳策略**。

图 3-18 展示了企业生产管理与企业业务的关系。企业业务包括销售营销/订单获取、研发设计、供应链采购、加工制造、仓储物流/供应链、售后服务等多个环节。企业的生产管理需要以设备为核心，并达到加工制造环节的业务目标。企业生产管理通常可以划分为工厂域、产线域和设备域。

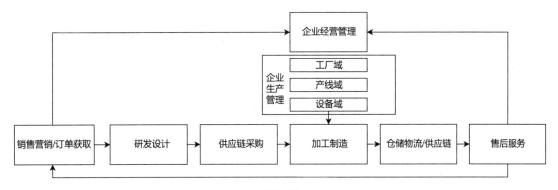

图 3-18

在工业互联网中，企业设备会通过物联网传感器上报数据，数据通过数据治理后会形成设备资产、设备运行状态等相关表格。回顾知识体系建设的方法论，设备知识图谱体系建设的首要工作是梳理设备知识图谱的需求场景，以建立设备知识图谱的需求概念层。设备知识图谱的应用场景很多：

- 在设备智能运维中，需要支持状态查询、故障归因分析及策略检索；

- 在设备生命周期管理中，需要支持设备租赁、二手交易、保险和金融服务；

- 在设备生产效率优化场景中，需要支持电网配电优化、锅炉燃烧优化等设备先进控制应用；

- 在设备组织管理优化场景中，需要支持对设备与人互动状态的全面监控，辅助企业的生产组织与管理；

- 在设备资产管理、采购管理等场景中，需要支持供应链审计、财务审批、项目管理等多项业务应用。

以设备运维与检修知识图谱为例，企业首先可以对设备检修、运维业务需求进行梳理，并通过概念抽象、关联聚合形成设备知识图谱的**需求概念域**；然后将设备业务流程与规则、专家知识经验构建为设备知识图谱的**事理知识域**；接着根据专家经验，搜索数据仓库中设备表的逻辑模型，再结合应用场景检索到所需的数据表；最后将分散的设备表的数据体系，按知识体系的结构定义进行体系清洗和本体融合，就可以得到设备知识图谱的**实体状态域**的知识体系。比如设备实体状态域的知识体系可以来源于设备的运行状态监控指标体系。在设备知识图谱体系中存在的关系通常是设备事件关联、设备制造商关联及设备操作者关联。

设备知识图谱的事理知识域的建设工作是相当有挑战性的：

- 设备事理知识的类型众多，在领域内既有大量的专家经验，也有大量的事实经验，还有各类行业规范、标准、制度；

- 设备事理知识涉及的学科众多，包括物理、化学、流程、工艺等多领域、多学科知识。比如在对汽车的生产设备进行运维时，需要考虑汽车生产的流程制度、加工工艺、力学原理等；设备专业知识和业务常识混杂，增加了知识体系融合的难度。比如由于不同地区的温度不同，北方设备在停机维护时需要排空水箱以防止结冰，南方设备在停机维护时则不需要排水；

- 设备事理知识的来源有多种，包括设备产品手册、领域百科知识、设备规则文档、设备告警日志、设备维修手册、操作手册等。设备产品手册通常包含结构化的设备参数说明、半结构化的功能体系和非结构化的经验规则。因此，事理知识域的知识体系需要在分散的知识来源中，通过人工或者半自动的方式进行知识体系建设。

那么，具体应如何建设设备知识体系呢？

以电网的设备知识体系为例，电网的设备知识图谱是在"电网一张图"的理念下，将电网单体设备的状态信息、设备之间的关联信息及设备信息检索、设备检修策略查询、设备故障推理、电力智能调度、停电范围分析等应用场景中的事理经验构建为电网设备知识图谱。图 3-19 展示了电网设备物理连接转化为逻辑模型的示例。

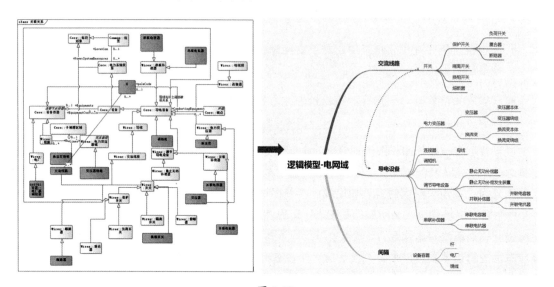

图 3-19

设备运营商可以将数据仓库的数据模型、逻辑模型通过映射转化为设备知识体系。与电网运行直接相关的设备通常被称为一类设备,包括变电站、组合电器、穿墙套管等。用于量测电网运行状态的传感器等设备通常被称为二类设备,比如压力计、油温计等。设备知识体系中的实体节点可以将多个设备数据表的属性合并,比如从变电设备资产表和变电设备表中获取设备的采购、状态数据等。因此,电网设备知识体系可以从一类设备表中获取设备生产厂商等状态数据体系、设备连接关系的拓扑关联体系;从二类设备表中可获取物联网传感器的实时量测数据体系。设备实体状态域的知识体系建设在逻辑上可以由 4 步完成。

(1)将每个设备表都构成一个节点。

(2)当设备表中的属性指向其他设备时,建立一种关系。

(3)结合问题的需求和效率,将部分属性抽取成实体属性。

(4)在所有设备表中都重复第 2、3 步,即可构建包含设备状态和设备关系的设备知识体系。

3.4 企业业务知识体系

回顾 2.4 节介绍的企业认知智能的需求,企业需要通过知识图谱与认知智能应用提升企业业务人员的认知与决策能力。因此,企业业务知识图谱应具有对用户、商品、设备、产业上下游企业、员工、业务流程等实体知识与数据的聚合能力。

那么,应如何建设企业业务知识体系呢?

企业业务知识体系的建设是一项需要业务技术专家、知识图谱开发工程师、数据管理团队共同参与的技术与管理并重的系统性工程。因此,企业业务知识体系需要围绕业务需求的概念,关联业务场景中的事理知识,聚合业务场景中的人、物、企业的实体状态。

本节首先从整体视角讲解企业全域知识体系的示例,然后分别从企业营销服务、企业生产与运维、企业经营管理、企业风险管理与投资等业务领域,逐节分享知识体系的典型案例。

3.4.1 企业全域知识体系

企业认知智能的目标是提升企业各领域的人、设备、业务模块的洞察与分析、存储与计算、推理与决策的效率,企业管理者需要通过建设**企业全域知识体系**,形成对企业业务的全局把控。在企业全域知识体系中,需要将用户、商品、设备、企业业务等实体状态、业务事理知识、业务需求聚合,形成"企业知识一张图",如图 3-20 所示。

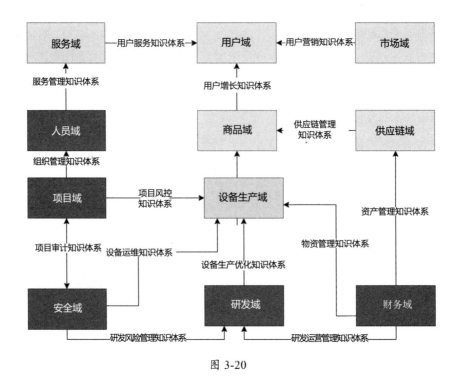

图 3-20

图 3-21 从实体数量、知识深度的角度，展示了企业不同业务知识体系的差异。在企业营销与服务领域中，知识图谱的实体通常以用户、商品为主，实体数量大但知识深度较浅。该领域的知识体系可以从企业用户、商品的数据仓库中，通过模式映射等方式转化生成。企业产业链管理领域和用户营销与服务领域类似，也是实体数量大但知识深度较浅的领域。

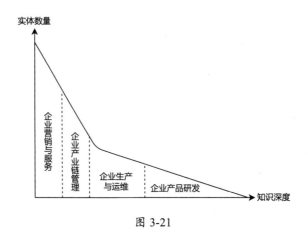

图 3-21

而在企业生产与运维、企业产品研发领域中，实体常以商品、设备、器件、原材料为主，数量相对较少，但其领域知识的专业度高、业务性强，知识体系建设难度很大，建设周期最长。比如，工业制造的工艺参数优化、药物研发的药物关联分析等专业知识体系，实体数量相对于用户数量是非常少的，但其业务流程复杂、知识专业度高、容错率低，通常需要由业务专家主导，通过人工的方式进行梳理和建设。

3.4.2　企业营销服务知识体系

那么，企业营销服务知识体系具体应如何建设呢？

企业营销服务知识体系，应包含企业营销服务的业务需求概念、运营策略、业务流程及规则等事理知识，以及用户、商品等实体状态知识。如图 3-22 所示，企业可以构建"营销服务知识一张图"，将营销场景中的数据知识构建为包含需求域、事理知识域、实体知识域和实体域的知识图谱。

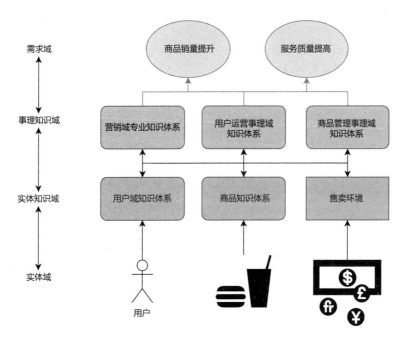

图 3-22

首先将商品销量提升和服务质量提高等业务需求概念构建为需求域，然后将营销域专业知识体系、用户运营事理域知识体系、商品管理事理域知识体系的专业知识转化为事理知识域，接着将用户域知识体系、商品知识体系、售卖环境转化为实体知识域，最后将用户、商品、卖场等实体状态点击、购买数据构建为实体域。

企业营销服务业务通过知识图谱实现业务场景知识数据的全域连接与聚合，帮助用户画像、智能推荐、商品搜索、营销机器人等智能应用实现对场景状态的全面认知，并通过知识增强的方式提升决策效果。

3.4.3　企业生产与运维知识体系

图 3-18 已整理了企业生产制造的业务流程。企业生产制造的核心业务目标是降本增效、提高生产稳定性并降低风险，在不同环节进行认知转型的业务目标如图 3-23 所示。

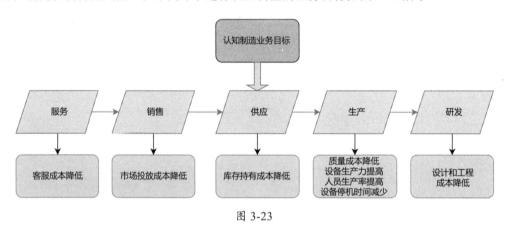

图 3-23

回顾知识体系的建设方法，企业生产与运维知识体系也需要围绕生产需求构建知识概念来梳理业务专业知识及实体状态数据。图 3-24 展示了企业生产与运维知识体系的样例。企业生产与运维知识体系分为需求域、事理知识域、实体状态域和实体域。企业生产与运维知识体系的需求域需要聚合业务目标需求概念，而事理知识域需要聚合设备组装流程、工艺逻辑等专业知识，实体状态域和实体域需要管理企业业务人员、设备类目体系等实体状态数据。

企业生产与运维知识体系在落地时会面临巨大的挑战。企业生产与运维的信息系统多、体系复杂，会形成数据与知识的孤岛，降低数据的可用性。首先，企业生产数据分散，比如企业生产的设备数据分散于 ERP、生产管理系统、办公系统、PMS、EMS 等中；然后，企业数据形态多样，企业在不同时期，通过不同技术构建的系统包含多种类型、多种形态的数据；最后，企业生产数据缺乏标准，不同业务系统的数据质量参差不齐，没有统一的数据标准，这都对数据汇集、知识融合带来了极大挑战。

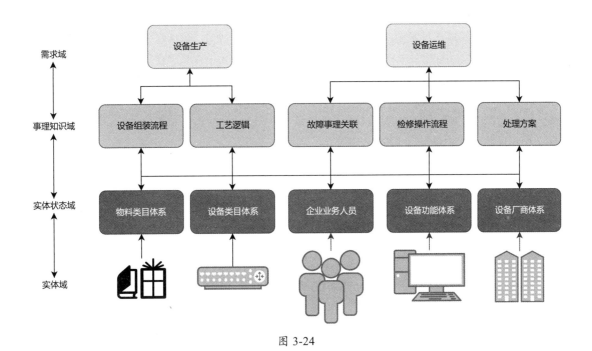

图 3-24

因此，在企业生产与运维方面，需要通过数据治理和知识治理，构建数据关联、形态可转化、标准统一的知识体系，企业生产与运维知识体系的建设和企业生产与运维的数据治理的目标应一致。企业生产与运维中的数据治理需要围绕业务目标构建知识与数据架构体系，提升数据质量和完整性，并提升对生产业务平台的服务能力。

3.4.4　企业经营管理知识体系

企业经营管理是企业业务人员根据对企业业务、组织状态的认知，运用业务知识、管理学、心理学、社会学领域等的知识构建知识推理模型，制定企业人力战略、企业组织行为管理、企业项目管理策略的过程。

回顾企业经营管理的认知智能需求，知识图谱与认知智能应用需要提升企业各级管理者、业务专家、一线业务人员等对企业业务需求场景信息与知识收集、认知分析、知识推理、决策与行动的能力。

那么如何设计企业经营管理知识体系呢？

企业经营管理的认知决策都由人来完成，因此，需要将企业经营管理的业务需求概念、经营管理的专业知识，以及人、组织、流程的实体状态数据，聚合成企业经营管理知识体系。

比如在项目反欺诈场景中，业务需求概念包括识别风险项目、识别风险项目行为、降低项目欺诈概率、挖掘项目隐藏关联人等。因此在项目反欺诈业务知识体系的建设中，就需要围绕上述需求概念，关联并聚合项目反欺诈的专家事理经验知识，同时在实体状态域聚合项目状态数据、项目关联人数据等实体状态的数据体系。基于项目反欺诈知识体系，可构建项目反欺诈的知识图谱，再通过规则推理、机器学习、图深度学习等方法，构建反欺诈知识推理模型，提升业务的项目反欺诈认知与决策能力。

图 3-25 展示了企业经营管理知识体系示例，第 11 章将介绍更多的企业经营管理认知智能应用解决方案。

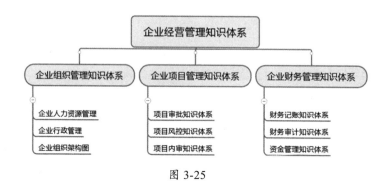

图 3-25

3.4.5　企业风险管理与投资知识体系

企业风险管理与投资知识体系同样由需求域、事理知识域、实体知识域和实体域构成。需求域是对企业风险管理、投资业务需求的抽象描述。事理知识域通常可以由风险管理与投资的经验规则知识、业务流程知识组成。而实体知识域的知识体系可以由企业画像的数据知识体系映射而来。

在较为广泛的认知中，企业画像类似用户画像，是标签化的企业描述，因此企业画像同样可以通过知识图谱进行扩展和增强。企业画像在政府、金融、工业领域，通常会面临智慧城市、园区招商、金融监管、企业评估等业务场景的需求。

比如企业画像需要辅助政府引导地方产业发展，针对地方重点企业和扶持企业进行评估和监控，监测企业的发展态势。企业画像通过深度挖掘企业、高管、法人、产品、产业链间的复杂网络关系、真实的属性值，可形成对企业状态的全方位认知，以此帮助政府、金融机构的企业管理者洞察企业风险或预估企业价值，以协助相关业务人员构建更优秀的业务策略。

如图 3-26 所示，企业画像知识图谱通常由人、商品、企业等实体及其从属、生产等关系构成。企业知识图谱以企业为中心，关联企业商品、组织和人。企业知识图谱通过投资关系、控制关系、售卖关系对不同的实体进行关联。

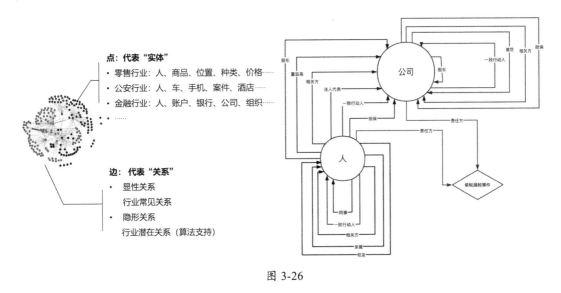

图 3-26

企业画像知识图谱在不同的行业需要与行业的业务知识图谱进行关联。在零售行业，企业知识图谱需要和消费者实体连接，进而获得消费者的需求、舆情等相关数据。企业同时需要和企业生产领域的商品连接，进而获得企业商品的销量、产品特性等相关知识。这些关联的人、物都是企业知识图谱业务应用的重要支撑，比如消费者舆情、商品价格的波动会直接影响市场对企业的认知，进而反映在企业的股价中。

企业画像的知识图谱关系通常包括行业已知的投资、控股等显性的关系，也包括产业链供需、兄弟公司、竞争对手等相对隐性的关系。企业画像知识图谱隐性的关系需要通过算法模型进行深度挖掘来获得。

图 3-27 展示了业内常见的企业画像知识体系示例。具体来讲，企业画像的知识图谱属性包括企业的基础信息、投融资信息、业务信息、业务经营信息、社保信息、税务信息、司法风险及经营风险等。

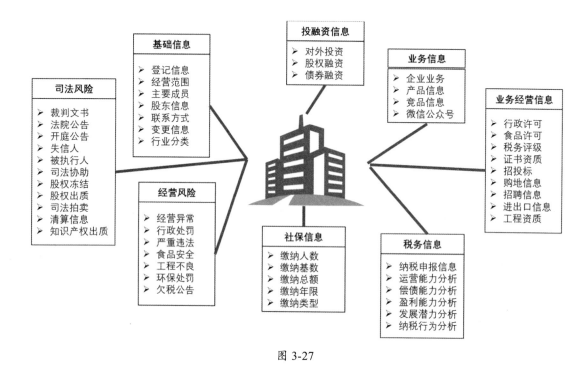

图 3-27

整体上，企业画像知识图谱是从企业画像业务需求的角度，通过知识图谱对分散的数据进行关联，从而形成服务业务场景的知识体系。

图 3-28 展示了企业画像的产业知识图谱体系。企业画像的产业知识图谱通常由产业状态图谱、产业链图谱、产业竞争图谱和产业政策舆情图谱构成。产业知识图谱从产业和行业的角度出发，对产业进行细分，收录每个细分产业下所有相关企业的状态数据。

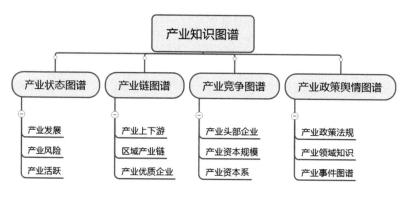

图 3-28

图 3-29 进一步对产业状态知识图谱体系进行了细化和展示。产业状态知识图谱由产业风险、产业发展和产业活跃这三部分组成。

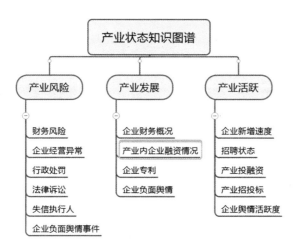

图 3-29

在企业风险管理与投资的诸多认知与决策场景中，不仅需要对单个企业进行分析，还需要将多家企业、多个业务场景进行组合、关联，构成产业知识图谱。图 3-28 所示的产业知识图谱及图 3-29 所示的产业状态知识图谱可以帮助企业业务人员对宏观的产业状态进行认知。

通过将产业状态和企业状态聚合、构建成企业产业链知识图谱，可以进一步提升政府、企业业务人员的认知与决策能力。通过知识图谱技术，业务人员可以将自身的专家知识和大数据分析能力进行深度融合。在此基础上，业务人员可以从区域的重点产业、行业状态、市场事件、经济方针等多个角度进行深度关联和分析，最终做出可解释性强、效果好的决策。

比如从政府对产业、企业风险管理与投资的视角，政府业务人员通过产业链分析可以了解产业上下游情况，促进优质企业之间的合作。业务人员在区域企业引入过程中，运用产业链分析进行深入评估，可以为招商引资、企业配套服务政策制定提供有力的支撑。

而从企业运营、发展的视角，企业业务管理人员通过对产业链的分析，可以及时发现产业动态事件对企业的影响，并找到企业风险规避、投资合作的时机与策略。拥有产业全视角的企业，可以在与其他企业沟通、合作及交易的过程中拥有更强的信息博弈能力。比如，当某行业上下游因黑天鹅事件受到冲击时，企业不少供应商、销售渠道可能因此破产、消失，而业务人员通过产业链的知识图谱，可以挖掘、筛选潜在的供应商及销售渠道，快速、精准地调整企业的供应链及销售链条，最大化地规避风险并获得收益。

图 3-30 展示了企业风险管理与投资知识体系示例。企业可以将内部的集团架构关系及外部的用户谱系通过知识体系进行聚合,整体管理企业风险管理与投资的知识图谱。

图 3-30

整体来讲,企业知识体系建设是面向业务场景需求,聚合事理知识与海量数据的系统性工程。

然而,知识体系建设作为一项涉及业务专家、开发人员、数据所有方等多方合作的系统性工程,在企业多个团队的协作中必然会遇到认知偏差、推进困难、效果不明显等诸多挑战。那么,应该如何构建可应对上述挑战的知识治理方法论呢?知识来源于数据,而数据治理的方法论随着行业的发展已有一定基础,那么是否可以在数据治理的理论框架上,结合知识体系建设的方法论,建设知识治理的方法论体系呢? 3.5 节将讲解相关内容。

3.5 知识体系建设与知识治理

知识图谱不仅需要建设与存储,更需要融入业务流程,持续、稳定地创造商业价值。在知识图谱学术研究领域,围绕智能搜索、智能对话应用场景,以开放域知识图谱为主的知识体系建设已有诸多方法论。然而,当面对工业、金融、医疗等企业的用户精准营销、设备预测性维护、企业金融风险管理等应用需求时,传统的知识体系建设理论会面临巨大的挑战。

企业级的知识图谱不仅需要涉及复杂的业务需求,还需要关联复杂的业务流程经验、高专业度的领域知识,更需要关联、聚合企业海量、分散的实体状态数据。在知识图谱服务业务智能应用阶段,知识图谱还需要拥有良好的数据、知识结构,以便业务应用高效、稳定、清晰地获得在知识图谱中蕴含的知识信息。在知识体系设计与应用落地的过程中，常常存在人工智能专家不懂业务而无法设计知识体系，业务专家无法深度理解知识图谱概念而无法设计知识体系的问题。即使经过多方思维碰撞，设计出来的知识体系在使用上也出现了应用数据缺失、数据指标不准、系统无法使用等问题。上述问题都导致知识图谱的落地举步维艰。

那么，能否建设知识治理体系，推动知识体系的迭代与落地呢？

3.5.1　数据治理

知识源于数据，是抽象、精炼后服务于业务认知的信息形态。为了更好地理解与设计知识治理方法，这里首先对数据治理的相关方法论进行介绍。

数据治理的基础和核心是数据的资产管理（Data Asset Management，DAM）。图 3-31 展示了对数据治理框架的国标定义。数据的资产管理指规划、控制和提供数据及信息资产的一组业务职能，包括开发、执行和监督有关数据的计划、政策、方案、项目、流程、方法和程序，从而控制、保护、交付和提高数据资产的价值。而数据治理需要围绕企业的战略目标，在内外部环境中通过建设数据管理体系与数据价值体系，推动统筹与规划、构建与运行、监控与评价、改进与优化的流程迭代。

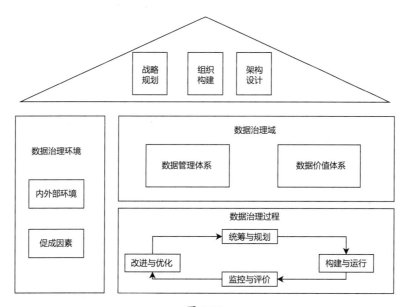

图 3-31

数据模型是数据治理中的重要部分。企业通过建设合适、合理、合规的数据模型，能够有效优化存储分布和提升使用率。数据模型在整体上包括概念模型、逻辑数据模型和物理数据模型。数据模型是数据治理的关键与重点。知识图谱的知识体系也是一种数据模型，是将知识与数据通过符号与关联进行聚合的数据模型。

知识图谱符号与图拓扑结构结合的数据结构可以有效存储企业数据表的信息、表之间的关联结构，形成对数据血缘图谱的有效管理。因此，**企业可以基于业务已有数据模型的概念模型、逻辑数据模型，根据业务场景需求转化为业务知识体系**。比如可以基于国家电网的 CIM 模型，根据变电检修的场景需求，快速转化为电网设备检修知识体系。建设类似 OnTop、D2R 等结构化的数据映射工具，再用其将企业数据仓库的已有业务数据模型进行映射与转化，是高效构建企业业务知识体系的方式之一。

数据模型包含三部分：**数据结构、数据操作、数据约束**。

- **数据结构**：数据模型中的数据结构主要用来描述数据的类型、内容、性质及数据间的联系等。知识图谱本体、知识体系设计也是用于定义知识的数据结构，开发人员在本体中定义了知识图谱的知识类型、性质及边之间的关系。数据结构是数据模型的基础，数据操作和数据约束是建立在数据结构之上的进阶描述，不同的数据结构有不同的数据操作和数据约束。

- **数据操作**：数据模型中的数据操作主要用来描述相应的数据结构上的操作类型和操作方式。在知识图谱领域，数据操作主要聚焦于对实体、关系的读取、增删、更新等操作。

- **数据约束**：数据模型中的数据约束主要用来描述数据结构内的语法、词义联系、数据之间的制约和依存关系，以及数据动态变化的规则，以保证数据的正确、有效和兼容。而在知识图谱中，主要以知识体系、三元组、图拓扑结构的形态对数据进行约束。

图 3-32 展示了业内专家总结的数据治理体系，其中，数据治理包括统筹规划、管理实施、稽查稽核、资产运营 4 个步骤。

为了解决业务知识体系建设中应用数据缺失、数据指标不准、价值难以衡量等问题，企业可以参考图 3-32 所示的数据治理体系建设知识治理体系。知识是经过处理、识别、抽象化后可用于逻辑判断的数据。知识体系的本体建模过程和数据治理理论的元数据建立过程非常相似，**因此，知识治理可以参考数据治理经验**。

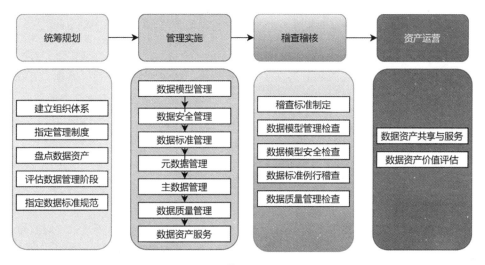

图 3-32

　　知识源于数据，是数据抽象、精炼后服务于业务认知的信息形态。在业务应用中，知识体系建设与数据治理中的元数据管理相似。但知识既贴近业务需求，又更加贴近人的认知与决策过程。因此，知识治理与数据治理相比，需要额外重视业务需求梳理与知识价值评估。知识治理需要围绕业务认知提升、认知协同的目标进行知识的统筹规划、管理实施、稽查稽核、资产运营。图 3-33 展示了知识治理体系。知识治理由业务流程梳理、知识体系管理、实体数据管理、知识数据生命周期、知识数据架构、知识数据标准、知识数据安全和知识数据质量等工作组成。

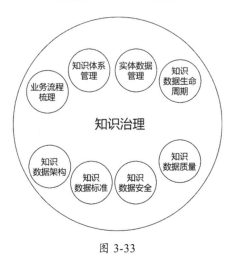

图 3-33

图 3-33 展示的知识治理体系在实践中会遇到多方面的挑战。

- 在知识来源方面，企业知识来源多样化，在命名、定义、逻辑关联方面都可能存在冲突。比如不同专家对设备故障的原因预估、逻辑推理、解决方案都会有所差异。另一方面，知识与数据一样，通常来源于不同的业务方，存在所有权分割、数据孤岛的问题。

- 在知识标准方面，企业的业务场景多样，而对于知识标准、数据标准，通常涉及多个建设方，因此建设流程可能分散且不同步，缺乏统一的知识体系标准。

- 在知识存储方面，不同的知识存储更新成本不一致，知识对于业务的价值会随着时间和场景而变化，需要进行知识入库、知识更新、知识归档等知识存储生命周期管理工作。

- 在知识计算方面，不同业务模块的业务逻辑对于知识的推理计算不一致，导致结果有偏差。同时，由于知识图谱的符号与图拓扑结构的逻辑层次复杂，因此知识计算的质量评估难度高，问题定位异常困难。

- 在知识价值方面，需要构建知识的评估维度和评估周期。知识价值是推动知识体系迭代的核心动力，然而在实践中对知识的评估相当具有挑战性。

- 在知识安全方面，不仅需要保证知识和数据的存储物理安全，还需要符合法规的约束。比如关于用户画像知识体系，就需要符合用户隐私安全相关法律的规定。

知识治理需要组织业务应用方、业务专家、知识图谱开发人员、数据所有方，将业务需求、事理知识体系、实体状态数据基础有机串联起来，形成统一的认知。企业需要通过系统化、产品化知识图谱管理平台进行知识治理。

比如，在用户画像知识图谱的建设过程中，企业可以集成知识图谱管理平台、数据管理平台和用户数据中台，构建知识增强的用户数据管理能力，推动用户画像知识体系建设，形成对数据和知识的统一治理。

在知识治理体系中，知识的价值通常决定了业务重视的程度，是知识治理迭代的核心动力，那么知识的价值有哪些特点呢？

整体来讲，**知识的价值**有以下 4 个特点。

（1）知识的价值受应用领域的影响。知识在不同领域的形态结构与应用方法不同，因此在不同的领域，知识的价值会有显著差异。在工业制造、医疗医药领域，需要在少量实体上应用深度的知识，因此知识的单体（单个三元组）价值较高。而在广告营销、金融风控等领域，需要在大量实体上应用简单的知识，因此知识的单体价值较低。

（2）知识的价值受上层业务认知应用与下层数据价值的影响。知识处于上层业务认知应用与下层数据之间，因此知识的价值是受认知应用与数据自身的价值影响的。知识的价值正比于认知应用的价值，比如能为企业赚更多钱的业务知识的价值一定高于不赚钱的业务知识。同时，知识的价值正比于数据的价值，比如对竞品情报需要花费巨大的人力和物力才能获取，而以此情报推理生成的知识的价值会正比于数据获取成本。

（3）知识的价值受知识应用环境特性、时间和传播的影响。在环境方面，知识在博弈场景和合作场景中有不同的特性。知识在金融投资、政治军事等博弈场景中，是一种重要的战略资源。通常有价值的知识覆盖的人数越少，决策的收益优势越大、价值越高。比如只有 A 基金公司获得了某个高价值公司近期缺钱、需要融资的情报知识，那么 A 基金公司抢先进行投资，就会获得先发优势。在时间方面，当知识以专利形式存在时，时间领先性越高，价值越高。在传播方面，知识被传播与应用得越广、价值越高。比如在品牌宣传、文学、艺术等场景中，知识被传播得越广，受认可度越高、知识的价值就越大。

（4）知识的价值具有累积性。比如知识的受众越多，知识被使用得越多，知识能被扩散的范围就越广。同时，知识可以通过推理和挖掘来扩展生产，因此已累积的知识越多，能够推理和挖掘的新知识也就越多。知识可以作为价值不断累积的资产，为企业持续创造价值。

如上所述，知识的价值特性复杂，为企业知识价值评估体系的建设带来巨大的挑战。那么应如何构建一个企业可用的知识价值评估体系呢？

图 3-34 总结了一套知识价值评估体系。对知识价值的评估可以从知识的质量、需求度和收益度等角度来衡量。在企业业务实践中，数据流经过知识图谱构建系统转化为知识图谱，知识图谱通过知识图谱管理平台系统化服务于上层的用户画像、推荐、企业经营等认知应用。因此，企业可以从知识覆盖度与知识质量、业务应用对知识的访问热度、A/B 测试效果对比等角度建立知识价值评估体系。

图 3-35 展示了知识在不同生命周期中的管理方法。在业务实践中，知识的生命周期可以被区分为在线服务阶段、维护阶段、归档阶段。从成本管理角度，企业需要根据知识的价值来决定知识服务的在线度，优化并提升高价值知识的服务能力，对低价值知识进行维护或者归档处理。

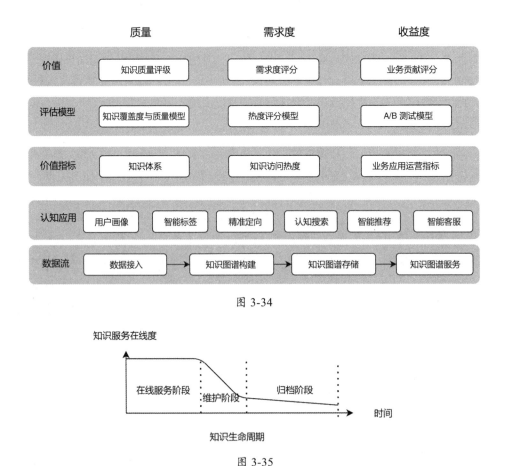

图 3-34

图 3-35

3.5.2 知识治理与企业知识战略

知识治理是企业知识战略落地的基础，图 3-36 展示了企业知识资产的管理战略。企业知识战略通常首先从业务战略需求出发，设计知识应用战略；然后围绕知识应用战略对知识的需求，进一步规划知识战略，包括知识标准、知识质量、知识安全等方面；最后通过建设知识应用与知识管理的相关基础中台来承接企业知识战略。

如图 3-36 所示，企业的知识治理需要以企业的业务提升为目标，以业务应用为载体，以知识与数据资产管理等为方法，在数据中台等的基础上，形成知识与数据的资产治理、资产价值评估、资产交付和资产运营的整体闭环。

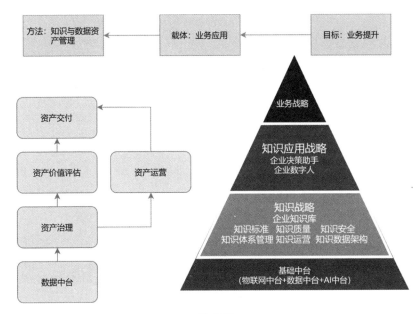

图 3-36

知识治理、数据治理是一种技术。知识治理的方法论、ETL 技术、各种数据抽取与治理逻辑都是技术。技术服务于业务，是业务规划的承载。在知识体系的建设过程中，通过对数据的规划建立对业务场景的精准认知，这是推进业务规划到数据规划的重要手段。如果业务认知顶层的设计到位，那么技术为业务带来价值将水到渠成。

企业通过大数据与人工智能技术构建数据智能应用，为内部、外部业务创造价值。数据与知识能力、模型能力、应用能力是企业数据智能核心竞争力的铁三角和黄金闭环。但在数据智能的业务落地过程中，需要冷静地放低技术价值，认识到用户业务对于技术的认知价值超越技术本身。在企业业务认知不具备的时候，技术往往被低估，或者失去发挥价值的土壤。

因此，知识治理、数据治理都需要实现企业的认知迭代，包括执行层（**使用者**）的认知迭代及管理层（**管理者**）的认知迭代。

在执行层的认知迭代方面，知识治理、数据治理将帮助执行者提升认知执行效果。比如在门店营销场景中，数据系统可以将每日获客、销售分析数据推送到每个执行者，执行者以此持续迭代、优化门店运营及销售策略。

在管理层的认知迭代方面，管理者在通过知识体系落地之后，还需要根据管理者的认知优化数据体系。比如在门店营销场景中，在门店执行层进行报表分析之后，会每周开展一次与店、集团高管的沟通和复盘，管理层会根据业务规划调整数据体系。

第 **4** 章

知识图谱构建

如前所述，知识图谱可以将业务需求概念、事理知识、海量实体状态关联、聚合，为业务提供更全面的认知能力。知识图谱构建的业务目标是将企业分散的数据知识，在业务知识体系约束下通过知识抽取、知识融合等技术构建为知识图谱。知识图谱构建是一项成本高、耗时长、技术挑战大的系统化工程。以 Cyc、Freebase 等开放域知识图谱为例，其整体建设耗资数亿美元，单个三元组成本高达 2~6 美元。企业构建业务知识图谱，不仅涉及数据的采集、存储与计算、人工智能模型训练的基础设施成本，还涉及业务人员、业务专家、开发人员的人力成本。那么，在企业实践中应该如何最大化降低知识图谱构建成本，提高构建效率呢？

随着机器学习、深度学习技术在自然语言处理、图计算领域的快速发展，新的实体抽取、关系抽取、实体链接等知识图谱构建的模型算法不断涌现，业内不少知识图谱相关图书已从理论、算法、开源工具方向介绍了知识抽取、知识融合的基础知识。然而，在知识图谱构建的企业业务实践中，开发人员不可避免地会面临文档数据来源分散、专家样本获取困难、模型准确率不高、自动化程度低等挑战，那么应如何建设系统化知识图谱构建工具，合理地进行算法、系统、平台等技术选型，从企业的文档、业务数据中构建知识图谱，为业务带来价值呢？

企业级知识图谱构建是建立在企业信息与数据系统基础上的企业知识化工作。不少企业通过信息化、数字化、数据智能化转型已建设了企业级数据仓库、大数据计算与人工智能平台，那么知识图谱的构建任务应如何依托企业数据生产平台，将原有的数据平台、人工智能平台的数据生产流水线迭代、升级为知识图谱构建生产线呢？

本章介绍知识图谱构建的基本原理及系统解决方案，首先介绍知识图谱构建的流程，分享企业级知识图谱构建系统的数据流水线与整体技术架构；然后围绕知识抽取、知识融合两大核心流程的痛点，介绍相应的解决方案；最后分享知识质量校验体系，包括知识图谱准确度、可用性的评估方法等。

4.1　知识图谱构建系统

企业通过对知识体系的梳理和建设，为知识图谱的构建明确了业务目标并约束了数据结构。企业的数据知识通常以数值表、文本、图像、图网络等形态，分散于企业多个业务系统中。因此，知识图谱的构建工作颇具挑战性，需要从企业非结构化、结构化的数据存储中，实时、离线地抽取数据，并在企业大数据与人工智能平台之上构建知识抽取与知识融合任务。经过知识抽取、知识融合等流程获取的知识图谱，还需要被及时存储于企业的知识图谱管理平台，并保证数据稳定、及时地更新。

由此可见，知识图谱的构建是个流程繁多、复杂并涉及多个系统协作的工程，那么该如何设计知识图谱构建的系统架构呢？

4.1.1　知识图谱的构建流程

在流程方面，**知识图谱的构建**通常包括**知识抽取、知识融合、质量控制**等基本步骤。知识图谱通过知识体系设计，已定义了业务领域的基本认知框架，明确了在业务领域中有哪些基本概念、事理关系及业务相关实体。实体抽取和关系抽取是知识抽取的典型工作。在非结构化知识抽取中，前者从文本中识别业务目标的实体，后者获取两个实体之间的语义或者逻辑关系。由于知识抽取来源多样，从不同来源得到的知识不尽相同，所以对知识融合提出了需求，包括实体对齐、属性融合、属性值规范化等。当进行知识图谱构建时，还要对知识图谱进行质量控制，对缺漏、错误、陈旧的知识进行补全、纠错与更新。

图 4-1 展示了设备领域中设备知识图谱构建的流程示例。比如开发人员经过对运维、检修等业务场景、业务数据的理解，建立了设备知识图谱的知识体系。如前所述，知识体系的定义过程类似数据治理体系的元数据定义过程，即对数据库中的表名和表中的字段名进行确认，进而在知识体系的约束下为知识图谱填充数据。知识图谱由（实体，属性，属性值）（实体，关系，实体）等三元组构成，比如变电站、生产厂家可以被定义为实体，电站名称、投运日期可以被定义为设备属性。变电站、主变压器的直接物理连接、逻辑连接可以被定义为关系。

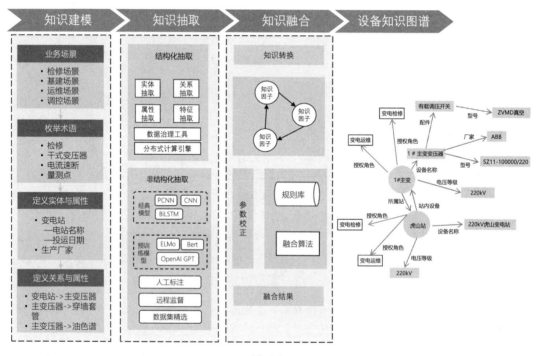

图 4-1

（1）在知识建模方面，在设备知识体系的约束下，开发人员需要建设知识抽取与知识融合能力，指将企业数据中心、企业业务系统中的结构化数据和非结构化数据构建为设备知识图谱。设备知识图谱由变电站所属站、设备的属性及属性值、变电站之间的关系组成。

（2）在知识抽取方面，抽取任务通常包括实体抽取、关系抽取、属性抽取、特征抽取。在知识抽取的算法方面，传统的经典模型包括 CNN、PCNN、BiLSTM，而运用 Bert、ELMo 等预训练模型可以改善效果。样本建设是知识抽取的关键模块，不仅需要组织专家进行人工标注，还需要通过远程监督、数据集精选等方法提高样本质量、降低样本构建成本。知识抽取任务需要底层平台的支持，需要在企业数据中台、企业 AI 中台的基础上，从企业数据仓库中获取数据，并通过数据 ETL、知识抽取、加工数据，将知识抽取结果存入 HDFS 等存储介质。

（3）在知识融合方面，知识融合的任务通常包括设备 ID 映射、知识体系对齐、知识实例对齐。设备 ID 映射是极具挑战性的工作，比如同一设备在不同的业务维表中有不同的数值、语义描述。因此设备 ID 映射任务不仅需要结合设备的节点数值、语义等多模态信息，还需要运用图拓扑结构等额外信息。知识体系对齐和知识实例对齐是知识融合的关键任务，知识抽取的三元组不仅需要在知识体系上与其他来源及知识存储的知识体系对齐，还需要在知识的实例层面，解决实体歧义、属性歧义、属性值冲突等多个极具挑战性的问题。知识融合需要通过由数据分桶、数据匹配、数据融合等子流程组成的知识融合任务，将分散、冲突的知识图谱三元组转化为可入库的数据结构。

图 4-2 展示了业内**医疗知识图谱的构建流程**，其核心流程是在多数据源的基础上进行知识抽取与知识融合。

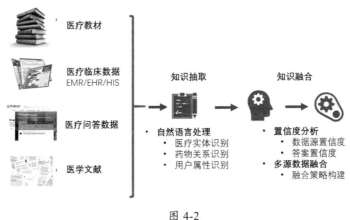

图 4-2

医疗知识图谱的数据知识可以从医疗教材、医疗临床数据、医疗问答数据及医学文献等渠道获取。其中，医疗临床数据通常被存储于 EMR、HIS 等医院的数据仓库中，需要通过结构化知识图谱构建的流水线，将用户、药物、治疗流程等数据根据临床诊断、药物开发等业务知识体系进行数据清洗、知识抽取与知识融合。而医疗教材、医疗问答数据及医学文献，通常包含文本、图像等非结构化数据。在文本方面，可以通过实体、关系、属性等非结构化知识抽取方式，获得知识抽取结果；在图像、视频等复杂知识形态方面，可以通过图像识别分类、人类专家梳理方式获得知识图谱三元组。对不同来源的三元组，需要进行信息置信度分析，包括对数据源置信度与答案置信度的分析。信息置信度可以帮助知识融合系统评估知识的质量，使其在进行融合工作时构建更优的知识筛选策略，将生成的医疗知识图谱根据知识体系存储在图数据库中。

通过上述整体流程，企业可以将多来源的数据转化为在医疗问答、医疗搜索、药物研发等场景中可用的医疗知识图谱。

4.1.2　知识图谱构建系统的整体架构

围绕上述知识图谱构建流程，图 4-3 展示了知识图谱构建系统的整体架构。知识图谱构建系统包括**知识体系获取、知识抽取、知识融合及数据中心服务等模块**。当进行知识图谱的构建时，首先需要与知识管理图谱系统的 Schema 管理模块通信，获取所需建设知识图谱的知识体系，然后在此基础上搜索、筛选结构化的数据库表或者非结构化的文档启动知识抽取任务，建立结构化数据和非结构化数据的对接、清洗、抽取流水线。

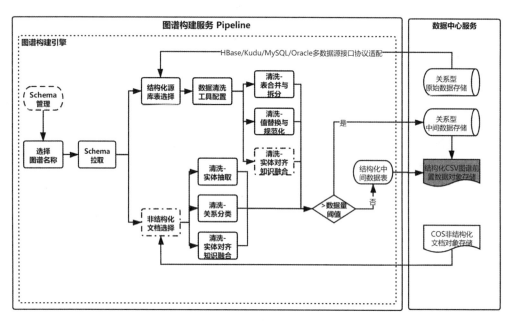

图 4-3

结构化的知识图谱构建流水线，需要与企业数据中台的 Hive、Spark、HBase、Kudu 等大数据计算套件的数据接口对齐，根据知识体系与数据库 Schema 搜索构建知识图谱所需的数据库表。基于数据库表，结构化知识图谱构建流水线需要开发数据清洗、表结构处理、字段映射开发任务脚本，与企业数据中台通信，以对数据进行操作。在这一过程中可以参考传统的 D2RQ、Morph-RDB、OnTop 等本体数据库访问 OBDA（Ontology Based Database Access）工具的逻辑，根据业务需求、表结构基于企业大数据组件进行二次开发。结构化的知识图谱构建流水线需要根据知识体系定义，实现多表数据表关联、实体关联、属性关联的聚合，这在企业级实践中是一项定制程度相当高的工作。同时，并不是所有数据都适合直接以三元组的形式存储。比如用户高频率的点击、浏览、LBS 数据，设备高频率的电流、电压量测数据等，如果将这些数据以三元组的结构直接转化为知识图谱，那么不仅存储、计算的成本高昂，业务应用的效率也让人难以接受。因此在业务实践中，需要根据业务应用的需求合理筛选并抽取转化的范围。比如，将表关联、表逻辑关联、抽象概念转化为知识图谱，将表高频变化的属性值存储于高性能的 Redis、InfluxDB 等中。由此，企业可以建设知识图谱与传统数据仓库融合的数据存储体系，提升业务效率并降低成本。

非结构化的知识图谱构建流水线，在整体上与结构化的知识图谱构建流水线相似，需要从企业数据库、对象存储中获得文本、图像等非结构化数据，非结构化数据也包含非常丰富的知识信息。相比结构化数据，非结构化数据可承载的知识更多、灵活性更强，却也加大了知识抽取的难度，需要投入更多的资源去提升知识的及时性和准确率。非结构化数据需要通过企业 AI 中台，或者独立建设知识抽取训练与预测服务框架，进行实体、关系、属性等知识抽取的模型训练与生产工作。在训练阶段，需要在样本标注的基础上，对知识抽取的模型进行模型训练和参数调优；在生产阶段，需要由非结构化知识构建流水线调取知识抽取模型预测服务，对非结构化数据进行抽取工作。经过非结构化知识抽取的结果数据，还需要经过数据清洗、字段映射后才能生成三元组，提供给下游的知识融合模块使用。

经过多条知识图谱构建流水线清洗、映射、抽取形成的知识图谱三元组，下一步需要进入知识融合模块。

在知识融合模块，企业需要建设知识融合工具，对分散、歧义的知识图谱三元组进行实体链接、属性链接、属性消歧等相关工作。为了提高知识融合的准确率，知识融合模型通常需要基于知识来源、知识上下文等多方数据，对实体、属性关联进行推断。由此，知识图谱构建流水线不仅需要为知识融合工具输入三元组，还需要输入数据源的表结构、字典关联、数据任务等相关信息。

经过知识融合后形成的知识图谱的三元组，还需要进行**知识图谱质量校验**，才可以进入知识图谱入库环节。知识质量校验通常包括人工、半自动及自动的方法。在知识容错率较低的医疗、设备生产与运维场景中，业务专家的人工校验是极为重要的。当然，在业务实践中可以开发规则筛选、搜索匹配等工具，辅助专家进行半自动审核。对于用户营销、服务等知识容错率相对较高的场景，可以构建 A/B 测试、样本抽样、质量预测模型等自动质量校验工具，提升质量校验效率。知识图谱构建任务是涉及多个数据源、多个数据系统的数据生产任务，在复杂的业务环境中，数据生产任务可能出现延时、失败、计算错误等异常。因此，知识图谱构建系统在构建的不同阶段，不仅需要进行数据质量校验，还需要进行数据容灾和备份，以保障后续知识图谱服务的稳定。

知识图谱数据的质量和稳定是知识图谱服务项目的生命线，在业务实践中务必重视。

知识更新是知识图谱构建流水线的重要模块。在动态的企业业务中，知识图谱的实体、关系、属性都可能因业务状态的演变而改变：

- 在实体变动方面，业务可能因为营销活动而使用户、商品、订单等实体发生新增、更新、取消等改变；

- 在关系变动方面，用户社交人际关系、用户商品互动关系、企业投资关系等可能因产品更新、市场环境演变而改变；

- 在属性变动方面，企业产品上报的用户实体状态的点击、浏览等数据，可能因需求变化而变更统计口径、定义标准，因此用户画像知识图谱的属性可能会发生口径、尺度、字段数等改变。

知识更新模块需要实现数据监听、数据下载、任务启动等相关功能。知识图谱开发人员需要根据业务状态的改变，通过知识更新模块对知识图谱构建的流水线进行启动、停止、任务参数变更等操作。

4.2　知识抽取系统

知识抽取作为知识图谱构建的核心流程，不仅涉及机器学习、深度学习等自然语言处理、大数据统计与推理方向的算法应用与研究，还涉及企业级数据生产与应用系统的工业化建设。因此，在建设过程中，不可避免地会遇到诸多挑战。如何获得知识抽取的数据来源是知识图谱项目面临的首要挑战，开发人员常常困惑如何获得知识图谱的数据来源。同样，基于不同来源的数据、知识抽取算法模型，应如何在企业高投入产出比的要求下，建设业务可用、功能齐全、模型迭代速度快的技术框架呢？知识抽取包括实体抽取、关系抽取、属性抽取等不同的任务目标，那么应如何围绕任务目标进行算法选型呢？

围绕上述问题，本节首先举例说明知识抽取的数据来源，然后详细介绍知识抽取的流程及技术框架，最后分别介绍实体、关系、属性抽取的定义、目标及技术选型建议。

4.2.1　知识抽取的数据来源

如前所述，知识抽取是知识图谱构建的重要环节。进行知识图谱构建时，需要面向业务需求，从不同来源、结构的数据中进行知识抽取并生成知识图谱的三元组。那么，应如何获得知识抽取的数据来源呢？

当知识图谱在企业业务落地时，**知识抽取的结果一定是服务于业务应用的需求的**。因此，知识抽取的数据来源需要从业务需求出发，进行数据源搜索工作，服务于企业业务的三元组的模式与实例，相对于传统学术定义的三元组会有所差异。面向企业不同业务场景的知识需求，开发人员需要充分利用知识图谱符号语义及图拓扑结构表达能力完成知识体系设计、数据源整合及知识抽取等流程。在业务实践中，企业不仅需要实体-关系-实体的传统定义，还需要支持业务场景知识与数据的抽象定义，比如实体-概念-实体、事件-导致-事件、实体-属性-属性值等。回顾 3.1 节的内容，企业业务知识图谱可以由需求概念域、事理知识域及实体状态域聚合而成，那么在不同的领域中，可以从哪些渠道获取怎样的数据来源呢？

（1）在需求概念域，通过实体-概念-实体的定义，可以将人能理解的抽象概念进行关联，更好地聚合、关联业务需求与业务数据。比如在电商搜索场景中，实体-概念-实体可以更好地辅助商品搜索引擎进行语义分析，实现对用户意图的理解。因此，在商品搜索场景中，用户的搜索日志是商品知识图谱需求概念域中重要的数据来源。其他诸如产品需求文档、产品功能手册、术语手册、广告宣传文案、社区"种草"软文等，也都是需求概念域中重要的数据来源。比如产品需求文档的需求概览部分，通常会包括业务流程图和需求清单两部分。业务流程图对产品的整个业务流程进行图形化展示，是对产品整体功能与流程的阐释。而需求清单用于对本次要开发的需求任务分类，给出简明扼要的需求描述并标注优先级。业务流程图和需求清单的语义及拓扑结构，是概念抽取的优秀素材。需求概念域的数据来源以非结构化数据为主。

（2）在事理知识域，解决业务问题所需的逻辑规则、流程关联、专业知识被关联、聚合。事理知识通常以文本、图像、声音等非结构化数据形态存在，比如由文本、图像、声音组成的新闻事件系列报道，会包含新闻事件的时序关联、因果关联、逻辑关联等数据知识，而在企业公告、企业办公流程、政务及政策法规文件中，也包含大量的流程关联、规则逻辑等知识；又如在企业设备检修、运维等专业知识手册、设计图、指引视频中，会包含检修、需求的流程步骤、操作方法、处理经验等专业事理知识等。另外，在企业信息化建设中开发的产品功能逻辑图、时序图、软件开发 UML、软件接口描述文档，也是重要的事理知识数据来源。业务的历史日志是企业事理知识图谱的重要数据来源。事件-因果-事件是事理知识域中典型的三元组，可以存储事件前后的因果逻辑关联。在医学领域，事件-因果-事件过去可能以病理关联概率图的形态存在，而现在可能以事理知识图谱的形态存在。而医学的事件因果事理关联，可以从医疗诊断、用户状态等日志中进行抽取获得。同理，设备的运维日志也是设备故障关联知识图谱重要的数据来源。

（3）在实体状态域，开发人员需要将业务实体类目体系、实体关联、实体状态属性数据建设为实体状态域的知识图谱。因此，实体状态域的数据来源主要是企业内外用户、商品、企业业务状态数据。在企业内部，用户、商品、企业业务状态数据主要来源于客户关系管理（CRM）系统、资源计划（ERP）系统、业务关系数据库、业务系统日志等。实体状态域的三元组通常以实体-关系-实体、实体-属性-属性值的形态存在，这类三元组结构可以更好地被传统的商业智能模型、用户画像应用、商品搜索应用、智能推荐等智能应用集成，并为其提供数据关联、图拓扑结构信息。因此，智能应用原来维护的数据库表、特征库也是实体状态域中重要的数据来源。在企业外部，企业业务状态数据来源于数据服务商、数据交易市场或者原始的互联网网页等公开数据，比如新闻舆情数据、金融投资数据库、行业垂直信息服务网站等。实体状态域的数据相对于需求概念域、事理知识域的数据，具有知识体系变化小、数据属性与关系变化频繁、数据分散且规模大等特点。比如在金融投资场景中，目标企业股价、产值、主营业务等属性数据、产品关系、投资人关系每时每刻都可能发生巨大变化。为了及时更新知识，企业需要从股票交易所、Bloomberg、Wind 等新闻资讯服务平台、投资调研报告服务商、企业画像数据服务商处获得最新的企业实体状态数据。

需求概念域、事理知识域、实体状态域所需的非结构化、结构化的知识来源，不仅涉及繁重的样本标注成本，也涉及持续的模型调优及存储与计算资源支持。因此，**企业级知识图谱需要有能承担这些高昂的数据及知识抽取成本的商业模式，才能有生存及持续发展的空间**。比如，在股票投资博弈中，交易员需要从快速变化的环境中及时、准确地获得知识与数据。如果通过知识抽取构建的知识图谱可以提升交易员认知的效率与准确率，那么从提早决策中获取的收益，就可以作为知识抽取业务的价值。由此可见，在博弈越强烈的场景中，对知识抽取的需求越旺盛，投入成本的意愿也越强烈。

另外，知识抽取相关的会议与竞赛有消息理解会议（Message Understanding Conference，MUC）、自动内容获取（Automatic Content Extraction，ACE）、知识库填充（Knowledge Base Population，KBP）、语义评测 SemEval 等，知识图谱开发人员可以从中获取知识抽取学术研究相关的数据。

4.2.2　知识抽取框架

在开放域的知识图谱研究工作中，研究人员通常会基于 FewRel、NYT-FB、OIE2016 等知识抽取数据集，进行知识抽取的算法研究工作，并以预测的召回率、准确率和 F1 值等作为评估指标进行模型迭代。学术界面向开放域的知识抽取需求，开发了 OpenIE、DeepDive 等知识抽取工具。

然而，服务于企业业务需求的知识抽取任务，不仅数据源复杂多样，对抽取的质量、时效性也有相当高的要求。那么，应如何建设企业级的知识抽取框架，并集成、融入业务知识图谱构建流水线呢？

在知识抽取系统的整体架构方面，回顾如图 4-3 所示的知识图谱构建系统的整体架构，知识抽取包括非结构化及结构化的知识抽取任务。其中，非结构化的知识抽取任务主要分为文本分类、语音识别、图像识别等任务。因此，为了支持上述人工智能模型的模型训练、模型调优、模型预测服务的需求，需要开发数据统一接入、资源统一把控、任务统一管理的机器学习、深度学习平台。图 4-4 展示了非结构化知识抽取的系统架构。非结构化知识抽取需要完成文本标注、模型训练、模型测试、反馈优化等流程，而这些流程需要由具有数据管理、算法框架管理、服务集群管理、服务部署管理、DevOps 等能力的机器学习与深度学习训练服务平台支持。

图 4-4

在非结构化知识抽取的数据管理方面，需要建设数据中心及数据处理模块。其中数据中心主要用于存储模型所需的训练数据，包括领域开放数据、行业数据及企业的第一方数据。非结构化知识抽取的数据中心模块，需要与企业的数据仓库、数据中台、文件系统、业务系统结合，共同建立数据读写能力，统一管理、训练及测试所需的数据。非结构化知识抽取的数据处理模块，需要建设数据预处理能力及可视化的样本标注工具。4.2.1 节所述的需求概念域、事理知识域、实体状态域的不同数据来源，需要通过数据预处理模块统一接入数据中心管理。

样本标注工具的建设，是非结构化知识抽取的数据管理模块中极为重要又极具挑战性的部分。在知识抽取的文本标注阶段，需要根据知识抽取任务对文档的实体、属性、关系进行样本标注。文本标注的质量高低将直接影响知识抽取效果的好坏。在企业级知识图谱项目实践中，样本标注的问题广泛出现在知识图谱项目启动、开发、更新、维护等各阶段中。目前，新闻资讯、影音娱乐等开放域知识图谱的样本标注难度较低，质量较高；而医疗、金融、工业、法律等垂直域知识图谱的样本标注不仅难度高，而且质量难以保证。因此，垂直域的样本标注需要大量的领域资深专家参与，这将不可避免地带来更大的成本问题。这既是组织管理面临的挑战，也是技术面临的挑战。那么应如何应对该挑战呢？

从技术的角度，样本缺失是一个典型的 Few-shot learning 问题，而引入大量的外部知识或者预训练模型就是典型的解决方案。比如在关系抽取任务中通常会采用远程监督的方法，即运用已有的知识图谱三元组对语句做假设性标注。通过远程监督方法可以大大增加知识标注的数量，但会面临**数据噪声、数据长尾**等问题：在数据噪声方面，远程监督通常会采用开发人员主观性的规则、已有的知识来标注数据，因此噪声非常大；在数据长尾方面，通常能够自动获取的样本呈幂律分布，因此大量长尾实体难以通过远程监督的方法来获取。针对数据噪声和数据长尾问题，有研究人员尝试为远程监督引入注意力模型及对抗模型，并且取得了不错的效果。

整体来讲，知识抽取的样本标注工具需要通过可视化、产品化的方式提高标注人员的工作效率，并可以引入大量外部知识、预训练模型，从技术方面提高样本标注的效率。

在非结构化知识抽取的算法框架方面，需要建设 NLP 基础引擎、模型中心、NLP 任务流水线、模型自动调参等模块。

- 在 NLP 基础引擎与模型中心模块中，企业业务所需的非结构化知识通常是业务概念及业务事理知识，比如业务需求概念关联、业务流程逻辑、工作操作规则及经验类的知识。这些非结构化知识通常来源于企业需求文档、办公文档和专业书籍。因此，非结构化知识抽取的算法框架应支持机器阅读与理解、实体抽取、关系抽取、属性抽取和概念抽取等相关自然语言处理任务。word2vec、Bert、GPT 等预训练模型已在多个自然语言任务中被证明可提高模型的效果，因此，非结构化的知识抽取算法框架需要在 NLP 基础引擎、模型中心中建设预训练模型训练及行业预训练模型微调的能力。

- 在 NLP 任务流水线模块中，需要将不同的非结构化知识抽取任务的样本数据管理、训练数据管理、模型训练、模型测试、模型上线、模型服务流程聚合为知识抽取流水线。如前所述，企业的数据生产任务不得不在面临数据上报异常、生产任务拥堵、数据异常等挑战环境中，输出质量高、时效性强的知识。因此，NLP 任务流水线模块需要与底层的大数据平台、机器学习平台进行深度融合，建设参数配置、任务重跑、质量校验、数据回滚等产品功能，提供稳定、可靠的知识抽取服务能力。

- 在模型自动调参模块中，需要建设基于离线训练、实时线上业务数据效果的模型反馈优化能力。业内通常采取样本迭代、超参数搜索、模型重跑等方式，对机器学习、深度学习模型进行持续迭代，以保证知识抽取服务算法的稳定。

服务于企业业务的非结构化知识抽取系统，需要根据基于业务需求的知识体系，从多个不同的数据来源中，运行实体抽取、关系抽取、属性抽取、概念抽取和事件抽取等任务流。不同的知识抽取任务，在数据管理、算法模型、任务管理方面会有大量重叠且可复用的模块。因此，为缩短知识抽取算法模型的迭代周期、降低迭代成本、提升模型效果，企业需要建设一站式的知识抽取算法框架。

图 4-5 对非结构化知识抽取算法框架的整体架构进行了展示，其核心是**数据层**、**模型层**与**应用层**：

- **在数据层**，需要对实体抽取、关系抽取、属性抽取、概念抽取、事件抽取等不同任务的训练数据及样本数据进行统一注册并管理。在样本数据模块可以建设人工标注、远程回标、数据集精选等能力；

- **在模型层**，需要对知识抽取的规则模板、传统机器学习模型、神经网络模型进行统一注册并管理；

- **在应用层**，需要对知识抽取的实体抽取、关系抽取等模型服务接口进行统一注册并管理，并与知识抽取流水线进行集成。

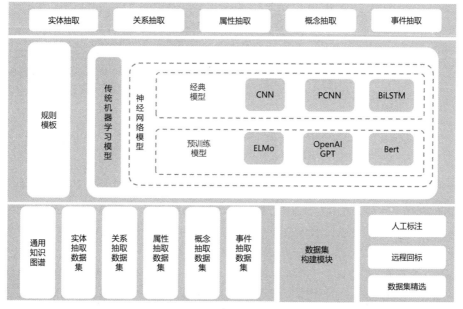

图 4-5

　　图 4-6 对非结构化知识抽取算法框架的详细架构进行了展示，在整体架构上包括数据集、数据层、模型层、评估层和应用层。通过将数据管理、数据迭代、模型组装、模型迭代、模型评估、模型应用训练与预测进行一站式集成，可形成知识抽取模型生产与优化的工厂。基于如图 4-6 所示的知识抽取算法框架，知识抽取的关系抽取、属性抽取和概念抽取等多项任务可以在同一算法框架上进行全流程及全生命周期管理。因此，知识图谱构建人员可以更高效、更稳定地进行模型开发、评估与迭代工作。

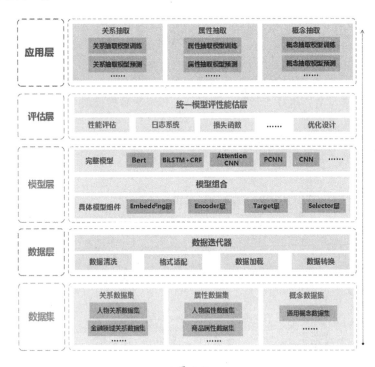

图 4-6

　　前面已对非结构化知识抽取系统的整体架构、算法框架进行了介绍，那么，应该如何建设结构化知识抽取框架呢？

　　回顾 4.2.1 节的内容，结构化知识抽取的数据源主要是用户、商品、企业业务状态等实体状态数据与知识。知识图谱与认知智能技术在企业核心业务上的目标是提升业务人员、业务系统对企业用户、设备、产品等业务实体状态全面、及时、精准的认知，并在此基础上进行策略构建、策略筛选与策略执行。而目前在大多数企业中，业务人员认知业务状态所需的大部分底层数据都来源于企业的结构化数据仓库，比如，人的状态数据来源于用户管理系统的用户画像库表，设备的状态数据来源于设备管理系统的设备状态表，而企业的状态数据来源于企业商业分析报表，这些都需要通过结构化知识抽取才能转化为相应的业务知识图谱。

图 4-7 对结构化知识抽取系统的架构进行了展示。结构化知识抽取系统的业务目标是将企业数据中心的数据通过知识抽取转化成知识图谱数据，并存储于图数据库等存储介质中。为了实现这一目标，结构化知识抽取系统应建设数据建模、图谱模型映射、数据接入、数据清洗模型及数据载入等多项功能。

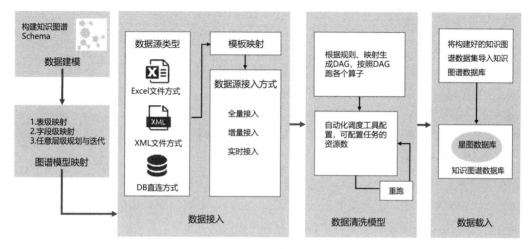

图 4-7

结构化知识抽取是企业快速形成生产力的知识图谱的重要路径。结构化知识抽取系统可以结合企业自有的数据仓库，根据已有的数据属性与数据关联，通过数据清洗工具进行快速的知识图谱建设。在企业数字化建设过程中，企业通过数据治理后形成对企业数据资产统一管理的数据模型。结构化知识抽取系统应建设企业数据仓库的数据模型到企业知识图谱知识体系的映射与转化能力。通过数据映射，结构化知识抽取系统可以在企业数据中心、企业数据中台开发大数据 ETL 任务，将企业海量的业务数据转化为知识图谱。比如在能源领域，电力企业可以通过电网公共数据模型（CIM）的映射转化能力，将电网海量的设备状态数据、业务状态数据转化为电网知识图谱。

对企业外部数据源的知识抽取也是结构化知识抽取系统的重要工作。在企业外部数据源中，网页编辑者整理好的以 XML、HTML 形态存在的结构化信息、垂直数据服务商、第三方已建成的知识图谱或业内开源的图谱，都可以通过结构化的知识抽取系统进行数据映射和转化。外部标准化的知识图谱可以显著加速企业知识图谱资产积累与知识应用服务的进展，但难点在于如何高效、低成本地建设数据映射与转化工具。比如在垂直知识网站上存在大量领域专家、爱好者编辑与整理好的结构化数据，需要基于网页源码进行结构化知识抽取。在此场景中，企业可以基于 XPath 编写网页源码的解析工具。运用 XPath 进行结构化知识抽取包括 3 个步骤：①定义待抽取网页 URL Pattern 的页面；②从网页源码解析 XPath 路径；③配置可选规则，包括 Schema 映射、信息去噪等。

以上对非结构化、结构化的知识抽取框架进行了详细介绍，为了帮助读者对知识抽取任务的定义、目标、技术有更清晰的认知，接下来将简要介绍实体抽取、关系抽取、属性抽取相关的定义与技术点。

4.2.3 实体抽取

在定义方面，**实体抽取**被称为命名实体的识别（Named Entity Recognition，NER），其目标是从文本中抽取实体信息元素，例如人名、商品名、设备名、企业名。比如在商品广告文案"新款 iPhone 12 限时优惠，不可错过"文本中通过实体抽取，识别出"iPhone 12"这一商品名。实体抽取任务既是许多自然语言处理任务的基础，也是关系抽取、属性抽取等其他知识抽取任务的基础。

在目标方面，实体抽取的目标通常是最大化地发现所有命名实体，而且命名实体须尽量正确。前者通常以召回率（Recall）来定义，后者通常以准确率（Precision）来定义，当将两者结合考虑时，通常以 F1 值来评估。因此，实体抽取任务需要围绕召回率、准确率、F1 值来规划模型迭代目标。

在技术方面，实体抽取、命名实体已在业内发展多年，整个技术体系已相对成熟、完善。在算法方面，常见的实体抽取算法通常包括以下 3 种方法。

（1）**基于规则的方法**：指通过构建字典、正则规则、专家规则，对语句进行匹配与规则判断。将基于规则的方法与分词工具进行配合，可以在小规模数据集上达到较高的准确率，常见的分词工具有 jieba、HanLP、IK 等。但随着业务数据集的增加，字典、正则规则、专家规则的构建成本都将显著增加。同时，基于规则的方法对于新实体或者跨领域实体的识别能力都较弱，可移植性也低。

（2）**基于特征的统计机器学习方法**：指通过对语句语义特征进行提取，运用统计模型对文本进行文本分类或序列化标注。常见的算法有隐马尔可夫（HMM）、最大熵、条件随机场（CRF）等。美国斯坦福大学开发的 Standford NER 作为业内典型的工具，是基于 CRF 的系统。基于特征的统计机器学习方法通常涉及训练语料标注、特征定义和模型训练三项工作。为了达到业务效果，开发人员需要对文本有较深的业务理解，才能正确标注样本、合理构造特征来完成模型迭代。

（3）**基于深度神经网络的方法**：指深度神经网络将文本以词向量形式输入，自动进行特征构建，实现端到端的命名实体识别。常见的算法有卷积神经网络（CNN）、循环神经网络（RNN）、

Bi-LSTM+CRF、注意力网络等。同时，word2vec、Bert、ElMo、GPT 等预训练模型通过引入外部知识，可以显著提升实体抽取模型的效果。

那么，对自然语文处理模型在企业业务中的落地，应如何进行技术选型呢？

自然语言处理模型在企业业务中落地时，通常会从现有的语料资源、标注工作量、训练计算成本、业务效果需求等维度对算法进行评估。比如开发人员在业务中已整理、积累了一定的词典，并且通过规则匹配可以达到业务预期，那么可以直接采用基于规则的方法。如果开发人员已拥有一定的标注数据，那么可以采用基于特征的统计机器学习方法。如果业务计算资源、标注数据、开发人力资源都相对充足，而且对业务效果有较高的期望，那么可以采用基于深度神经网络的方法。

4.2.4 关系抽取

在定义方面，**关系抽取**指从数据中抽取两个或者多个实体的语义、逻辑或者拓扑关系。回顾知识图谱的定义，知识图谱是具有属性的实体通过关系连接而成的网状语义知识库，其中的节点表示物理世界中的实体（或概念），而实体之间的各种关系构成网络中的边。由此，知识图谱是对物理世界的一种符号表达，以符号与连接的形式描述物理世界中的实体及其相互关系。作为连接实体的关键要素，关系是知识图谱中最重要的组成部分。因此，关系抽取是知识抽取中最重要的子任务之一。关系抽取的典型结果为三元组<实体，关系，实体>，构成了知识图谱的边。

在目标方面，关系抽取指从企业各渠道的数据源中，获取满足业务需求、提升业务效果的关系数据。那么业务会关注及应用哪些关系数据呢？

企业在不同的业务场景中会关注不同的关系数据，如下所述。

- 在营销服务场景中，用户与用户的社交、互动关系及用户与商品的互动、购买、兴趣关系，可以提升广告投放、个性化推荐的效果。

- 在企业供应链管理场景中，商品与供应商的供给关联、仓储关联关系，可以提升供应链优化、路径优化等应用的效果。

- 在企业生产与运维场景中，设备与设备的物理关系、逻辑关系，可以提升对电网状态推理的准确性。

- 在企业经营管理场景中，企业与企业投资、产品及业务的关系，将影响企业管理决策与战略投资的效果。

这些关系数据通常被存储在企业的 CRM 系统、仓库管理系统（WMS）、企业设备管理系统（MES）、企业资源计划（ERP）系统等中。企业内部的数据主要以结构化的数据库表形态存在，因此结构化关系抽取系统要通过数据匹配和数据映射完成。在结构化抽取过程中，需要关注数据的覆盖度、映射的准确率及业务落地效果等指标来推进任务的迭代。而企业的非结构化关系数据，通常以文本形态存在于企业的办公文档、专业图书、企业公告及公开新闻等中。比如企业的投资关系变动通过公告和新闻进行发布，医疗药物之间的作用关联通过最新论文及实验结果进行发布。当抽取企业的非结构化关系数据时，需要构建自然语言处理模型对业务文本进行关系抽取。非结构化数据关系抽取算法的目标与实体抽取一致，也是通过召回率、准确率及 F1 值进行模型评估的。

在技术方面，非结构化的关系抽取目标是从一句文本中抽取存在特定关系的实体对。基于这个目的，图 4-8 展示了非结构化数据关系抽取算法体系，可以将关系抽取任务转化为分类任务和序列标注任务。

- 分类任务指对文本做特征抽取，然后根据预测的关系类型训练多分类模型，每种关系都是一个特定的类别。

- 序列标注任务类似于命名实体识别任务，即通过预测实体的标记类型来确定两个实体是否存在关系。

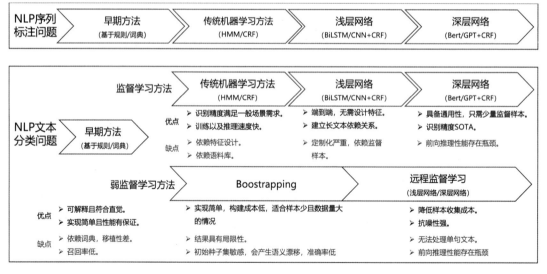

图 4-8

在实现方法方面，早期的关系抽取方法主要基于规则和词典，该方法需要由领域专家基于语言学知识，根据语料的特点，进行关系匹配模板的编写与开发工作。基于规则和词典的方法虽然容易落地且见效快，然而不可避免地会面临构建成本高、可迁移能力低等挑战。为了应对这些挑战，产业界涌现了大量基于统计机器学习、深度学习的关系抽取模型。关系抽取模型可被分为监督学习方法与弱监督学习方法，其中，不同方法的优点、缺点分析已在图 4-8 中进行了对比和展示。

4.2.5　属性抽取

在定义方面，**属性抽取**与关系抽取的定义类似。属性抽取的知识图谱的三元组表示为（实体，属性，属性值）。比如属性抽取需要从"小明的注册年龄为 25 岁"中抽取出三元组（小明，年龄，25 岁）。在开放域的知识图谱中，属性通常指实体的特征，比如人的年龄、肤色、国籍等。而在垂直域的知识图谱中，属性常用于关联业务目标实体的状态，比如人的年龄、商品的架构、设备的电压、企业的股价等状态属性数据。

在目标方面，属性抽取需要从企业数据仓库、办公文档、专业手册等数据中，通过结构化与非结构化的属性抽取，生成业务所需的知识图谱，特别是实体状态域的知识图谱。在结构化数据的属性抽取任务中，属性抽取目标与传统数据开发中的数据映射工作类似。因此，属性抽取的业务目标可以参考数据治理的业务目标，包括**形式质量**、**内容质量**和**效用质量**。

- **形式质量**：指数据的完整性、可理解性、一致性。

- **内容质量**：指数据的准确性、可靠性。

- **效用质量**：指数据的稳定性、时效性、相关性。

在非结构化的属性抽取任务中，对算法模型同样可以用召回率、准确率及 F1 值进行评估。

在技术方面，实体属性抽取的主要任务流程是，将企业内外部数据源的数据库表，通过爬取、接口对接、批量导入等方法，以及事先定义好的源数据库 Schema 和业务知识图谱的知识体系各个类型的属性字段关系，对资源数据进行分类、映射、清洗，完成实体各个资源属性数据的规范与整理，填充知识体系的三元组。其中，针对单句文本的属性抽取是一个序列标注问题。因此，属性抽取任务可以在如图 4-6 所示的知识抽取算法框架上，开发诸如基于 Bert、基于 LSTM+CRF 或者基于 Bert+CRF 的序列标注算法。

属性抽取和关系抽取非常相似，但是更具挑战性。除了要识别实体的属性名，还要识别实体的属性值。而属性值的结构是不确定的，因此业内大多非结构化属性抽取的研究都是基于规则进行抽取的，面向含有开放域知识的公开网页、查询日志、表格数据等。但是，基于规则的方法在企业业务数据上有一定的弊端：企业业务知识图谱不同于开放域知识图谱，它对信息的质量有着很高的要求，对信息噪声的容错性也较低。因此，某些研究者也在尝试通过整合序列标注模型，建立统一的质量评估方式进行模型迭代。

4.3 知识融合系统

知识图谱的核心价值在于聚合、连接分散的业务知识、专家经验及实体状态数据，并由此提升企业业务人员对用户、商品、企业产品状态的全面认知能力。为了对业务状态建立更全面的认知，实体需要拥有更丰富的属性，实体之间也需要建立更多的联系。因此，企业通常会通过数据采集、数据合作等方式，为同一个业务知识领域引入多个数据源。企业的不同部门虽然能通过知识体系建设在宏观层面实现知识共享，但是建设一套非常全面的知识体系来整合所有业务数据和知识是非常困难的。

在企业实践中，不同的业务团队会根据自身的业务需求、事理知识、数据状态建设知识体系，这会造成在企业的同一知识领域中存在不同的业务知识体系。以用户知识体系为例，企业不同的业务部门对同一用户有不同的业务需求、业务规则及数据采集维度。因此，不同的业务会对用户建设不同的知识体系，导致产生用户知识实例的歧义、冲突等问题。知识体系层与知识实例层的差异和冲突，会给用户画像数据的融合工作带来巨大阻力。因此，企业需要建设知识融合能力，解决知识语言层、模型层、实例层不匹配的问题，推动企业多来源的知识融合。

那么，应该如何围绕知识融合流程建设知识融合系统，并服务于企业用户域、物联域、企业域的知识融合需求呢？

4.3.1 知识融合的流程

知识图谱开发者在对不同的数据源所生产的知识图谱三元组进行知识融合时，不可避免地会遇到知识体系与知识实例的缺失、冲突、歧义等问题。如果无法解决上述问题，企业业务知识图谱的需求概念、事理知识、实体状态就难以聚合。因此，企业需要以提升业务知识图谱覆盖度、准确度及上层业务应用效果为目标，建设对不同来源知识的融合能力。

比如在电影业务知识图谱的构建过程中，知识图谱开发人员需要从不同的数据源进行知识抽取。为获得电影名、明星、片场等实体知识，开发人员既可以从豆瓣、时光网、百度百科网页进行爬取，通过结构化知识抽取系统抽取电影的剧情介绍、主演等属性数据，还可以从电影院订票系统的数据库中抽取场次、票务等属性数据。当需要对《哥斯拉》这一电影名实体的知识进行融合时，就需要将歧义的《哥斯拉》动画片实体识别出来，并将《哥斯拉》电影实体的不同属性数据聚合。

因此，我们需要通过一套知识融合系统，将各个来源的知识整合。首先需要判断这些来源的"哥斯拉"是否指同一实体。如果是同一实体，则可以将它们的信息融合；如果不是同一实体（如上文提到的《哥斯拉》动画片），则不应该融合。从多源异构的知识图谱中，通过聚合、连接形成信息完整、数据正确的知识图谱，这一过程就是知识融合。知识融合的核心是知识体系（模式）与实体实例对齐，即将不同本体下的同一实体合并。

基于上述理论，图 4-9 展示了知识融合的整体流程，包括**初始化融合、增量融合、融合过滤**和**知识校验** 4 个步骤。

（1）**初始化融合**：指通过聚类的方式构建实体的融合库。

（2）**增量融合**：指对新的实体与已经融合的实体进行相似度计算。

（3）**融合过滤**：指对已有的融合库进行审核、过滤和修复。

（4）**知识校验**：指根据知识来源的可信度进行评估和打分。

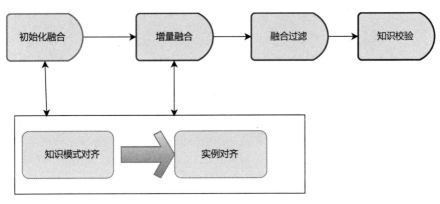

图 4-9

知识融合需要在初始化融合、增量融合的过程中，实现从知识模式对齐与实例对齐的迭代，才能进入融合过滤流程。

回顾知识图谱本体融合的相关理论，解决本体语法不匹配、逻辑表示不匹配、概念化不匹配、概念描述不匹配等本体异构问题的通用方法是**本体集成**与**本体映射**。**本体集成**，指将多个本体合并为一个本体；**本体映射**则指寻找本体之间的映射规则，实现本体的转化。本体集成包括单本体集成及全局-局部本体集成，本体映射则包括发现映射、表示映射、使用映射三个层次。由此可见，知识图谱本体融合（知识体系融合）的核心是实现相似及相关本体搜索，并建立本体之间的映射与集成工作。

基于上述理论，图 4-10 进一步展示了知识融合的详细流程。在本体集成方面，知识融合需要自底向上完成属性对齐、概念对齐的知识模式的内部融合。而在本体映射方面，需要完成知识模式的概念链接和属性链接。在底层，知识融合需要通过实体对齐与实体链接，完成知识实例层的对齐与融合，比如将知识实例的属性值进行对齐与链接。

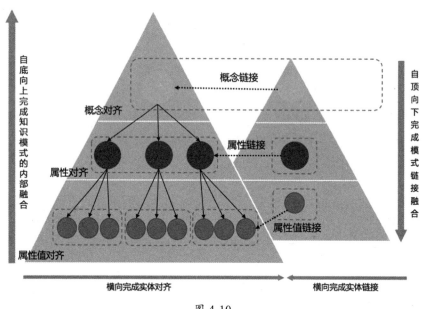

图 4-10

4.3.2 知识融合系统的架构

在知识融合系统中，企业需要对分散、歧义的知识图谱的知识体系、知识实例进行实体链接、属性链接等相关工作。为了提高知识融合的准确率，知识融合模型通常需要基于不同知识的属性值、来源描述、知识上下文等多方数据，进行数据分通、匹配、融合、审核等处理，以生成融合的知识体系与知识实例。

图 4-11 展示了知识融合系统的整体架构。知识融合系统需要基于标准 Schema 与标准实体库，与其他来源的知识体系库与实体库进行指导、更新、补充、计算、新增等工作，完成模式对齐与实例对齐任务。为了完成上述任务，知识融合系统需要建设**数据分桶**、**匹配算法库**及**融合策略**。

（1）**数据分桶**：指对所有多源实体数据的粗聚类，一般基于名称相似度或者实体特有的属性值进行数值分割或者聚类操作。在企业实践中，数据分桶模块通常需要基于企业的数据库或者大数据计算平台进行脚本开发。

（2）**匹配算法库**：指对知识体系、知识实例进行搜索匹配所需的算法库的管理。常用的匹配算法包括基于规则和传统特征的算法、基于图结构的算法及基于向量表示的算法。图 4-11 对上述匹配算法中的常见算法进行了展示，比如基于向量表示的算法包括词向量、知识表示向量、网络表示向量及图神经网络。

（3）**融合策略**：指对已搜索、匹配、关联的知识模式与知识实例根据规则策略进行融合。融合策略需要具备冲突检测、置信度计算、真值计算和人工审核等能力。其中，真值计算可以通过去重全保留、投票模型、平均模型、加权模型等来获得最优的知识模式与知识实例真值。

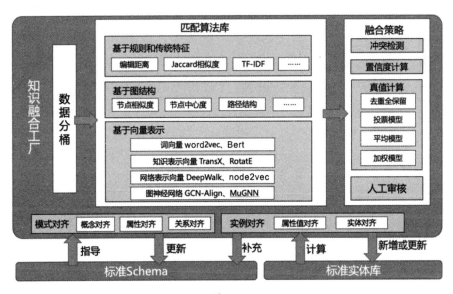

图 4-11

图 4-12 展示了知识融合的流水线。流水线主要由冷启动数据接入与增量数据接入组成。

（1）在第 1 阶段，需要完成冷启动数据，也就是单一原始知识库的内部融合。具体实现可分为三步：①将可靠性较高、数据较完整的知识库作为冷启动知识库；②对接入的知识库进行模式层和实例层的对齐，输出训练模型、融合策略、入库标准；③进行人工审核，输出知识标准库。

（2）在第 2 阶段，需要完成增量数据，也就是新增知识库的连接、融合。具体实现可分为三步：①选取增量知识库进行数据接入；②对新增概念、实体、属性等运用向量化检索模型进行召回，并在重排模块根据策略重新排序、打分，输出可供融合的候选概念、实体、属性的排序；③

进行人工审核，选择知识新增或知识融合更新。

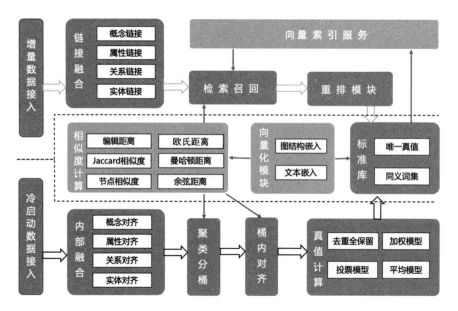

图 4-12

在知识融合的实践中，知识融合的难点有三个：①数据源多样，不能保证质量；②存在长尾知识，即在融合时缺乏可供融合判断的信息；③大规模、动态的数据融合缺乏高质量的标准。比如在知识融合的实体对齐场景中，开发人员需要根据实体的属性相似度来判断两个实体能否合并。而在实践过程中，相似属性往往较为稀疏，因此需要添加额外的实体信息来提升属性的维度，比如实体来源的网络、百科的超链接、数据库血缘关系等。

由此应对的知识融合方案有：①对数据、真值采用质量估计；②采用预训练模型，引用外部知识库或利用知识迁移修正模型；③采用人工审核流程，人工审核可以保证质量，但会降低知识融合效率。

那么，在企业业务实践中，如何对用户域、物联域、企业域的知识图谱的知识体系层与知识实例层进行知识融合呢？

4.3.3　用户域的知识融合

在企业用户域的知识图谱中，用户实体存在多个身份标识 ID（Identity Document），通常包括手机号、IMEI 号、IDFA、会员号、邮箱等。从移动互联网时代开始，移动设备的更新换代速度越来越快，大部分用户都使用过多个移动设备，进而拥有多个设备 ID。同时，企业不同业务、不同数据来源的用户数据可能有不同的账号体系，造成同一用户有多个账号 ID。

　　用户数据的 ID 不同会造成用户数据无法连接，形成数据知识孤岛。因此，企业需要建设用户实体 ID 的融合能力，也就是 ID 拉通能力。图 4-13 展示了用户域知识融合中 ID 拉通的任务目标，即通过建设 OneID，将用户的移动设备号、会员号、社交媒体账号等多个账号的标识打通。ID 拉通一直是企业级数据系统的关键任务及重要挑战。假设企业没有 ID 拉通能力，那么用户的数据、知识图谱等都将被分割在多个业务系统中，企业无法形成对用户全面、精准的认知。

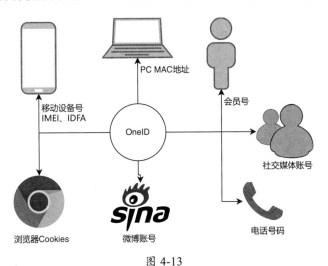

图 4-13

　　在手机、智能手表、电视等智能终端的相关业务中，一个自然人用户会有多个设备 ID 和多个账号 ID。比如在手机行业中，每个月市场新机的出货量可能超过数千万台，而新机用户获取数据与知识的难度较高，需要一定时间的积累。因此在服务初期，手机企业难以了解这些用户的需求，会遇到冷启动的问题。然而，如果业务人员可以运用自然人识别能力，将同一个用户的新旧机 ID 进行连接，就可以将新旧机用户数据合并。又如在企业风险管理、营销业务场景中，需要从用户不同的设备 ID 和账号 ID 中准确识别并关联出唯一的自然人 ID，才能合并历史用户行为数据和画像数据。

　　那么，应该如何建设用户 ID 拉通能力呢？用户 ID 拉通的整体目标是实现多设备、多账号系统的 OneID 打通，通常包括三个子目标：①支持多终端登录的用户识别，比如单台或多台 PC、平板电脑、手机、智能手表；②支持设备更换的场景，比如在用户换新机时，可以正确识别多个账号 ID 与手机的绑定关系；③多种广告 ID 之间的关联，比如 IMEI、IDFA、Wechat-openid 等。

图 4-14 简要介绍了通过社区分割和标签传播等方法，建设用户 ID 拉通技术算法的流程。具体来讲，自然人识别可分为 4 步。

（1）**数据清洗**，即对各个数据源中的用户设备 ID、账号 ID 及其属性与关系数据进行清洗，为图建设做准备。

（2）**图建设**，即通过搜索、匹配，将不同来源的同一用户账号 ID、设备 ID 进行关联，以构成由用户账号 ID、设备 ID 及其属性与关系数据组成的图。

（3）**图推理**，即在图上进行关系推理及关系预测，比如基于设备之间的关系使用图连通算法得到设备连通的分支。

（4）**图传播**，即在图上使用社区传播、社区划分等算法，获得自然人 ID 所覆盖的社区范围。

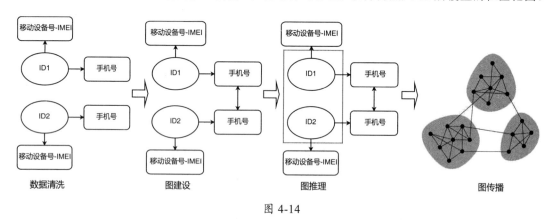

图 4-14

在业务实践中，图推理和图传播需要围绕业务目标进行多轮循环、迭代，才能实现对自然人账号的关联与发现。

4.3.4　物联域的知识融合

在企业物联域，知识融合的典型需求场景包括商品知识图谱与设备知识图谱的融合。与用户域实体 ID 的融合需求类似，企业同样需要建设商品 ID 拉通与设备 ID 拉通的能力。企业关于不同业务需求的商品、设备数据知识，需要通过统一的 ID 才能连接和聚合。那么，具体应该如何实现呢？

在商品知识图谱建设中，商品 ID 拉通可以从物理底层与数据算法方面并行推进。在物理底层方面，企业可以通过在每个商品上都生成商品二维码并拉通多个后台业务系统，建设统一、标准的物品标识 ID，由此满足商品专卖管理、物流跟踪和质量追溯的业务需求。在数据算法方面，开发人员可以参考 4.3.2 节知识融合系统的整体架构，建设商品知识融合流水线，并整合为商品知识融合工厂。

在商品知识融合工厂中，开发人员需要从多个系统中获取商品的属性、关系等数据，并由此开发由数据分桶、数据匹配、数据融合构成的商品知识融合流水线，实现商品知识图谱知识体系层与知识实例层的融合。比如，开发人员可以从商品管理系统中获取商品的类目体系及不同商品的标题、价格、产品特性等属性数据。在知识体系层，需要将订单系统、仓储系统、商品管理系统、第三方系统的知识体系进行商品体系映射、融合。在知识实例层，需要根据商品的标题、价格等属性，以及商品品类体系、商品的关联订单等数据建设规则、统计或者图推理模型，综合判断商品 ID 的关系。

在设备知识图谱的建设过程中，需要建设设备 ID 拉通能力。比如，设备运营商企业需要将设备生产厂家 ID、设备生产运行系统的设备 ID、用户记录操作表的设备 ID 等多个设备 ID 进行拉通，形成设备的 OneID。

图 4-15 详细展示了设备知识融合的流程。设备知识融合包括数据读取、特征值抽取、聚类分析、实体链接与人工确认 5 个步骤。开发人员同样可以基于 4.3.2 节知识融合系统的整体架构，建设设备知识融合工厂，完成设备知识体系层与设备知识实例层的融合工作。

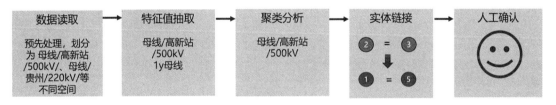

图 4-15

4.3.5　企业域的知识融合

企业域知识图谱的知识融合，同样分为**知识体系层融合**和**知识实例层融合**。在知识体系层，知识融合需要对不同业务系统中的企业知识体系进行融合。在知识实例层，同样需要企业 ID 拉通能力。企业 ID 拉通常用的数据源有企业法人、经营范围、办公地址、所属行业、商品注册信息等，开发人员可以基于上述数据源在知识融合工厂开发数据分桶、数据匹配、数据融合的流水线。

图 4-16 展示了企业域的知识融合方法。开发人员可以对企业注册信息中的中文名、英文名、

总部地点、法定代表人等属性进行实例的相似度匹配与计算。

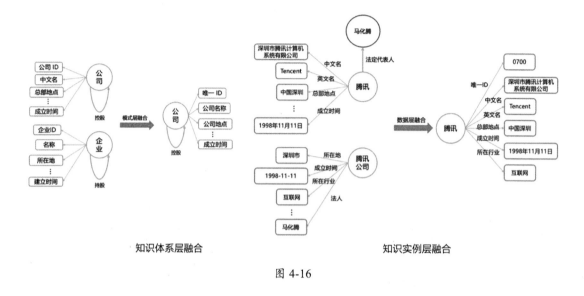

知识体系层融合   知识实例层融合

图 4-16

4.4 知识质量校验

在企业中落地时，知识图谱是面向业务需求的数据工程，必须确保数据的质量和安全，才能持续、稳定、安全地为业务应用提供服务。因此，在知识图谱构建系统中，经过知识抽取与知识融合生成的知识图谱，必须经过知识质量校验，只有符合要求的知识图谱才可以入库企业知识图谱。

知识质量校验在企业落地时，需要建设成为具有可视化能力、人机可交互、用户体验友好的产品。知识质量校验产品需要帮助知识图谱开发人员、业务专家、业务人员对生成的知识图谱进行手动、半自动化及自动化知识校验。从产品功能逻辑的角度，知识质量校验工具和知识图谱的样本标注工具是类似的。因此，企业可以基于样本标注工具，围绕知识质量校验的功能需求进行改造。同时，知识图谱一定是需要以业务需求满足度来决定质量、价值及生命周期的，因此，知识质量校验产品还需要与知识价值评估系统集成，全方位监控业务应用知识的反馈，通过监控获得数据质量的变化情况，以推动知识图谱的迭代。

知识质量校验系统内在的核心是实现质量控制，那么应如何在企业中建设知识图谱的质量控制体系呢？

知识质量校验是保证高质量、高可用知识图谱的必备环节。在业内较为广泛的认知中，知识的质量控制工作主要由质量安全与质量评估组成。图 4-17 展示了知识图谱质量控制体系。

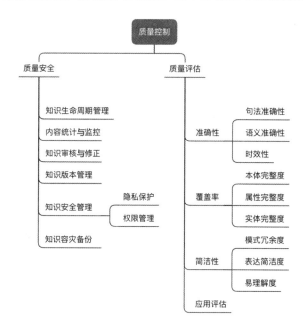

图 4-17

在知识的质量评估方面，需要关注知识的**准确性**、**覆盖率**、**简洁性**及**应用评估**。

- **在准确性方面**，应包括句法准确性、语义准确性和时效性。比如企业的用户状态、设备状态、企业产品状态等实体状态域的知识图谱会因时间的演变发生巨大变化，因此需要关注知识的时效性；又如企业事理知识域的知识图谱通常包含方法、检修策略、流程规范等知识，其时效性、可用性同样受企业业务状态与环境变化的影响。

- **在覆盖率方面**，知识质量评估需要关注本体、属性和实体等的完整度，企业对知识图谱覆盖率的评估通常会根据知识图谱能否有效地对业务需求查询形成覆盖。比如在知识问答场景中，知识图谱的完整度会基于知识问答对业务问题的召回率来计算。

- **在简洁性方面**，需要关注知识的模式冗余度、表达简洁度和易理解度。如前所述，知识图谱是人机认知智能沟通、协作的重要媒介。因此，知识图谱不仅需要让机器可理解与交互，也需要让人可理解与交互。

- **在应用评估方面**，需要根据知识在业务中的应用效果评估知识质量。比如在知识问答场景中，可以通过查询的召回率与准确率对知识的质量进行评估；在用户画像场景中，可以通过对比使用知识前后标签预测模型的准确性变化，对知识的质量进行评估。

在知识的质量安全方面，包括**知识生命周期管理**、**知识版本管理**、**知识审核与修正**和**知识安全管理**等多方面的工作。

- **在知识生命周期管理方面**，如 3.5 节所讲的，需要对知识服务频次、价值等进行有效监控，由此决定知识服务的在线度，实现知识资源的优胜劣汰。

- **在知识版本管理方面**，由于企业产品需求、事理知识、业务实体状态受环境的影响，可能存在不同的版本，因此需要对企业知识进行严格的版本管理。企业需要对不同版本的知识进行容灾备份，以保证知识服务业务的稳定。比如在多产品版本并存的场景中，知识图谱平台需要能够给不同产品版本的业务提供不同知识版本的知识服务。

- **在知识审核与修正方面**，知识，特别是金融、医疗等严格场景中的知识，是需要由人类专家进行审核与修正的。

- **在知识安全管理方面**，以用户知识为例，用户知识涉及隐私保护相关法律，如果没有严格的知识权限管理体系，那么企业将可能面临法律及舆情风险。

第 5 章

知识存储与计算之图数据库

企业根据业务需求规划了业务知识图谱的知识体系，并根据多源、异构的数据来源，经过知识抽取、知识融合等流程获得了业务知识图谱。然而，以营销服务、设备管理为代表的企业业务知识图谱不仅规模大，而且对知识图谱的知识服务的可交互性、性能、稳定性都有较高的要求。那么，企业应该如何存储知识图谱并提供知识服务呢？

在企业中，只有性能高、稳定性强、功能完善的知识存储与计算平台，才能有效支持业务的知识查询、搜索、推荐、问答、数据分析等应用需求。三元组如果以文件的形式直接存储于底层存储媒介中，则显然难以满足业务的应用需求。如果将知识图谱存储于关系数据库中，则在实际业务中也会面临诸多挑战。比如关系数据库有限的数据模型描述能力，通常难以对知识图谱的抽象符号连接、图拓扑结构、高维度特性等进行数据管理。另外，关系数据库在执行图的多跳查询、关联分析等任务时，受限于底层存储架构，查询与分析效率非常低。

那么，能否根据知识图谱的特性，建设知识存储计算平台来满足业务需求呢？知识图谱可以将实体、属性、关系通过该平台进行存储、计算和管理，并为业务提供系统化、高性能的知识服务能力。

基于知识图谱在企业营销、服务、供应链、生产与运维、企业风险管理等场景中的应用场景与需求痛点，知识存储计算平台首先可以集成图数据库，完成知识图谱存储、查询的在线事务处理（On-line Transaction Processing，OLTP）相关工作；然后集成图计算平台，完成知识图谱分析与推理的在线分析与处理（On-Line Analytical Processing，OLAP）相关工作。那么，图数据库是什么？业内有哪些图数据库？如何进行技术选型与产品评估呢？

本章首先围绕图数据库在知识图谱中的需求场景，介绍图数据库的基础知识及知识图谱应用场景的解决方案；然后围绕图数据库的技术发展、数据模型、存储介质、引擎等方面，分享图数据库的相关技术；接着对比和介绍业内开源图数据库产品的功能及技术点；最后介绍图数据库产品的评估标准。

5.1　知识图谱与图数据库

图数据库，是一种应用图理论，可以存储实体的属性信息和实体之间的关系信息。图数据库是知识图谱存储与应用服务的基础，在定义方面，图（Graph）是以节点和边定义的数据结构。从图的类型来讲，图有多种形态，比如空间图、资金流图、管道网络图、电网图、铁路网图等。图也可以是实体（计算机、手机、人、企业）之间的逻辑连接，比如网络消息图、商品-用户购买图、社会学组织网络图、企业组织架构图等。图拥有强大的数据关联及知识表达能力，因此倍受学术界和工业界的推崇。

5.1.1　图数据库的基础知识

图 5-1 展示了图数据库的基本原理。图数据库系统存储的基本流程是将结构化数据通过预先设计好的数据模型在转化引擎中进行数据转化，并将转化后的数据结构存储到底层的存储介质中。图数据库在数据存储的基础之上，还需要建设对图数据的查询、分析等能力。

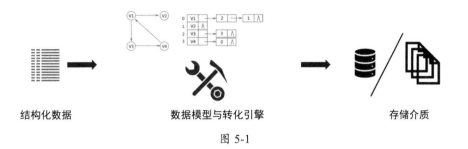

结构化数据　　　　　数据模型与转化引擎　　　　　存储介质

图 5-1

图 5-2 展示了图数据库的整体架构。图数据库需要在 RocksDB、MySQL、NoSQL 等存储介质上，建设 Schema 管理、元数据管理等不同的图引擎，为上层的业务应用提供数据服务接口。在查询语言方面，图数据通常需要支持 Gremlin、Cypher、SPARQL 等语言的查询。

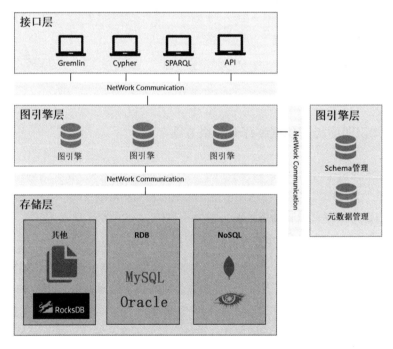

图 5-2

图数据库产品由存储层、图引擎层和接口层组成，图 5-3 进一步展示了图数据库的产品架构。

（1）在存储层，图数据需要完成数据落地的存储介质建设，在实践中可按数据规模、查询性能需求，选用 NoSQL、RDB 及其他存储介质。存储介质的可扩展性、高可用和成熟度是评估的重要指标。

（2）在图引擎层，图数据库需要实现对底层图数据的基本操作逻辑，包括 KV 存储引擎、

Schema 管理引擎、索引存储引擎、元数据管理引擎、批量导入引擎、查询数据缓存引擎、事务管理引擎、操作日志引擎等。

（3）在接口层，图数据库需要建设平台化的数据服务能力，包括建设节点/边查询、全量建图、路径查询、模糊查询等功能的接口。

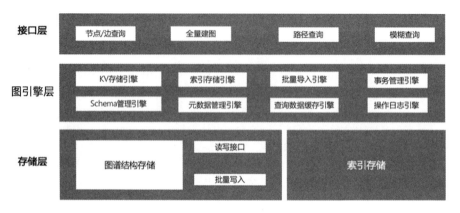

图 5-3

5.1.2 知识图谱与图数据库存储解决方案

回顾知识图谱的定义可知，知识图谱的每个节点都代表一个实体，比如人物、商品、企业等。每个实体都有多个属性来描述这个实体的信息，比如人物的年龄、身高、性别、兴趣等。每条边都代表两个节点之间的逻辑或者物理关系，例如「小红」---「供职」---「腾讯」。这些边也有对应的属性值来描述对应的关系信息，例如入职时间、岗位类别、职级等。

图 5-4 展示了知识图谱的存储方式。知识图谱的存储方式包括**基于图结构的存储**和**基于表结构的存储**。在基于图结构的存储方面，以百科等开放域的知识图谱为例，通常会基于资源描述框架 RDF 去构建存储数据模型。而在基于表结构的存储方面，由节点、属性、关系构建而成的属性图也是企业业务知识图谱的常见存储方式，比如用户的画像标签及好友关系数据。

另外，在企业级应用落地过程中，为了有效满足业务的性能需求，需要实现拓扑关系与属性值的**存储分离**，比如将知识图谱中高频变化的数据维度（如用户的点击行为数据、设备的电力量测数据、股票的实时交易数据）存储在关系数据库及 NoSQL 数据库中。这时，图数据库将主要承担知识图谱的数据拓扑关联管理的工作，比如将用户的关系、设备的物联网关联、企业的投资关系存储在图数据库中。在提供数据服务时，可以通过整合的查询引擎，首先执行关联查询来获取目标实体的数据库表，然后根据数据库表名向关系数据库提交数据读取任务以获得数据，最后对结果进行合并和输出。

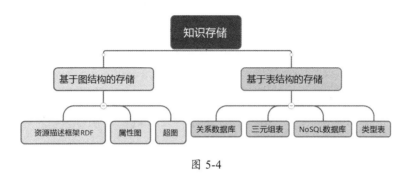

图 5-4

那么，应该如何基于图数据库建设知识图谱的存储与计算服务呢？

图 5-5 展示了基于图数据库的知识图谱存储与计算解决方案。经过知识抽取生成的知识图谱的数据，需要经过全量、增量的数据接入，在以图数据库为核心构成的知识存储模块中完成知识存储。知识存储模块需要实现知识体系（模式）管理、数据管理，并为其他应用提供统一的在线查询接口服务。基于图数据库的知识图谱存储解决方案的核心由**图数据前置库**、**可视化管理工具**、**数据存储模块**和**系统管理模块**构成。

（1）**图数据前置库**：在图数据前置库中会保存经知识抽取后形成的、满足图数据库导入格式要求的结构化数据。图数据库通过接入该关系数据库获取清洗后的数据。

（2）**可视化管理工具**：可视化管理工具指图数据库的可视化管理系统。企业可以通过该可视化管理系统构建、管理和分析生成的知识图谱。可视化管理工具包含知识建模模块、数据接入模块、数据管理模块和可视化分析模块。在知识建模模块中，图数据库会通过知识体系对整个知识图谱的节点、边进行管理。当图数据库对知识图谱的数据进行存储、查询、修改、删除等操作时，都需要基于知识体系来进行。

（3）**数据存储模块**：数据存储模块由在线查询模块、图存储模块、数据载入模块和服务标准接口组成。在企业实践中，通常根据不同的业务场景和数据量，在图存储模块中选取不同的数据存储媒介，实现对知识图谱数据的高效存储。在数据载入模块中，需要开发结构化数据转化工具，实现对知识图谱数据的转化并将其存储于图存储模块中；在服务标准接口中，需要建设对上层提供服务的统一接口，减少图存储模块变更带来的影响。

（4）**系统管理模块**：指整个系统的统一调度模块，包含用户管理、权限管理、任务调度和图谱项目管理等。

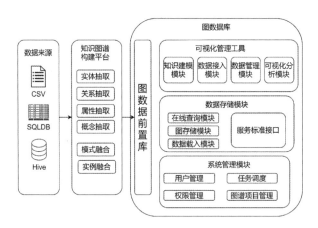

图 5-5

图 5-6 展示了知识图谱的入库流程。多来源数据经过知识抽取形成知识图谱三元组，在入库图数据库时需要经过 Schema 对齐、状态校验等相关工作。知识图谱的三元组通常来源于 CSV、HBase、文件系统等存储媒介。因此，在知识图谱入库任务启动后，需要获取入库目标知识图谱的名称，并进行该知识图谱的 Schema 拉取工作。入库的知识图谱需要在与目标知识图谱进行知识体系映射、知识实例映射等知识融合相关工作后，才能有效使用地图数据库的存储引擎，完成知识存储工作。

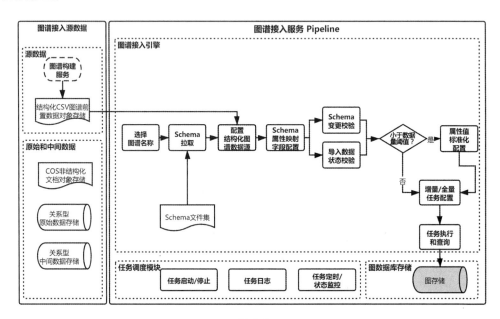

图 5-6

5.1.3　知识图谱应用与图数据库

图 5-7 展示了图数据库与知识图谱在市场营销、犯罪调查、金融监管、教育生态、公共卫生和能源等领域中的应用场景。

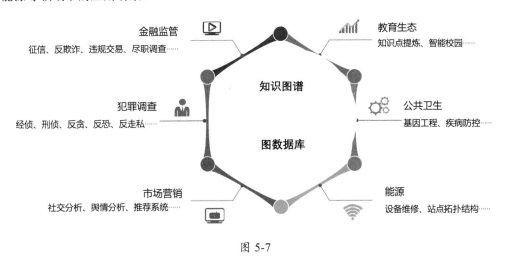

图 5-7

图数据库的使用模式在**金融**、**财税**、**工业**等领域会有显著差异。

- **在金融领域**，在信贷、投资等方面存在由大量实体、复杂关系构成的金融知识图谱。金融机构期望从多维、复杂的个人及企业的交易行为金融知识图谱中，运用图数据库挖掘出有规模、有组织的欺诈网络和洗钱网络，并提供实时反欺诈的查询能力。

- **在财税领域**，税务稽查专家希望在金融交易知识图谱中，结合税务专业知识，从图数据库中挖掘企业交易网络中的非法避税模式或者存在避税交易行为的网络结构。这就需要图数据库有支持大规模知识图谱的模式匹配能力，以及财税自定义网络结构的匹配能力。

- **在工业领域**，以能源电网为例，电力企业希望利用电力缺陷知识图谱实现电力缺陷记录与检索，以提升经验不足的缺陷处理人员的缺陷记录检索效率。又或者利用电力系统设备的各个维度信息组成的设备知识图谱，提升电力设备的生命周期管理效率。

具体来讲，随着电力系统规模的增加，以及可再生能源的广泛接入，跨专业、跨领域的业务拓展与数据应用创新成为电力公司未来的发展方向。电网运行特性日益复杂，对电力系统进行分析与计算、运行控制的难度也随之提升。目前已有电力企业建设的数据中台，主要面向电力全业务领域提供结构化数据的接入、存储、计算、分析与可视化能力，但并不能很好地满足专业信息检索、潮流计算及用户关联关系价值挖掘等数据处理需求。而在电网天然的图网络数据的属性、拓扑关系中蕴含丰富的信息，采用图数据库和图计算等相关技术手段可以很好地解决上述问题。不少电网数据中台主要围绕关系型海量电网数据提供高效分析与计算，尚未建成图数据的存储与计算组件来支撑异构信息的融合、电网拓扑深度处理。因此，特别需要构建电力图数据的存储与计算组件，进一步完善数据中台的存储能力，由此推动企业数据中台跨专业、跨异构数据融合，推进"企业全业务数据一张图"的建设。

因此，知识图谱与图数据库的结合将会帮助企业加速实现数据中台的业务目标。企业数据中台的建设，旨在提升企业全业务统一数据中心的相关组件能力，以需求为导向，持续迭代和完善数据仓库的治理模型；有针对性地开展数据接入和整合实施，并提升数据响应频度，实现人员、组织、用户、供应商等企业主数据的共建共享；构建数据服务能力，促进数据横向跨专业共享、纵向跨层级按需获取。但是在实现财务审计、营销、供应链管理等的应用场景中涉及跨专业多数据关联的知识图谱，采用关系数据库来支撑上层应用并不能提供良好的数据处理性能，甚至无法完成数据处理任务，因此企业数据中台需要图数据。

5.2 图数据库相关技术

图数据库技术是面向海量图拓扑结构的存储和查询技术。5.1.1 节已对图数据库的基础知识进行了介绍。本节首先回顾图数据库的技术发展，然后对比图数据库与关系数据库，最后介绍图数据库的数据模型、存储介质、引擎等相关技术。

5.2.1 图数据库技术的发展史

图数据库技术的发展可以分为 **Graph 1.0**、**Graph 2.0** 和 **Graph 3.0** 三个阶段。

（1）**Graph 1.0**：小规模原生图存储（2007～2010 年）。以 Neo4j 为代表，采用原生（Native）方式实现图存储，获得比关系数据库快得多的复杂关联数据查询性能。然而，当时在软件架构设计上只支持单机部署，性能受制于单机配置，业务扩展能力有限。

（2）**Graph 2.0**：分布式大规模图存储（2010～2016 年）。扩展性成为业界的痛点，诞生了OrientDB、Titan 这样的项目。在这一阶段，支持分布式大规模图存储是人们关注的重点，图存储是否以原生的方式实现，不再是首要问题（OrientDB 选择了支持原生图，JanusGraph 则在底层数据库之上封装了解释引擎，实现了图的语义）。

（3）**Graph 3.0**：大规模"存储+运算"一体化（2016 年至今）。随着人工智能的飞速发展，对运算的需求变得越来越多，图数据库不再仅仅满足于图存储，分布式大规模"存储+运算"一体化成为趋势。在这一阶段诞生了许多集原生、分布式、存储+运算于一体的优质图数据库项目。

5.2.2　图数据库与传统数据库

图数据库指采用图结构存储的 NoSQL 数据库。当前在通信、互联网、电子商务、社交网络和物联网等领域积累了大量的图数据，其规模巨大并且仍在不断增长。比如 Facebook 公司的社交网络规模在 2011 年已超过 8 亿个顶点；而腾讯 QQ、微信的社交网络规模已超过 10 亿个顶点。在电信行业，某市仅一个月内由电话呼叫方和被呼叫方组成的图就超过数千万个顶点、过亿条边；ClueWeb 数据包含海量的网页，2012 年公布的数据集已达到 10 亿个顶点、425 亿条边，仅存储边的列表文件就超过 400GB。

传统的关系数据库在处理这些关联数据时，大量的连接操作造成性能呈指数级下降；而 NoSQL 数据库（图数据库以外）采用的数据结构和分布式架构，更适合离散、关联关系弱的数据存储管理。图数据库中丰富的关系表示、完整的事务支持，提供了高效的关联查询和完备的实体信息。因此，有人认为图数据库是一项具有变革意义的技术，不仅是因为它提供了功能强大且新颖的数据技术，更是因为它带来了直接的商业利益，让人们有充分的动机去替换已有的数据平台。

在海量数据的关联分析中，传统的关系数据库需要做大量的连接操作，造成性能呈指数级下降；而在分布式的 NoSQL 数据库中，无论是 KV 存储、文档存储还是数据的离散存储，都给数据之间的关联查询带来了阻碍。2007 年，第一款图数据库 Neo4j 的诞生，给关联查询带来了情理之中却又意料之外的性能优势。从 2010 年至今，图数据库产品顺应时代的发展，孵化了新一代的分布式图数据库，并且在存储和计算能力上不断发展。

对于数据分析员而言，简单而又高效地描述客观事物之间的联系，能够帮助数据分析员快速挖掘数据中的信息。在传统的关系数据库中，想要进行关联查询，往往需要很多关系表和实体表进行多次连接（Join）。比如当关系数据库中存储的表格有大学表、人物表、公司表、人物-任职-公司表、人物-毕业-大学表、公司-合作-大学表、人物-朋友-人物表时，如果需要查询"哪个大学毕业的学生就职于腾讯的最多"，开发人员应如何基于关系数据库进行计算呢？

这时，开发人员首先需要关联公司表、人物-任职-公司表、人物-毕业-大学表等表，然后通过多表连接以获得关联关系：「大学」---「毕业于」---「人」---「就职于」---「公司」，还需要对结果表进行 Group、Count、Sort 等操作，才能获得最终结果。这只是众多数据分析过程中的简单案例，但如果用关系数据库进行查询计算，则不仅逻辑复杂而且效率低下；如果使用图数据库，开发人员就可以轻易地对这些关联关系进行描述和查询。在处理关联关系的运算上，图数据库的查询效率要远高于关系数据库。

与关系数据库不同,图数据库可以采用由节点和边组成的图数据结构对设备物联网的状态进行建模。设备物联网的节点和边的非结构化属性被存储在图数据库节点和边的属性值中。节点和边在图中的连接关系直接定义了数据间的关系。在大规模设备物联网系统的并行计算方面,图数据库管理系统更符合企业系统计算对复杂数据建模、查询、排序和遍历的要求,可进一步提升企业系统中海量信息的分析与计算效率。

5.2.3 图数据库的数据模型

图数据库的数据模型指知识图谱数据的组织方式、存储方式及切割方式。知识图谱数据大多采用属性图的方式组织数据,而存储方式常见的有邻接列表和邻接矩阵。图 5-8 展示了图数据库的存储方式。

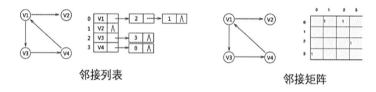

邻接列表　　　　　　　　　　邻接矩阵

图 5-8

知识图谱存储的数据模型有两大类,一类是 RDF,一类是属性图(Property Graph)。RDF和属性图都是知识(数据)的表示模型。RDF 是一个三元组模型,其描述的知识形态为(主,谓,宾);属性图是由顶点(Vertex)、边(Edge)和属性(Property)组成的有向图,顶点可以包含属性;边也可以包含属性。图 5-9 展示了属性图的示例。

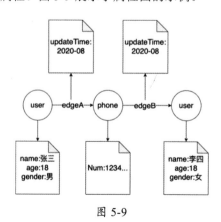

图 5-9

知识图谱在图数据库中的数据模型需要融合属性图、三元组的思想，依据不同的数据类型选择对应的存储。比如知识图谱的数据模型可以根据三元组数据模型的思想进行扩展，对不同类型的元组进行划分，根据谓词类型、宾语类型的不同进行分表存储，通过二次索引的方式实现图查询场景中的高速表字段查询和数据内容查询。

在图数据库中，知识图谱数据的常见切割方式有按节点切割和按边切割两种。按节点切割指根据点进行切割，每个边只被存储一次，只要是节点对应的边，便会多一份该节点的存储。按边切割指根据边进行切割，以节点为中心，每个边都会被存储两次，源节点的邻接列表被存储一次，目标节点的邻接列表被存储一次。

5.2.4 图数据库的存储介质

图数据库的存储介质指对所设计的数据模型的承载方式。存储介质从总体来看有两大类：NoSQL 数据库或者文件。

图数据库的后端存储要根据系统需要和产品需要进行选型。图 5-10 为图数据库的存储介质示例。以 JanusGraph 为例，开发人员通常会选用 HBase、Cassandra 作为后端存储介质。根据业务场景的需要，开发人员可以切换后端的存储媒介，比如当将 RocksDB 作为存储介质时，有提升索引建立速度及查询效果的优势，因此可以基于 JanusGraph 框架保留查询、转写等模块，直接使用 RocksDB 来提升图数据库的存储、入库和查询速度。

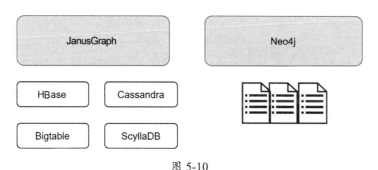

图 5-10

Neo4j 的数据存储原理是通过一定的数据模型，将图谱结构的数据转化为对应的文件并存储到磁盘中。在 Neo4j 中存储数据之后，会生成存储节点数据及其序列 ID、存储节点标签（label）及其序列 ID、存储关系数据及其序列 ID、存储关系组数据及其序列 ID、存储关系类型及其序列 ID，以及与其他标签和属性相关的文件。当 Neo4j 作为后端存储时，数据模型是典型的属性图模型，该模型需要将图谱数据转为大量的 KV 结构。

5.2.5 图数据库的引擎

图数据库需要建设多个引擎来满足业务的需求，导入引擎和查询引擎是图数据库的关键引擎。

在导入引擎中，需要根据结构化数据生成图谱 ID，并在完成节点序列化、属性序列化、关系序列化等操作之后，将转换生成的数据存储到存储介质中。图 5-11 展示了图数据库导入引擎的流程架构。

图 5-11

在查询引擎中，图数据库需要实现请求序列化和查询结果反序列化的功能。如图 5-12 所示，查询请求模块会将查询语句经过语句解析处理后输入查询引擎。查询引擎在将查询语句序列化后，才能与存储介质进行有效交互，需要基于数据模型，实现 ID 查询、节点反序列化、属性反序列化、关系反序列化等能力，并与存储介质交互。在结果输出阶段，查询引擎还需要将查询结果反序列化，再将其输出至查询请求模块。

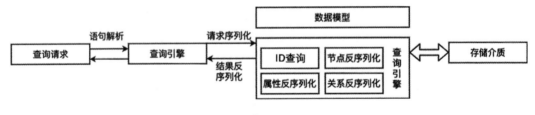

图 5-12

5.3 开源图数据库产品介绍

据 DB-Engine 数据库流行趋势显示，图数据库的热度已经越来越高，其中，较为出名的 Neo4j、JanusGraph 近年来发展迅速。表 5-1 从图数据库的开源特性、分布式能力、存储方式、索引机制等角度对业内典型的图数据库进行了整体对比。

表 5-1

数据库	Neo4j	TigerGraph	GalaxyBase	JanusGraph
开源特性	社区版开源	未开源，开发人员可免费使用，非商用	未开源	开源
分布式能力	伪分布式	分布式	分布式	分布式扩展良好
存储方式	固定大小的文件存储（无分片）	-	原生图存储（不依赖于后端）	各类存储后端 HBase、Cassandra
索引机制	Index-Free Adjacency	暂不支持属性索引	Index-Free Adjacency	索引后端
导入数据工具	load-csv 和 neo4j-import	数据加载作业	有	无
查询语言	Cypher	GSQL	Cypher/Gremlin	Gremlin
事务性	ACID	ACID	-	与后端有关

值得关注的是，以 JanusGraph 为代表的图数据库主要架构在如 Casssandra、HBase 等传统 NoSQL 大数据存储计算套件上。而据公开资料显示，Neo4j 会从底层以原生图存储的模式进行构建。目前业内较为统一的图数据库查询语言是 Gremlin。因此在知识图谱的应用过程中，知识问答、搜索、推荐等上层应用需要基于 Gremlin 开发图谱的数据获取接口。

Neo4j 是一款基于 Java 实现的具有健壮性、可伸缩性的高性能开源图数据库，其自 2003 年开始研发，直到 2007 年正式发布第一版。Neo4j 现已被各行业数十万家公司和组织采用，使用案例涵盖网络管理、软件分析、科学研究、路由分析、组织和项目管理、决策制定、社交网络等诸多方面。

Neo4j 作为市面上知名的图数据库，功能非常丰富。在图算法支持方面，Neo4j 提供了 GDS 算法库，包括社区发现算法、路径查找算法、链接预测算法等各种算法。针对可视化的需求，Neo4j 提供了一个查询与展示一体化的 Web 操作界面。Neo4j 的可视化界面使用 D3.js 做数据可视化，可良好地展示数据模型的节点和关系。在可扩展性方面，Neo4j 不仅提供了可被任意编程语言访问的 REST-API，还提供了可以被任意 UI MVC 框架访问的 Java 脚本，并且支持通过 Cypher API 和 Native Java API 开发 Java 应用程序。Neo4j 还提供了声明式图数据库查询语言 Cypher，具有表现力丰富、查询效率高、学习门槛低、易用性等特点。不过 Neo4j 也有一些缺点，比如 Neo4j 的社区版本不包含权限控制，安全性不够高；社区版也不支持集群部署，在存储海量数据的能力及数据导入效率上不尽人意。

Neo4j 在数据存储和事务处理方面支持原生图存储和处理，支持 ACID 事务处理，不使用 Schema。但在企业数据管理场景下，如果不使用 Schema，数据管理人员就难以在整体上把控数据。Neo4j 不支持数据的分布式存储，在同一套环境下不支持多图管理，并且在大规模（亿级以上实体）数据场景下性能衰减严重。Neo4j 的数据存储原理是通过一定的数据模型，将图谱结构的数据转化为对应的文件并存储到磁盘中。

JanusGraph 是一个开源的分布式图数据库。图 5-13 展示了 JanusGraph 的系统架构。JanusGraph 具有很好的扩展性，在设计之初便已考虑支持处理非常庞大的图数据，因此可以通过多机集群来支持存储并查询有数百亿顶点和边的图数据。

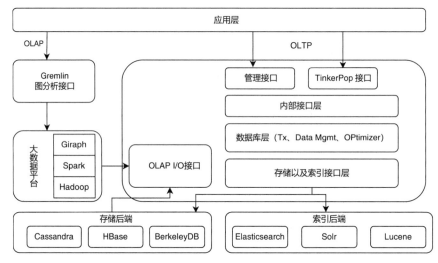

图 5-13

JanusGraph 是一个事务数据库，支持大量用户高并发地执行复杂的实时遍历。实时遍历和分析查询是 JanusGraph 的基本优势之一。JanusGraph 的其他优势还有可扩展性强、代码开源、支持不同索引后端及各种大数据分析工具的集成等，并且易用性强，使用声明式图数据库查询语言 Gremlin，学习门槛相对较低，支持如 PageRank 等图算法。但是，JanusGraph 没有内置可视化能力，也没有细粒度角色权限控制，其权限控制依赖于后端数据库的选型，并且只提供了批量导入数据的功能，不仅导入性能较差，实时查询等性能也较差。

JanusGraph 作为开源的图数据库引擎，其主要作用是对图数据进行压缩和序列化，支持图数据的建模和数据查询。此外，JanusGraph 可以利用 Hadoop 进行图分析、批处理及其他 OLAP 操作。JanusGraph 采用模块化的设计，为数据持久化、数据索引和用户端访问提供了多种模块化接口，这种模块化架构使其能够适配多种存储后端、索引后端，具备较好的升级、更新能力。JanusGraph 目前支持的存储后端有 HBase、Cassandra 和 BerkeleyDB 等，索引后端支持 Elasticsearch、Solr 和 Lucene 等，存储后端存储图结构数据，索引后端支持更复杂的查询语句。除已经提供的存储和索引适配器外，JanusGraph 还支持第三方适配器，即可以结合自有的存储和索引后端开发对应的适配器。

5.4 图数据库评估标准

如前所述，图数据库是知识图谱落地企业业务的基石。当图数据库落地企业级业务时，不仅需要对图数据库的产品功能、存储机制、查询性能进行评估，还需要对其开放性、安全性、可用性等进行评估。

在图数据库的基本功能方面，需要检查产品是否具有批量导入能力，以及是否具有对图进行增加、删除、修改、查询等的能力。在批量导入能力方面，需要检查能否在有限时间内导入拥有百万级、亿级、千亿级实体节点的知识图谱；在查询方面，需要检查是否提供了最短路径、K 层扩展、点查询、边查询等查询能力。

在图数据库存储机制方面，需要检查产品是否按照数据切片进行分布式存储。图数据库需要将知识图谱等图数据进行分片存储，一张图不能只被存储在一个机器节点上。在双备份的基础上，图数据存储还需要实现分片机制。

在图数据库的查询性能方面，首先需要评估通过节点的外部 ID 获取节点实体属性、关系、内部 ID 等信息的单次查询时间，然后需要评估图查询每秒遍历的节点数量，最后需要评估多种查询算子的性能。比如在评估 K 层扩展查询时，可以观察 3 度扩展的平均响应时间是否小于 1 秒；又如在评估最短路径查询时，可以观察 3 度扩展的平均响应时间是否小于 5 秒。

在图数据库系统开放性方面，首先可以评估图数据库是否支持 Gremlin 或者 Cypher 进行查询。另外，需要评估图数据库是否具有二次开发能力。比如，业务专家能否通过图数据库提供的二次开发框架及接口，通过 C++、Python、Java 等语言编写图算法、图查询接口，并可以通过编译将其嵌入系统中。

在图数据库的安全性方面，需要评估产品的权限管理能力。比如针对不同级别、不同职能的业务人员，能否根据管理层制定的数据权限范围对其进行图权限赋予或者隔离。在资源方面，不同的业务人员只能使用被赋予权限的资源进行图数据库存储与计算操作，即需要实现多租户资源隔离。

在图数据库的可用性方面，图数据库需要提供可视化查询工具。同时，图数据库产品需要支持软件系统升级，并且在升级过程中不涉及数据搬迁相关的工作。

第 6 章

知识存储计算之图计算

图数据库可以对高维、复杂的知识图谱数据进行存储及简单规则计算，并支持业务场景中的高性能查询服务。然而，在用户社交网络与商品网络、设备物联网与生产商网络、企业投资与组织网络的认知决策场景中，不仅需要知识图谱的存储、计算与查询能力，还需要图计算的分析与挖掘能力。

那么，知识图谱与图计算之间的关联是什么？图计算可以为知识图谱提供哪些基础算法？如何更自动、深度地构建图特征并实现端到端的图挖掘能力？又该如何建设与评估图计算框架？

围绕上述问题，本章首先讨论知识图谱与图计算之间的理论关联，并介绍营销服务、设备管理场景中对图计算的需求。关于图网络计算、挖掘、分析的基础理论与算法，我们将在 6.2 节进行介绍。图计算基础算法通常围绕复杂图网络的节点、边、图拓扑结构特性进行节点数值计算、状态预估与结构分析，典型的任务包括图节点分析、图结构分析和图网络演变分析等。

然而，知识图谱作为图链接符号网络，其融合语义抽象符号和图拓扑结构知识形态对于传统的图计算算法是巨大的挑战。在知识图谱上进行人工特征构建、人工规则设计，不仅耗时耗力，而且通常难以取得较好的效果。即便是领域专家，也难以在动态演变、关联复杂、逻辑抽象程度高的知识图谱网络中，通过人工的方式构建有效的特征或者规则。因此，如果需要基于知识图谱实现具有认知智能的推理与分析能力，则需要更自动的端到端的算法能力。深度学习技术目前在图像、语音、文本等任务场景中，无论是用于自动特征构建还是深度推理，都取得了不错的效果。近年来已涌现出多种图神经网络算法，可以对图网络进行自动、深度、端到端的知识表示和推理。图神经网络已在社交网络营销推荐、药物分子研发、企业风险管理等场景中取得很好的业务效果。因此，6.3 节将介绍图深度学习的基本原理与相关算法。

另外，由业务知识图谱形成的图网络不仅维度高，实体数量也相当大，这对图计算平台的性能和功能都带来了巨大的挑战。在营销、设备管理、企业风险管理等应用场景中，计算、分析涉及的用户图网络、物联图网络、企业图网络会高达百万级节点至数十亿级节点。因此，高性能、多功能的图计算平台是知识图谱与认知智能应用落地的重要基础，6.4 节将围绕图计算平台的相关难点，介绍业内开源的图计算框架及框架评估标准。

6.1　知识图谱与图计算

图，是以节点和边定义的数据结构，从图的类型来看，图有多种形态，比如空间图、资金流图，以及管道系统、电力系统、铁路系统等物理图。图网络也可以是实体（比如计算机、手机、人、企业）之间的逻辑连接，比如网络消息图、商品购买-用户图、社会学组织网络图、企业组织架构图。图 6-1 展示了社交网络、互联网、生物网络等图网络形态。

那么，知识图谱和图网络之间是什么关系呢？图 6-2 展示了知识语义网与图网络之间的技术关联。知识语义网主要基于本体论，定义了实体、关系、概念、属性和规则等知识图谱的组成元素，而图网络主要从数据网络的角度，定义了点、边、链接、路径和图结构等元素。

当处理企业业务问题时，知识图谱既需要知识语义网技术中知识获取、知识表示、知识嵌入、知识推理和逻辑学等抽象符号计算能力，也需要图网络技术中基于图论的图挖掘、图数据库、图嵌入、图神经网络能力。在企业级实践中，图挖掘、图嵌入、图神经网络等能力通常由图计算平台提供。

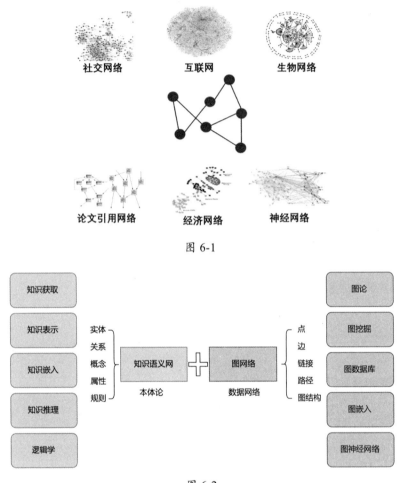

图 6-1

图 6-2

图计算的需求场景与图数据库的需求场景相似。互联网与物联网将人与人、人与商品、人与设备、人与企业连接在一起，而连接产生的消息流、购买流等网络拓扑结构存在深度待挖掘的信息。图数据库聚焦于对知识图谱已有数据的查询与局部分析。而在用户画像、智能推荐、金融风控等场景的知识推理过程中，需要在知识图谱上运用统计机器学习、图计算、图深度学习等方法完成实体属性预测补全、实体关系预测、社区发现、社群演变预测等图深度复杂分析与挖掘任务。在这些场景中，图数据库的计算、分析功能难以满足业务的需求，特别需要深度的图计算分析能力。

  具体来讲，在较为广泛的认知中，运行在图数据结构中的计算都可被称为图计算。在企业业务中，对数据的高性能插入、存储、检索和查询通常被称为图的 OLTP。比如针对每个访问的用户，都返回用户近期互动的好友关系链、交互的相关产品，这里的 OLTP 能力通常由图数据库完成。而图计算需要完成挖掘、分析、预测的 OLAP 部分。OLTP 为操作数据而设计，OLAP 为分析数据而设计。

  在企业级生产应用中，知识图谱通常被存储于图数据库及大数据仓库中，当需要进行诸如用户画像、智能推荐、社群发现等图分析和挖掘时，就需要在图数据库中运用子图匹配、子图筛选等图数据查询能力获取图数据，再把图数据输入图计算平台的知识推理模型中进行深度挖掘、分析与预测。在图计算平台得到的知识推理结果，可以被写入图数据库中以便进一步支持线上应用。

  在企业的具体业务需求方面，以营销服务场景为例，开发人员可以基于图计算平台开发算法，从群体到个体挖掘用户的真实信息，并根据用户的语义与图拓扑信息进行商品推荐。同样，在安全风控领域，开发人员可以基于图计算平台开发算法识别用户信息流、资金流等图拓扑风险结构、风险社群，以此提高反欺诈与风险控制能力。

  而在企业设备的生产、运维、管理场景中，随着工业互联网、大规模分布式发电储能、电动汽车等物联网的大规模发展，以电网为代表的企业需要解决如何全面认知海量设备的物联网运行状态的问题。比如电网企业需要对用户的用电情况等进行实时监测和分析，实现对电网和用户状态的实时感知与精准认知，构建智能配电策略，以实现电网各环节的终端按需接入。

  电网企业的智能化需要构建"电网一张图"，覆盖发、输、变、配、用全场景，并在图上集成电网各类型设备的拓扑关联模型。知识图谱可以将电网历史和当前量测数据连接起来，建设"电网一张图"的时空数据平台。由此，企业业务人员可以实现对设备内外部数据的即时获取。电网企业可以通过图计算提升电网设备物联网运行安全管理、设备资产管理、电力用户服务等业务的效果，建设具有认知智能的能源综合服务能力。

  图 6-3 展示了电网的图计算需求场景。在"电网一张图"上，可以通过图数据库和图计算引擎实现配网图规划，包括在规划态、建设态、运行态之间进行的电网状态转换，图计算平台还可以支持电网最优投资策略的制定。在配电网计算、电网设备断面检索、电网辅助决策等业务场景中，开发人员需要构建将电力专业知识与图计算底层框架融合的电力图计算函数，为电网设备的认知、决策提供计算能力。图计算平台是进一步提高电力系统智能化水平，实现面向电网设备分析与决策的认知能力的基础。

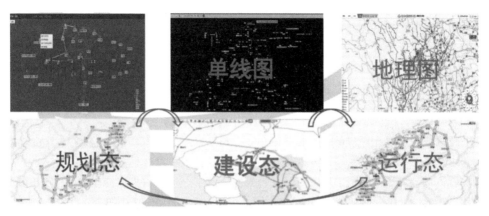

图 6-3

6.2 图计算基础

图计算理论，是关于图网络结构的计算、推理与研究的理论。图网络结构研究是从结构的角度研究网络的特性，从而挖掘更有价值与指导意义的信息。图像、文本、声音等数据有清晰的结构，而图网络数据有多样、多变的结构。比如，图可以是同构或者异构的，图的边可能带权重，也可能不带权重，而图的节点可能如知识图谱一样带抽象符号，也可能不带抽象符号。

同时，图任务目标也有多种，例如节点问题（节点分类和链接预测）、边问题（边预测）和图拓扑结构问题（图分类和图生成）等，因此需要围绕图的任务目标，基于图网络结构采用合适的模型架构来解决问题。

因此，本节首先回顾图网络的基础定义与理论，然后介绍节点分析、关系链分析、全图分析、子图匹配、社区发现等相关算法的基本原理。

6.2.1 图网络的基础定义与理论

图网络，可以分为**同构图**和**异构图**。同构图又被称为简单图（Simple Graph），因为它的边类型少，通常只有一到两种，常见的有好友关系链、网络图、资金流支付网络等。异构图又被称为多关系图（Multi-relational Graph），其边的关系类型通常较多，比如知识图谱就是常见的异构图，其他如企业投资关系网络、基因蛋白质药物网络等也是异构图。在企业用户画像、搜索推荐、企业风险管理等业务实践中，开发人员通常需要根据业务需求，使用属性（比如年龄、地域、公司规模）子图匹配和子图筛选等方法，先将复杂的异构图转化为同构图再进行处理。

业界大致将图网络结构分为**图网络建模**、**图网络特征**、**图网络表示**和**图网络演变**等几个方面，如下所述。

- **图网络建模**：指对网络结构的生成过程进行建模，常见的方法有 ER-Mode、WS-Model 和 BA-Model 等。经过图网络建模的复杂网络，典型的有规则网络、随机网络、小世界网络和无标度网络等。

- **图网络特征**：指基于统计的方法研究图网络的基本特性，比如节点的重要度、出度及入度等。

- **图网络表示**：指研究如何将复杂网络的拓扑结构用低维空间中的矢量表示，比如 node2vec 和 metapath2vec。

- **图网络演变**：指基于图网络研究网络的传播动力，比如研究复杂网络随时间的演变从而状态发生变化的行为。

比如在营销、金融等场景中，开发人员可以将用户、商品、场景等实体状态聚合为实体状态域的知识图谱，并围绕用户画像、推荐等业务目标，运用图的结构识别、图特征挖掘、图网络表示等方法，为下游的画像、推荐业务提供特征，或者联合开发端到端的知识推理能力。

另外，**图网络分解**在业务落地中也非常常见，图 6-4 展示了图网络分解出的结构特征示例。图网络分解指利用自定义逻辑分解原始的复杂网络，比如对原始的复杂网络进行傅里叶谱分解。按信息分解的粒度，傅里叶谱分解可分为全局网络分解和局部网络分解。

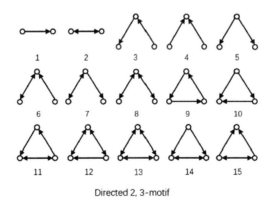

Directed 2, 3-motif

图 6-4

图网络分解与挖掘在金融、营销场景中有重要的意义，比如在资金流网络的支付、转账、纳税场景中，需要识别资金流网络中有风险、常出现的图网络结构。在复杂网络中反复出现且有意义的互联模式通常被定义为 Motif，如果这些互联模式在资金流网络中高频地出现，则可以反映网络的局域拓扑特征。如图 6-4 所示，根据网络结构可以穷举出 15 种由 2～3 个节点组成的互联模式，这些小结构是支付网络的基本组成部分，每个 Motif 都有容易理解的物理意义，可以提供清晰的解释性。

图 6-5 进一步展示了金融场景中的 Motif。黑色节点表示图分析任务的目标节点，白色节点表示目标节点的 1、2 阶邻居。对于某个目标节点，某种 Motif 出现的频率越高，说明某种资金流动模式和行为特征越强烈。在支付网络中，不同种类的用户会有不同的 Motif 行为特征。

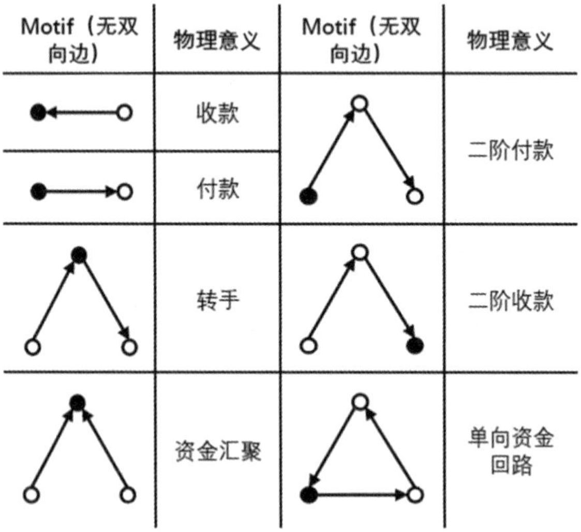

Motif（无双向边）	物理意义	Motif（无双向边）	物理意义
	收款		二阶付款
	付款		
	转手		二阶收款
	资金汇聚		单向资金回路

图 6-5

图网络的分析和挖掘经过多年的发展，在学术界与工业界已积累大量的节点、关系链、全图、子图、社区等计算与分析算法。那么，图网络的基础算法具体有哪些呢？

6.2.2 节点分析类算法

节点分析类算法，主要用于对节点进行分析，并从不同的角度计算节点的重要度等信息。典型的节点分析算法有 **PageRank**（佩奇排名）、**Closeness**（紧密中心度）、**K-core** 和 **Betweenness**（介数中心度）等，开发人员需要根据不同的业务需求场景进行选择。

（1）**PageRank** 算法，用于衡量节点的重要程度。该算法的初衷是衡量万维网上互相链接的网页的重要程度，其基本原理是，根据指向该页面的超链接的数量和质量，粗略地评估该页面的重要性，因为重要的页面往往会被更多的网页引用。该算法的实质是将万维网中的网页和链接抽象为一张巨大的有向图，将图的边作为马尔可夫过程的转移矩阵概率因子，求解其稳态分布的过程。完整版的算法引入了随机浏览者和最小度的概念，具体可以参考维基百科上的介绍。通过该算法，开发人员可以方便地找出图网络中的关键节点。其计算流程需要不断迭代每个节点上的概率值，并不断逼近设计的稳态分布，因而算法迭代的轮数往往影响最终的效果。收敛阈值可以控制迭代停止的时间。值得关注的是，无向图的边在算法中被视为双向边对待。

（2）**Closeness 算法**，用于衡量图网络中一个节点到达其他节点的相对时长。Closeness 算法通过累计节点到其他可达节点的最短距离的倒数并归一化，求取紧密中心度，节点的紧密中心度越大，其在所在图中的位置越靠近中心。Closeness 算法通常仅对最大连通子图中的节点进行计算。

（3）**K-core 算法**，用于计算无向图顶点的核心度，即要求每个顶点至少与该图中的其他 k 个顶点关联。K-core 算法通常用于反映一个顶点位于整个图的边缘还是核心，具体计算方法非常简单：首先，计算图中各顶点的度数，再减去度数小于 k（$k=1,2,3$）的节点，得到子图 1，此时仍然保留在子图 1 中的顶点的核心度应至少为 k；然后，调大 k 值，重复"计算节点度数并减去度数小于 k 的节点"这一过程，最终获得最大的 k 值，该值即各个顶点的 K-core。

（4）**Betweenness 算法**，用于衡量节点的中心度，其计算是基于节点之间的最短路径进行的。对于一个全连通的图，在任意两个节点之间都存在一条最短路径，通过统计这些最短路径通过该节点的次数，即可得到节点的中心度。该算法仅对最大连通子图中的节点进行计算。树深度和宽度指以某个节点为树的根节点构成树状图，统计其高度和宽度特征。

- **高度**：指从根节点往下数至叶子节点经过的最大路径长度。
- **宽度**：指具有最多节点数的层中包含的节点数。

6.2.3　关系链分析类算法

关系链分析类算法，主要用于对关系链进行分析，比如从共同邻居、共同类两个角度进行分析。共同邻居分析与共同类分析，需要基于图中两个节点的共同邻居数或共同类数，对节点间的关系链进行分析。

- **共同邻居分析**：指需要在图中找到两个节点共享的邻居节点，并根据邻居节点的特性对节点关系进行预测。比如，两个用户都加了相同的车友群，他们的关系可能就是车友。

- 共同类分析：指每个节点都有相应的节点属性信息，例如节点特征等，并且根据需求输出相同的列表或数量。

6.2.4 全图分析类算法

全图分析类算法，主要用于对全图进行分析。比如 HyperAnf 就是典型的全图分析类算法，它会对图网络进行全图疏密分析。HyperAnf 是计算网络中任意两点之间的平均距离的近似算法，通常用于衡量网络中任意两点之间需要通过几个中间点才能建立联系。比如对六度分离理论"你和任何一个陌生人之间所间隔的人不会超过五个，也就是说，最多通过五个人，你就能够认识任何一个陌生人"，就可以通过全图分析类算法实现。

6.2.5 子图匹配算法

子图匹配算法，指给定图 $G(V,E)$ 和查询 $Q(V',E')$，在图 G 中找到所有在结构上满足查询 Q 的子图，已被应用于社交推荐、隐私保护、信息安全等产品中。不同的查询 Q 描述了不同的子图模式，而子图模式可以被映射到社交网络背后的某种关系中。例如，找三角形（Triangle-Counting）的常用算法可用于描述共同好友这样一种模式。社交网络中的一个三角形 A-B-C 标识了 A、B、C 互为好友。共同好友数可用于描述两个用户的亲密度。交易网络中的星型结构可用于描述某种特殊的交易行为。

连通图算法，连通图（Connected Component）是图论中的一个概念，指图网络中的一个子图，其中的任意两个点都可以通过网络中的边到达彼此，而没有边可以使得子图中的点到达子图外的点，这样的子图便成为网络中的一个连通子图。该算法的目的是找到网络中连通的子图，这意味着这部分节点之间的关系相对密切。

6.2.6 社区发现算法

社区发现算法主要是对子图进行分析，利用不同的方式进行子图的挖掘及网络的分圈，主要应用于社交广告投放、社交推荐、安全反欺诈等场景中。

（1）Fast-Unfolding 算法，是基于模块度的图网络分圈算法。模块度是度量社区划分优劣的重要标准，划分后的网络模块度值越大，说明社区划分的效果越好。Fast-Unfolding 算法便是基于模块度对社区进行划分的算法，它也是一种迭代算法，主要目标是不断划分社区，使得划分后整个网络的模块度不断增大。

（2）**LPA（Label Propagation Algorithm）算法**，其思想是每个节点的标签都应该和其大多数邻居的标签相同，将一个节点的邻居节点的标签中数量最多的标签作为该节点自身的标签，给每个节点都添加标签（label），以代表它所属的社区，并通过标签的"传播"让同一个"社区"内部都拥有同一个"标签"。

（3）**HANP（Hop Attenuation & Node Preference）算法**，是基于标签传播的节点聚类算法。与传统的标签传播算法不同，HANP 会通过边权重对邻接节点的标签进行加权，并在加权求和后将邻接节点权重最大的标签作为当前节点的标签。邻接节点在权重最大的标签上的权重，也将作为该节点的权重，在下一次迭代中决定其邻接节点的标签。

开发人员在实际业务中，需要根据业务特性对社区发现算法进行调整。比如在资金网络中，由于资金网络的稀疏性、时变性和非社交性，传统的社区发现算法对资金网络有很大的局限性。基于这三个特性，需要有针对性地设计符合资金网络特性的社区发现算法，比如结合知识向量表示和标签传播模块并引入注意力机制，克服稀疏性和非社交性问题。

6.3 图深度学习

图，作为一种强有力的数据建模方法，可以帮助知识图谱对实体多样的属性值、实体间复杂的逻辑关系、实体的网络图拓扑结构进行知识建模、数据关联及知识表示。6.2 节已对节点、关系、全图、子图等图基础计算与分析算法进行了介绍，这些算法通常可用于对知识图谱的图拓扑结构进行挖掘、分析。当知识图谱的关系类型较少，符号逻辑较为简单而关系数量较多时，运用算法进行节点分析、图网络分解、人工特征构建来满足业务需求是可行的。

然而，企业营销服务、设备管理、企业经营管理等业务知识图谱，不仅包含高维且复杂的符号逻辑表示、海量的数据关联，还具有极强的业务特性。因此，在企业基于知识图谱开发用户画像、智能推荐、智能搜索、商业分析等知识推理模型时，即使是资深的业务专家、算法工程师，也难以设计出能够有效表示知识图谱信息的图特征。

同时，基于知识图谱构建知识推理规则也相当具有挑战性。业务专家擅长基于业务经验编写规则模型，但这些模型不仅迁移性差，开发成本也高昂，更难以充分发挥知识图谱的信息聚合优势。因此对知识图谱进行深度推理和分析，需要应用深度学习的相关能力。开发人员可以通过深度学习降低构建人工特征的成本，运用图深度学习融合知识图谱的语义符号与图拓扑结构的知识表示，实现面向业务应用的端到端的知识图谱挖掘、分析和推理能力。

本节首先回顾图深度学习与知识图谱相关的需求场景，然后梳理图深度学习算法体系并介绍图神经网络的基本原理，最后介绍 node2vec、Line、GraphSAGE（Graph Sample and Aggregate）和图注意力等算法的原理与特性。

6.3.1 图深度学习与知识图谱

以 node2vec、GraphSAGE 为首的图深度学习算法的核心目标是构建图的向量表示并进行推理。在工业界，图深度学习算法已被应用于很多领域，包括用户画像、搜索、推荐、问答、金融风控等，在不少场景中能突破统计机器学习模型的瓶颈。近年来，在大数据计算处理框架和高性能并行计算硬件发展的双重助力下，跨越式发展的深度神经网络技术让企业具备了分析和理解大规模图网络数据的能力。因此，运用图深度学习对知识图谱进行挖掘及应用已初具基础。

无论是由用户、商品、货场等实体组成的企业营销知识图谱，还是由员工、设备等实体组成的企业生产与运维知识图谱，抑或是由员工、组织、业务、产品组成的企业经营管理知识图谱，开发人员与研究人员对其进行知识建模、知识存储和知识推理的核心目标，都是实现对业务状态的全面认知，并构建、筛选、执行策略，以引导其向有利的方向演变：

- 在营销场景中，企业希望获得品牌影响力、收入、利润的提升；

- 在设备生产与运维管理场景中，企业希望设备稳定、安全地生产，并带来更多产出；

- 在企业经营管理场景中，企业希望通过办公协同、办公自动化、智能组织管理、智能辅助决策等产品，提升企业业务人员的组织协同与竞争能力。

然而，这些基于知识图谱来提升认知智能的业务目标，在落地时不可避免地会遇到诸多困扰。其中最典型的就是如何让人类专家在复杂的业务需求概念、事理知识及海量实体的知识图谱中，在认知业务状态的同时构建最佳策略。人类专家的认知广度、深度、时效性等有限，更擅长处理多层抽象及与个体经验相关的知识。因此，当人类专家面临复杂的由多层抽象符号、图拓扑网络构成的知识图谱时，如果单纯运用专家规则、统计、机器学习等模型，则将受限于人的认知与分析能力，应用效果非常有限。

因此，业内不少专家、学者都期望通过图神经网络来突破知识图谱的应用瓶颈。通过图神经网络的特征自动构建、数据抽象、关联推理、启发式推理能力，开发者有望实现知识图谱自动、深度、端到端地解决业务需求的能力。因此，图深度学习有释放知识图谱应用上限的潜力。回顾从用户画像到用户认知引导的方法论，基于图神经网络将有潜力构建具有用户认知引导能力的搜索、推荐、问答等智能应用。企业可以通过知识图谱关联用户数据和知识，运用图神经网络精准识别用户的状态，再运用深度强化学习筛选引导策略，便可以拥有一定的认知引导能力。在工业界，以 DIN 为代表的时序智能推荐算法已有类似的思路，只是缺乏运用知识图谱进行数据表示及构建知识增强的时序推荐模型。相信在不远的将来，还会涌现更多的基于图深度学习、知识增强的用户画像、智能推荐、智能对话模型，突破人类专家的认知上限，提升对用户营销的认知引导能力。

那么在企业落地实践中，图深度学习可以基于知识图谱完成哪些任务呢？从最终产出结果的角度，图深度学习的任务可以分为四大类，包括**节点预测任务**、**边预测任务**、**图网络分类任务**及**特征构建任务**。

- **节点预测任务**：对图网络中节点的属性进行分类或者回归预测。比如在用户画像场景中，预测用户社交网络中每个用户的真实年龄。

- **边预测任务**：对图网络的边及边的类型进行预测。比如预测企业之间的隐藏关系，或者预测用户喜欢的商品。

- **图网络分类任务**：对整体的图网络进行分类并打标签。比如在药物研发场景中预测蛋白质的类型，又或者对用户的社群进行分类。

- **特征构建任务**：基于图网络构建图嵌入特征，为下游任务提供数据支持。

总之，图深度学习可以基于知识图谱，对知识图谱的实体、属性、关系进行挖掘和预测，或对知识图谱的局部、整体进行分类、预测。当面向用户画像、智能推荐、风险管理的下游任务时，可以通过图深度学习构建嵌入式特征，从数据增强的角度提升下游模型的效果。

6.3.2　图神经网络算法的原理

图深度学习的核心是**编码-解码**（Encoder-Decoder）架构。图深度学习的目标，是将原始的高维度图拓扑信息经过编码、解码投影到低维度的矢量空间。

图 6-6 展示了图网络的编码、解码架构。图网络的节点嵌入目标是学习一个编码器（ENC），将节点的信息映射到低维的数值嵌入空间。嵌入数值的目标是最大限度地反映原图网络节点之间的相对位置差异。因此，图网络的 Encoder-Decoder 架构可以被视作学习节点关系与差异性的邻接矩阵。

如图 6-7 所示，图编码、解码的核心流程是运用编码器，将节点 u 映射到一个低维的嵌入矢量 Z_u，解码器使用 Z_u 重建节点 u 的相邻节点信息。

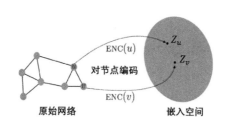

图 6-6

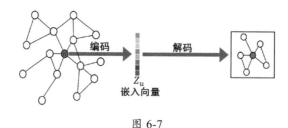

图 6-7

面向图结构构建编码器的首要挑战是传统的深度学习工具并不适用。卷积神经网络在图像类点状数据输入方面效果不错，循环神经网络对于文本等序列也取得了较好的效果。然而面向图网络的深度学习，需要一种新的深度学习架构，这就是图深度网络。

图神经网络就是处理图网络数据的神经网络，其中有两种值得一提的运算操作：**图过滤**（Graph Filter，分为基于空间的过滤和基于谱的过滤）和**图池化**。其中，图过滤可细化节点特征，而图池化可以从节点表示生成图本身的表示。一般来说，图神经网络框架在节点层面上由过滤层和激活层构成，而对于图层面的任务，则由过滤层、激活层和池化层组成不同的模块后再连接而成。

如果词表构成内聚程度强，或数据本身就存在结构化/半结构化结构，则对应的图所表达的意思就会相对明确，用简单的构图策略就可以生成符合期望的图。而对更广泛的语料，大量平凡用语产生的上下文会淡化重点词汇之间的关系，这样，简单的构图策略就无法表达业务的目标意图。所以，应该设计更复杂的构图策略，并为图结构赋予更复杂的信息。图神经网络在推荐系统等场景中发展出的异质网络就是很好的学习对象，比如 GATNE 算法就融合了不同类型的边，以求学习复杂场景下的表示矢量。虽然是更复杂的图结构，但是 GATNE 的思路非常直观，除了常规的通过节点邻接关系学习到的 Base Embedding，节点间的边可能蕴含不同的属性，因此完整的图结构是由不同类别的边连接而成的子图之和。这里需要学习各类边的 Edge Embedding，每个节点最终的矢量表示就是对应 Edge 和 Base 表示的组合，因为线性组合无法体现节点之间及不同类型的边的影响，因而在聚合操作后还会用注意力机制为不同的表示加权。

从关注与表示信息的角度，Network Embedding 强调图拓扑结构的表示，而图神经网络进一步增强了节点属性特征的表示。图 6-8 展示了图拓扑结构与节点特征之间的关联。

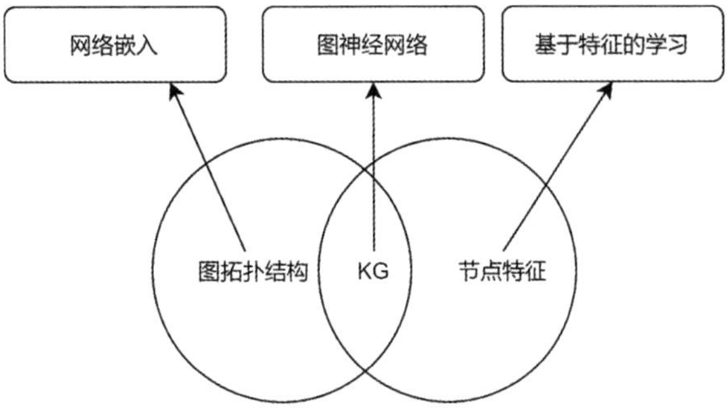

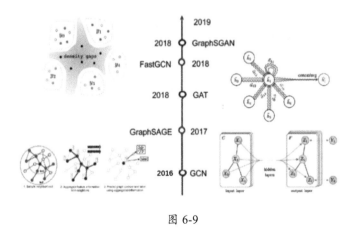

图 6-8

6.3.3 图神经网络算法的对比

回顾主流的图神经网络算法的发展，典型的算法包括 GCN（Kipf,2016）、GraphSAGE（Hamiltion,2017）和 GAT（Petar,2018）等。图 6-9 展示了图神经网络的发展过程。2016 年，GCNCGraph Convolution Network 算法最早被提出，该算法主要利用卷积对图的结构特征进行捕捉和建模。2017 年，GraphSAGE 算法被提出，该算法将算法流程分解为聚合器和迭代器，进一步提升了对图特征的聚合表示能力及计算效率。业内后续也在注意力、对抗网络方向进一步优化，提出了 GAT 及 GraphSGAN 等图神经网络算法。

图 6-9

从架构的角度，图神经网络包含聚合器和迭代器。图神经网络的信息传播流程是通过聚合周围邻居节点的信息，在节点间进行信息传播并由此更新节点的隐藏层状态。表 6-1 对不同图神经网络算法的邻居聚合方式和激活函数进行了对比。

表 6-1

算　　法	邻居聚合方式	激活函数
GCN	Mean	Weighted ReLU
GAT	Attention	LeakyReLU
GraphSAGE	Mean/Max/GCN/LSTM	Concat Weighed ReLU
GIN	Sum	MLP
Han	Attention	非线性激活
HetGNN	Attention	非线性激活
MeiRec	Attention	非线性激活

6.3.4　图表示学习算法

那么，图深度学习又有哪些图表示学习算法呢？

图表示学习算法在机器学习任务中得到广泛应用，其主要目标是将高维稀疏的图数据转化成低维稠密的矢量表示，同时尽可能确保图数据的某些特性在矢量空间中得到保留。而学习得到的低维矢量可以进入各种下游任务，比如分类、聚类、链路预测及可视化等。在社交类 App 广告推荐中，将以 Graph Embedding 算法生成的 User/Item Embedding 特征用于下游的机器学习/深度学习推荐模型，将以复杂网络算法生成的关系链拓扑特征用于相似推荐模型，从而发挥重要的作用。

图表示学习算法有多种思路，其中比较典型的有**基于分解的思路**和**基于随机游走的思路**。

（1）**基于分解的思路**：指通过对描述图数据结构信息的矩阵进行矩阵分解，将节点转化到低维矢量空间中，同时保留结构上的相似性。缺点是时间和空间复杂度较高，难以处理大规模的图数据。

（2）**基于随机游走的思路**：指将在图中随机游走产生的序列看作类似 NLP 问题中的句子，将节点看作词，由此类比词矢量，从而学习出节点的表示。典型的算法有 LINE、node2vec、Deep-Walk 和 metapath2vec 等。其最大的优点是通过将图转化为序列来实现大规模的图表示学习。

- **LINE**：是一种图表示学习算法，由 Jian Tang 发表在 WWW2015 上，通过计算图网络中一对顶点(u,v)之间的二阶相似度，来度量图网络结构中节点之间的相似性。

- **node2vec**：是 Aditya Grover 发表在 KDD2016 上的一个算法，也是一种学习网络节点的特征表示的算法框架。该算法提出了一个带偏置的随机游走过程，来获得不同的邻居节点，即采用深度优先搜索（DFS）和宽度优先搜索（BFS）两种策略，随机游走并生成节点的邻居节点集合。图 6-10 展示了 node2vec 的搜索算法。node2vec 是基于图的相似性假设的算法，包括节点内容的相似性和图拓扑结构的相似性。节点内容的相似性指相邻的节点属性是相似的；图拓扑结构的相似性指有相似的子图结构的节点是相似的，结构上相似的节点并不一定相邻。BFS 主要采样内容上相似的节点，DFS 主要采样结构上相似的节点。图表示学习能表示图结构信息的关键点是最大化利用邻居节点信息。

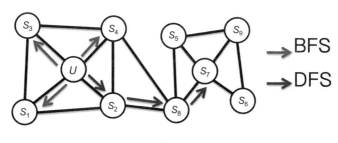

图 6-10

图神经网络凭借其强大的端到端学习能力，能够自动融合图拓扑结构和节点的属性特征进行学习，越来越受到学术界和工业界的广泛关注。传统的图网络嵌入算法，主要应用浅层方法进行随机游走，并在筛选节点后完成图向量的构建。而图神经网络会进一步端到端地实现图拓扑结构与节点属性信息的嵌入表示。图 6-11 对图表示学习算法的分类进行了展示。

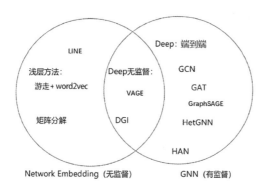

图 6-11

在图神经网络的算法中，GCN 是一种在图中结合拓扑结构和顶点属性信息学习顶点的 Embedding 表示的方法，要求在一个确定的图中学习顶点的 Embedding，无法直接泛化到训练过程中没有出现过的顶点，即属于直推式（Transudative）的学习。而 GraphSAGE 算法可以从局部出发，属于归纳式（Inductive）的学习。

在知识图谱挖掘、分析与推理场景中，图嵌入和图神经网络都是重要的图表示学习算法。与知识图谱嵌入和规则学习等算法不同，图表示学习算法侧重于对图结构的处理，而从知识图谱的语义角度出发的知识图谱嵌入算法更加侧重于对语义和逻辑结构特征的学习，而非对图结构的学习。图表示学习算法需要综合语义、逻辑结构的特征学习和图结构的特征学习等多种方法。

6.3.5　GraphSAGE

GraphSAGE 是一种能够利用顶点的属性信息，高效产生未知顶点的 Embedding 的一种归纳式（Inductive）学习算法，核心思想是通过学习一个对邻居顶点进行聚合表示的函数，来产生目标顶点的 Embedding 矢量，其流程如图 6-12 所示，可以分为以下三步。

（1）对图中的每个顶点的邻居顶点都进行采样。

（2）根据聚合函数聚合邻居顶点蕴含的信息。

（3）得到图中各顶点的矢量表示，供下游任务使用。

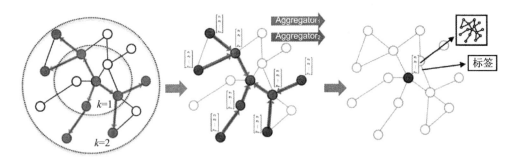

图 6-12

值得关注的是，在第一步采样邻居顶点的过程中，出于对计算效率的考虑，需要对每个顶点都采样一定数量的邻居顶点作为待聚合信息的顶点。具体流程：设采样数量为 k，若顶点邻居数小于 k，则采用有放回的采样方法，直到得到 k 个顶点；若顶点邻居数大于 k，则采用无放回的采样方法。当然，若不考虑计算效率，那么开发人员完全可以对每个顶点都利用其所有的邻居顶点进行信息聚合，这样是信息无损的。

GraphSAGE 模型的详细流程如图 6-13 所示，它首先通过采样（Sample），从构建好的网络中抽取出一个子图：先随机采样一个源节点 $V1$，然后采样它的一阶邻接节点 $V2$、$V5$，接着采样它的一阶节点的一阶节点（源节点的二阶节点）；然后进行一个反向的信息聚合（Aggregation）：先以源节点的二阶节点原始 Embedding 作为输入，通过聚合 2 得到源节点的邻居节点的表示，然后通过聚合 1 得到源节点 $V1$ 的表示；在聚合得到节点的表示之后，可以通过 Pair-Wise 的无监督损失函数，或者有监督的交叉熵损失函数，训练网络的参数。

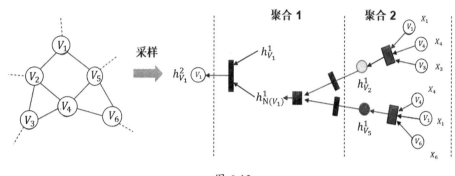

图 6-13

下面以推荐场景为例，介绍 GraphSAGE 在知识图谱场景中的应用方法。可以将用户观看过的内容的行为、内容之间的关联、用户之间的关联转化为知识图谱。在此知识图谱上，同一用户观看过的时间关系上靠近的两个内容可以作为实体节点，而两个内容的实体节点之间可以拥有时间关系、内容概念关系。在此知识图谱上，可以将节点的语义符号、数值符号都转化为向量，然后通过 GraphSAGE 算法学习图中节点的 Embedding。

整体来讲，GraphSAGE 在业务应用中有多个优点：

- 大量前沿论文证明 GraphSAGE 能够更加准确、有效地抽取节点的 Context 信息，并生成更高质量的 Node Embedding；

- GraphSAGE 是一种归纳式学习算法，可以学习动态网络中新加入的节点 Embedding；

- GraphSAGE 通过采样当前节点 K 阶领域的节点来计算当前节点 Embedding，使得计算具有上亿节点、数十亿条边的大规模图网络成为可能。

GraphSAGE 在业务实践中相对最早的 GCN，可以通过设计多种聚合器对节点的属性进行聚合，从而拥有更强的信息表达能力。此外，对于图结构的变化，例如新增、减少节点和边时，GCN 等图嵌入需要对全图重新训练，才能得到新增节点的嵌入表示。而 GraphSAGE 能够根据训练的算子直接而快速地计算节点的嵌入表示。从整体上，当面对营销、设备运营管理、企业金融风控场景中海量的图节点及动态更新的业务数据时，GraphSAGE 更容易落地，从而创造业务价值。

6.3.6 GAT

GraphSAGE 虽然能更有效地聚合节点信息，但它在进行节点信息聚合时存在一个明显的不足：把所有邻接节点都看作相同的权重，忽略了不同节点间重要程度的区分。因此，可以引入 Attention 机制对 GraphSAGE 模型进行升级，称之为 GAT（Graph Attention Network，图注意力网络）模型，如图 6-14 所示。

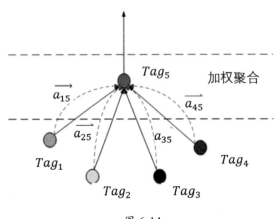

图 6-14

GAT 模型的基本结构和 GraphSAGE 模型一样，分为采样和聚合。两者最大的区别是，GAT 在完成节点采样且进行信息聚合时，会通过传统的 Vallina Attention 给不同的节点赋予不同的权重，以达到区分不同节点重要性的目标。具体来讲，对于每个顶点，逐个计算顶点的邻居节点和顶点之间的相似系数，再将注意力系数进行归一化，转化为注意力系数，最后将注意力系数进行特征加权求和及聚合，就可以输出每个顶点的新特征，而这个特征是融合了领域信息的特征。GAT 模型可以很好地支持 Inductive Learning，因此可以较好地适用于图网络的动态业务场景，特别是供应链网络、设备物联网、银行资金流等有向图网络。

从整体上讲，图深度学习提升了模型捕捉知识图谱的图拓扑结构的能力，能将不同实体节点的属性信息和领域的属性信息进行有机聚合，在整体上提升了对知识图谱信息的利用率。因此，在社交营销、支付风控、设备状态优化、企业风险管理等场景中，基于业务知识图谱开发图深度学习模型可以取得更好的效果。

同时，基于知识图谱的图表示推理和研究，从语义抽象符号表示的角度会涉及 TransE 和 ConvE 的语义空间矢量表示方法。基于语义向量表示及推理的算法将在第 7 章详细讨论。

6.4 图计算框架

如前所述，在知识图谱落地的过程中，企业的营销服务、供应链、设备运维管理和企业风险控制等业务知识图谱具有维度高、数量大的特点。那么，图计算平台具体有哪些难点和挑战？业内有哪些开源的图计算框架？对图计算平台又该如何评估？本节将详细讲解这些内容。

6.4.1 图计算平台的难点

图计算平台是知识图谱和认知智能业务落地的基础，在营销、物联、企业金融等场景中，知识图谱的网络规模可能为千万级到数十亿级。在传统的关系数据仓库或者 Hive、Spark 等大数据平台上，运行单个图分析任务就可能耗费数小时或数十天，甚至无法在有限的时间内计算出来。因此，知识图谱应用的落地对图计算平台的功能和性能都有相当高的要求。

图 6-15 对图计算平台的常见挑战进行了梳理。当建设企业级图计算平台时，需要解决图数据的高维稀疏性、图结构的异构性、算法的完备性及计算的健壮性等挑战。那么围绕上述挑战，应该如何设计图计算框架并建设图计算平台呢？

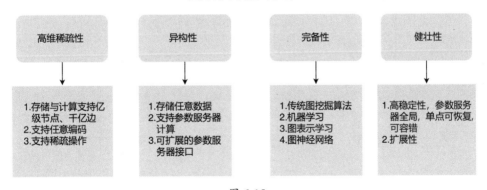

图 6-15

图计算框架大多是基于 BSP（Bulk Synchronous Parallel）模型构建的。BSP 模型是由一系列超级步组成的，每个超级步都由局部计算、全局通信和障碍同步组成。2010 年，在谷歌发表的论文中提出了 Pregel 分布式图计算框架。Pregel 分布式图计算框架采用了 BSP 模型，通过计算-通信-同步的模式完成数据同步与算法迭代。同年，CMU 的 Select 实验室提出了 Graph-Lab 框架，通过聚集、应用、分散将数据抽象为图结构，使用点分割的模式完成图计算。

6.4.2　开源图计算框架介绍

近年来，随着互联网和物联网的快速发展，对图网络的深度分析需求快速爆发，业内涌现了一系列经过商业场景验证的海量图网络计算框架，本节简要介绍其中的 Spark GraphX、Plato、Angel 和 AliGraph 框架。

Spark GraphX（后简称 GraphX）是一个分布式图处理框架，它整体参考了 Pregel，通过对图进行点切割来实现计算。

在 GraphX 中有 3 个基本概念：Vertices、Edges 和 Triplets。图 6-16 展示了官方提供的 GraphX 协作者属性图示例。在 Vertex Table（顶点表）中可以存储协作者 ID 及协作者职业等相关属性；而 Edge Table（边表）可以存储不同协作者之间的关系。GraphX 基于 Spark 平台提供了简洁、易用且丰富的图计算接口，以满足开发人员对分布式图处理的需求。用户可以通过构造图、更新图和关联图等相关接口对图进行操作。

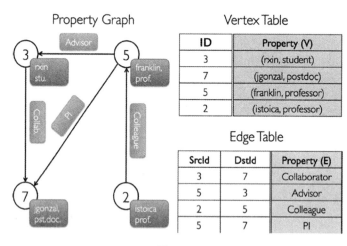

图 6-16

大规模图计算与图神经网络算法在工业界落地、应用时，计算效率是核心瓶颈。要进行亿级节点、十亿边的图深度学习，基于业界开源框架往往需要耗费周级甚至月级的时间。从算法层面提升效率的角度，GraphSAGE 和 Fast-GCN 分别从图采样的角度优化了计算效率；而从底层计算模型提升效率的角度，需要从点切割、内存共享、稀疏计算及稠密计算等多方面提升图网络计算与图深度学习的计算效率。腾讯基于 MPI 框架，构建并开源了图计算框架 Plato。Plato 采用了分布式共享内存模式、分布式流水线模式和以数据为中心的图计算模式，通过数据密集型计算，优化了数据读取的整个 Pipeline，将性能提升了 1～2 个数量级。Plato 的技术架构如图 6-17 所示。

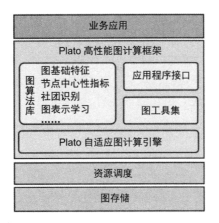

图 6-17

腾讯的 Angel 计算框架也支持高性能图网络计算。Angel 是一个基于参数服务器理念开发的高性能分布式机器学习和图计算平台。如图 6-18 所示，Angel 从参数服务器等角度针对海量并行机器学习的场景，开发并开源了多种高性能图算法，支持 PyTorch 和 Spark 的计算任务的运行。业内常见的图挖掘、图表示及图深度学习算法都可以通过参数服务器进行高效计算。

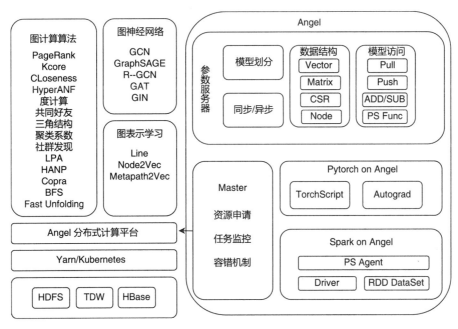

图 6-18

Graph-Learn（简称 GL，原来为 AliGraph）是面向大规模图神经网络的研发和应用而设计的一款分布式框架，它从实际问题出发，提炼和抽象了一套适合当下图神经网络模型的编程范式，并已经成功应用在阿里巴巴内部的搜索推荐、网络安全、知识图谱等众多场景中。Graph-Learn 注重算法的可移植性及可扩展性，对开发人员更为友好。Graph-Learn 的技术架构如图 6-19 所示。

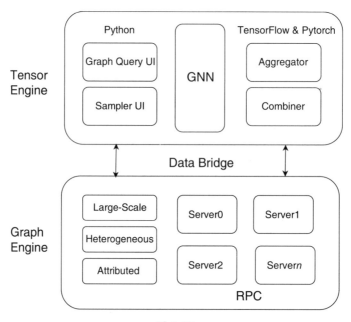

图 6-19

面对图神经网络在工业场景中的多样性和快速发展的需求，开发人员可以基于 Graph-Learn 自行实现图神经网络算法，或者面向实际场景定制化图算子。Graph-Learn 的接口以 Python 和 NumPy 的形式提供，可与 TensorFlow 或 PyTorch 兼容但不耦合。目前，Graph-Learn 内置了一些结合 TensorFlow 开发的经典模型，以供用户参考。Graph-Learn 可运行在 Docker 或物理机之上，支持单机和分布式两种部署模式。

开发人员可以基于图计算理论、开源图计算框架进行图计算平台开发。那么，企业应如何评估图计算平台呢？

6.4.3 图计算平台的评估标准

对于企业级的图计算平台的评估，需要从平台的图算法的丰富度、图算法的底层支撑能力等基本功能方面及平台的开放性、可靠性等产品化功能方面进行。

在图计算平台的基本功能方面，需要评估图算法的丰富度及图算法的底层支撑能力。图算法的丰富度包括点分析、边分析和图结构分析等相关算法。边分析算法包括路径分析算法及邻居分析算法。图结构分析算法通常包括环路识别、社群发现、关联体或者图深度学习算法。在图算法的底层支撑能力方面，需要评估图计算平台能否从 HDFS、Hive 或者图数据库中获取图并进行图计算。同时，由于图计算平台面向的是海量图拓扑网络数据计算，因此图计算框架在计算时可能存在数据丢失及计算错误等问题。在评估图计算算法完整度的同时，需要建设图计算准确性评估机制，具体可以分为**数据集测试、人工抽样校验测试和线上业务放量实验**三种方法。

- **数据集测试**：即针对图计算平台的不同算法，使用不同规模、不同数据分布的测试数据集进行横向对比，观测结果是否一致。值得注意的是，不同的图算法，因参数设置、随机收敛过程不一致，会导致计算结果不一致，因此需要通过观察数据的统计分布进行评估。

- **人工抽样校验测试**：即针对图计算平台不同算法的不同模块，人工估计计算过程，运用抽样数据观察计算结果是否符合预期。

- **线上业务放量实验**：业务的动态变化会对图计算算法服务有相当的波动性影响，因此可以通过离线或在线 A/B 测试，通过实际的业务效果评估图计算算法的准确性。

在图计算平台的产品化功能方面，对图计算平台的评估需要从**开放性**、**性能**、**可靠性**、**运维管理**、**安全性**和**兼容性**等角度进行。

- **开放性**：图计算平台应该支持 Gremlin、Cypher 等查询语言对图数据的查询和访问，同时需要支持参数化的命令，以及通过 RESTful API 的方式进行图计算。在易用性方面，需要提供可视化的交互能力，以方便开发人员对算法进行调试。

- **性能**：需要评估图导入、图查询、图算法的效率。当进行图导入时，需要评估存量导入、增量导入的时间。当进行图查询时，需要评估 K 层、最短路径的执行时间。图算法则需要评估各类图算法的执行时间。

- **可靠性**：以金融、工业为代表的企业，图计算涉及设备运营安全问题，因此对计算的可靠性要求非常高。因此，图计算平台在可靠性方面需要具有容错能力，在计算节点出错的情况下可以保证计算顺利运行。图计算平台可以通过数据分片、多副本等实现数据容灾能力建设，图计算的中间数据应可被导出到硬盘并可恢复。图计算平台需要支持在服务不停止的状态下实现在线扩容。

- **运维管理**：图计算平台需要支持系统自动化部署、状态监控、集群服务一键启动或者停止、日志记录与查询、多租户资源隔离等能力。

- **安全性**：图计算平台需要实现用户权限管理。用户权限管理首先需要支持图整体、图节点、图边的权限控制，然后需要支持自定义用户及用户组，最后需要支持轻型目录访问协议（Lightweight Directory Access Protocol，LDAP）。

- **兼容性**：图计算平台需要支持多种操作系统，并具备对接 Hadoop 等大数据平台的能力。

第 7 章

知识推理

认知是将知识存储、转化，并应用于决策的过程。在知识的存储与转化层面，企业可以通过知识图谱技术将业务场景中的海量数据、专家经验通过治理、抽取转化成知识图谱。知识图谱的形态可以将业务目标状态、数据、知识间的逻辑关联及状态关联清晰地展现出来。

知识图谱的价值正比于企业场景中智能应用的业务价值。因此，企业不仅需要建设知识丰富、质量可靠的知识图谱，还需要基于场景将知识图谱融入智能应用，才能发挥知识的价值。

随着人工智能的快速发展，企业希望人工智能具有认知智能能力，不仅需要支持对海量信息的理解、转化与推理，还需要与企业业务、人员的认知与决策行动流程深度结合。如果需要将知识图谱应用于人工智能自动决策或辅助人类进行认知与决策，就需要构建场景中的知识推理能力。企业业务实践中的知识推理，需要基于业务人员的决策过程通过计算、分类、迁移、搜索等人工智能技术进行模拟。从知识推理理论的角度，认知智能应用应具有基于知识图谱的联想、归因、演绎决策等能力。

总体上，知识推理落地的核心流程是围绕企业的业务目标，聚合关键数据与知识，建设知识驱动的认知与决策引擎，并与业务系统集成，实现自动化、智能化的任务处理。企业对知识推理的技术投入，可以从业务目标的用户、设备、企业实体状态改变中获得商业收益。知识推理是认知实体真实状态、引导及达到目标的核心方式，是实现企业认知智能落地的核心模块。

本章首先从基础理论、认知科学、产业实践的角度回顾知识推理理论，在宏观介绍知识推理的技术体系后，会围绕知识问答、知识补全两大知识推理核心技术场景展开介绍。

7.1 知识推理的理论

从认知心理学的视角，人会基于收集的信息做出决策，而这些信息来源于人自身的记忆和经验。人的决策包括确立目标、制定计划、收集信息、建构决定、做出最终选择，这五项通常会按照特定的顺序进行，也可能出现循环，比如人可能需要重复进行信息收集与建构决定，以调整出最终可行的决策。

7.1.1 基础理论

从整体上讲，知识推理指人们有意识地对各种事物进行分析、理解、综合判断和决策，包括从已知的事实出发，运用已掌握的知识与规则，找出其中蕴含的事实，或归纳出新的事实。

知识推理是一门古老的学科，从亚里士多德在《前分析篇》中阐述的经典三段论"亚里士多德是人；人都会死；所以亚里士多德会死"开始，人们就对知识推理进行了理论探索与实践。

在个人、物联网和企业认知智能实践中，知识推理被认为是综合知识与数据，通过运用经验规则、统计推理等方式，满足业务分析与决策需求的过程，比如：

- 在智能对话场景中，知识推理需要理解用户的意图，将其转为计算、推理的条件，并在数据、知识中进行搜索和推理，以获得最终答案；

- 在企业数据治理场景中，知识推理需要从已有的用户、商品知识图谱出发，针对实体关系、实体属性进行补全推理，以丰富企业的数据资产；

- 在更广泛的企业数据智能场景中，基于知识图谱的用户画像、搜索、推荐、预测等智能技术，都可以与知识推理技术关联。

7.1.2　认知科学理论

为了更好地建设基于知识图谱的知识推理应用，辅助认知、推理和决策，这里先从心理学与哲学家视角回顾知识推理理论。从推理方式来讲，心理学家和哲学家一般将推理分为两类：**演绎推理**（Deductive Reasoning）和**归纳推理**（Inductive Reasoning）。

（1）**演绎推理**：指根据严格的逻辑关系，从给定的假设得出必然成立的结论，从一般到特殊。比如所有大学生都爱听音乐，小明是大学生，所以小明爱听音乐。

- 肯定前件论：如果今天是周末，那么我们不上班；因为今天是周六，所以推断出我们不上班。

- 否定后件论：如果今天是周末，那么我们今天不上班；因为今天我来上班了，所以推断出今天不是周末。

- 三段论：如果今天是周末，那么我们今天不上班；如果我们不上班，那么早上可以睡懒觉；因为今天是周末，所以推断出我们今天早上可以睡懒觉。

- 二难论：如果今天是周六，那么我今天打篮球；如果今天是周日，那么我今天看书；假设不知道今天具体是周几，但是知道今天肯定是周末，不是周六就是周日，那么可以推断出今天我不是打篮球就是看书。

（2）**归纳推理**：指基于已有的部分观察结果，推断出一般化的结论。归纳推理不可以确保推理结果的完全准确，而演绎推理可以。归纳推理有以下 4 种推理方向。

- 泛化归纳：把对个体观察得出的结论推广到整体。

- 简单归纳：把对整体的统计结论应用于个体。

- 溯因归纳：根据观察的结果和现有知识来推断最有可能的原因。

- 类比归纳：根据对一个样本的观察来预测另一个相似样本的结果。

7.1.3　产业实践理论

知识推理落地的核心流程包括**规划目标、聚合数据、构建与筛选策略**。在企业业务中进行知识推理落地时，首先需要梳理业务目标，以业务目标为导向实施数据与知识治理；然后在数据与知识的基础上，整理并建设企业知识推理策略集；最后基于场景状态筛选最优策略。关于知识推理落地的理论如下所述。

（1）**在规划目标阶段**，企业对于知识推理的应用投入，一定是以实现业务状态的改变进而获得商业利益回报为目标的。企业的业务目标，根据实体的不同，在不同的领域会有显著的差异。比如：

- 在用户域场景中，知识推理的业务目标是挖掘用户的真实需求，构建搜索与推荐返回策略，引导用户进入点击、购买状态；

- 在物域场景中，知识推理的业务目标是挖掘商品、设备等的真实状态，构建供应链优化策略、设备调度策略，引导供应链状态、设备运行状态向更优的状态演变；

- 在企业域场景中，知识推理的业务目标是挖掘企业各业务的真实状态，构建管理、投资策略，实现企业的业务增长。

（2）**在聚合数据阶段**，知识图谱数据是知识推理的基石。在产业互联网中，用户、商品、设备、企业通过信息系统相互连接，在连接过程中产生了海量、分散的数据，而其中数据的物理关系、逻辑关联可以通过图拓扑网络的数据结构进行存储。比如：

- 在企业营销场景中，用户、商品数以亿级的属性、关联信息可以通过知识图谱进行存储。用户、商品等实体的属性信息（用户的兴趣、商品的价格）、实体之间的关联信息（用户购买了某商品）可以通过文本、图像等符号化的知识表达方式存储于图谱网络中；

- 在设备物联网场景中，省级电网数百万的设备属性（电压、电流）及设备之间的关联信息（电线连接、开关逻辑关联）可以通过知识图谱进行统一存储。

知识图谱是知识推理的聚合数据基石，但知识推理基于图谱构建的策略面临巨大挑战：

- 以知识推理构建的策略受限于知识图谱的体量与规模；

- 知识推理的策略受限于知识图谱的质量；

- 知识图谱的复杂度增加了知识推理构建策略的难度。

近年来，随着信息化技术的飞速发展，越来越多的知识图谱自动化构建方法被学界和业界提出。面对知识图谱的规模体量、准确度等问题，通过算法对海量文本进行三元组提取，可使大规模知识图谱的自动化构建成为可能，但以此构建的知识图谱的信息准确度和冗余度都稍逊于通过专家知识人工搭建的知识图谱。在这种自动化构建的大规模知识图谱上进行知识推理时，知识的非精确性及巨大的数据规模对于规则推理来说，仍旧是巨大的挑战。

（3）**在构建与筛选策略阶段**，知识推理需要在知识图谱聚合的数据之上，构建多种知识推理策略。在业务实践中，基于经验规则的策略和基于数据推断的策略较为常见，如下所述。

- 基于经验规则的策略：通常指将人类的业务经验规则模型沉淀为知识推理规则模型。专家系统的典型人物雷纳特表示"智能就是一千万条规则"。随着知识工程的发展，在制造业、能源、金融、互联网等产业中，大量的知识推理规则已经以规则引擎的形式存在于业务系统中，其核心挑战是如何应用知识图谱提升现有规则引擎的数据存储能力与推理能力。

- 基于数据推理的策略：通常指基于数据的状态，通过统计、机器学习、深度学习的方法构建推理模型。得益于大数据与人工智能技术在产业中的落地，企业已在用户增长、广告定向等诸多场景中基于数据构建了场景的统计推理模型。对于统计、机器学习、深度学习而言，知识图谱是一种有效的、富含信息的数据结构，可以与其融合来提升模型效果。基于知识图谱的数据组织方式，可以帮助推理模型关联更多数据，并将人类的经验知识融入推理中。

知识图谱的复杂结构对于专家、工程师构建应用模型是巨大的挑战。企业希望落地的知识推理模型能够低成本、自动地关联更多的有效数据，并归纳、推断出有价值的结论。而传统的规则推理、统计推理方式，受限于专家经验和统计推理的表达能力，对知识图谱数据的应用效果是有限的。因此在生产应用中，将图神经网络与知识图谱技术结合的知识推理模型备受关注。图深度学习可以基于投影向量运算方式、语义向量表示与图拓扑向量表示深度融合等，自动捕捉数据的特征，实现业务的推断目标。图神经网络的实践和应用，可以从宏观到微观发挥超出一般人类信息推导能力的水准，从加深模型深度和提高推理效率等方面优化推理效果。在金融投资、生物制药等数据庞大、模型复杂、竞争性强的领域，更强的知识推理能力意味着更高的收益。

7.1.4 认知协同理论

认知心理学认为，个体的认知需要由多个认知过程协作完成。人善于进行复杂信息抽象、关联推理和决策，而在海量、分散的数据知识获取、处理、查询搜索能力方面，显著劣于机器。因此，如果人与机器能够在认知过程中互补不足，形成认知协同，那么将显著提升人的业务能力。

比如，在信贷的风控与营销场景中，数据科学家基于海量数据，运用统计数据分析、机器学习等方法计算业务的状态、增长预期，以提升对业务的认知能力。数据科学家通过数据形成对业务状态的认知，并进一步结合专家经验与规则生成风控与营销策略，在此基础上，通过专家经验与机器智能实现认知协同，为业务带来风险可控的营销策略。

由此可见，知识推理可提升企业业务人员的认知与决策能力。但在产业落地中，如何产品化构建人机认知协同应用，并提升人类认知与决策的效率和准确率，是很大的挑战。

企业落地人机认知协同的流程如下。

（1）**业务梳理**，需要人工智能领域的架构师、产品经理与业务专家进行深度沟通，以了解并梳理出业务人员认知与决策的流程。

（2）**认知智能应用建设**，基于业务的认知与决策过程，从认知能力与决策能力的角度建设认知智能应用。

- 从认知能力的角度，通过智能搜索、信息推荐等应用提高业务人员获取认知与决策所需信息的效率并扩展信息来源。

- 从决策能力的角度，通过模型仿真推演、事件预测、策略筛选等应用协助业务人员完成复杂的计算推理任务，提高业务人员的决策能力。

（3）**系统集成**，需要将具有知识推理能力的智能应用与企业业务系统集成，使其真正融入业务人员的认知与决策过程中，以提升业务运行效率与业务产出率。

如前所述，知识图谱对于知识推理的关键作用是关联信息、支持宏观图拓扑结构到微观节点信息的策略构建。因此，在人机认知协同场景中，知识推理可以从**信息关联**、**策略构建**两方面运用知识图谱提升业务效果。

- **在信息关联方面**，知识推理可以通过知识图谱为业务人员对场景中的数据、知识进行关联、扩展、聚合，以全面、清晰地展现业务状态。以企业投资场景为例，可以将企业的实时股价、关联的企业名称、企业的新闻及行业专业知识通过知识图谱进行关联与聚合，便可显著提升交易员的认知与分析能力。

- **在策略构建方面**，知识推理可以通过知识图谱技术对策略进行搜索和筛选，并以产品化的形态与用户动态交互，提升用户的决策能力。策略构建与筛选是知识推理应用的进阶功能，可以进一步提升使用者的决策能力。同样以企业投资场景为例，交易员可以将自身的投资逻辑、策略、相关数据通过知识图谱进行管理，并以此与算法交易模型进行互动。

在企业营销服务场景中，基于信息关联、策略构建的智能导购机器人、智能客服机器人，可以提升销售人员、售后服务人员对用户意图的理解能力。在此场景中，机器需要通过自然语言理解、判断用户的认知状态，通过用户的搜索词识别其需要购买的商品类别，通过对语言的认知和推理来理解人类对话意图，并给予合适、准确的信息，进行认知引导。

设想智能导购机器人的这样一个应用场景：智能导购机器人首先通过对用户在母婴商铺搜索时的购买需求进行意图理解，了解其需要为宝宝出行准备的相关用品；然后基于宝宝出行这个概念，从宝宝的年龄、喜好、产品适用度等方面向用户推送内容资讯；最后基于母婴护理、商品知识图谱的对话方式，通过商品匹配、价格对比等策略引导用户进行购买决策。由此可见，拥有知识推理能力的智能导购机器人能提升销售人员对用户的认知能力，并协助调整销售策略，最终提高销售转化率。

因此，企业可以构建拥有知识推理能力的决策助手，图 7-1 展示了基于知识推理的决策助手的示例。决策助手认知并理解用户在每一时刻的需求状态，并在前端以可视化方式展示可供选择的决策策略，策略可以来自历史专家的研判和建议，也可以来自基于场景的推理，抑或是历史上相似的日志搜索案例。

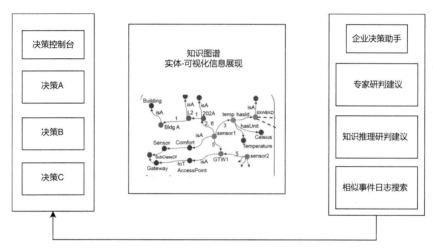

图 7-1

比如在金融投资助手场景中，投资决策助手的投资逻辑推理规则可以由研究员、分析员基于自身的经验构建，而助手只需提供相关数据库的查询关联能力。同时，投资决策助手可以从众多研究报告、年度报告、新闻资讯中抽取构建。投资的策略规则在应用阶段可以通过关联信息以可视化方式帮助分析师构建业务逻辑，并在筛选策略时给予相关事件的推荐和行业数据的推荐，并基于海量知识库进行模拟预估或者实际验证。

7.2　知识推理的技术体系

在学术界和工业界，如何基于知识图谱构建知识推理算法，都是长期的研究热点。那么，应该如何在企业中构建可以落地的知识推理技术体系呢？

从学术界的视角，知识推理涉及逻辑学、统计推理、神经网络等多领域的技术；而从工业界的视角，知识推理是围绕业务目标，对数据、知识进行搜索、推测、关联、预测等应用的过程。因此，企业级知识推理，需要围绕业务目标，根据业务数据体系、业务逻辑与系统架构进行技术体系设计。

知识推理的常见任务目标有两种：①基于已知知识进行策略构建和深度推理；②基于已知知识推理出新知识。前者较为典型且通用的技术代表是知识问答，后者则是知识补全。围绕知识推理的两种任务目标，表 7-1 展示了不同类别的知识推理方式的原理描述、优点与缺点，以供读者参考。

表 7-1

推理方式	原理描述	优　　点	缺　　点
规则推理	基于人工构建逻辑规则进行推理	可解释性强，便于交互；当规则正确时，准确率高	规则获得难度高，难以全面覆盖且召回率低
统计推理	在大数据的基础上构建统计特征，进行统计推断与归纳推理	计算方便、快捷，统计模型具有迁移能力及可解释性	知识图谱的统计特征构建难度高，模型推理能力较为局限
知识表示推理	利用知识图谱表示模型对知识图谱进行低维向量表示，通过向量操作进行推理预测	知识图谱的向量表示可以提升下游业务的推理与预测能力	通常只考虑知识图谱的三元组约束，无法深度结合语义信息和图拓扑信息
神经网络推理	围绕目标，运用神经网络基于知识图谱的符号特性、拓扑结构进行端到端的推理	知识表达能力强，推理能力强，降低了人工构建模型的难度	模型复杂度高，解释性弱，需要大量的样本训练，计算成本高

因此，企业级知识推理的技术体系可以划分为**规则推理、统计推理、知识表示推理与神经网络推理**。

（1）**规则推理**：企业将确定性的规则逻辑落地于企业的信息系统中，帮助企业自动化处理业务逻辑。在企业的信息化建设过程中，企业将业务专家经验与规则信息化落在系统上，基于业务状态数据进行确定性的规则推理和计算。比如在市场营销场景中，企业将运营专家关于人群筛选的规则策略、关于素材的规则策略存储下来，针对不同的人群进行自动化的广告素材运营和投放。在规则推理的技术路线中，知识推理的核心挑战既在于如何高效、准确地将经验与规则沉淀于图谱中，又在于如何构建规则使得有效地使用图谱的知识。

（2）**统计推理**：企业需要在业务数据上运用数值统计、机器学习等方法构建知识推理模型，支持用户画像、搜索、推荐的业务需求。企业在数据化建设中，需要通过知识图谱将海量的业务实体以属性、关系的结构进行聚合与存储，并构建统计模型进行知识推理。比如在商品推荐场景中，开发者可以首先将用户与商品的交互信息、商品的属性信息及关联信息聚合成知识图谱；然后在知识图谱数据上构建统计特征并输入逻辑回归、XGBoost 等算法进行建模训练；最后在用户与业务发生曝光等交互行为时,通过模型对用户的点击率进行预测。在统计推理的技术路线中,知识推理的核心挑战在于如何抽取知识图谱的统计特征并将其高质量地应用于模型中。知识推理需要将知识图谱的符号特征、图拓扑结构特征转化为量化特征值,才能在机器学习模型中应用。

(3)**知识表示推理**:企业需要进一步应用深度学习等技术实现企业业务的智能化。知识推理的知识表示主要研究如何面向海量知识图谱的复杂数据结构,将实体、属性、关系的特征运用深度学习等生成投影向量。知识表示推理需要将知识图谱高维的语义符号、图拓扑结构,通过神经网络生成低维向量空间表示。知识表示推理在知识搜索问答、知识补全推理领域很常见,典型的场景有商品售前问答、设备检修策略搜索与推荐和企业投资关系预测等。

(4)**神经网络推理**:企业需要围绕业务目标,基于知识图谱的符号特性、拓扑结构,运用神经网络进行端到端的推理。在神经网络推理的研究领域中,图神经网络是最具潜力的研究方向。图神经网络,既可以与预训练语言模型结合,构建知识图谱各节点的抽象语义符号的向量表示,又可以通过注意力模型,将不同各节点所关联节点的信息,精准且有效地聚合。

7.3　知识问答

知识问答是知识推理的重要场景,旨在为用户提供自然语言交互数据与知识获取能力。知识推理可以在知识问答技术的多个模块中发挥重要作用。比如,在知识问答中首先需要了解问询人的意图才可以进行知识查询,知识推理首先需要从用户复杂、歧义的问询中获取用户真实、可用的意图,也就是意图理解;然后需要挖掘出问询所指的目标实体、目标属性及实体相关的逻辑推理条件等查询、推理所需的参数;最后需要根据通过意图理解所获取的参数,在知识图谱所关联的知识和数据中构建搜索匹配、计算推理的模型,并最终推导出答案。

比如,用户询问"外星人笔记本最新款的均价是多少",知识问答系统就需要通过意图理解识别"外星人笔记本"为查询的目标实体,而"最新款"是关键属性,"均价"是计算推荐模型需求。在完成意图理解后,知识问答系统需要从知识图谱管理系统、数据仓库中查询出不同商家"外星人笔记本"最新款的价格,进一步调用平均值计算模型,计算商品均价并组织话术回答用户。

7.3.1　知识问答的定义与需求场景

问答(Question Answering,QA)系统,是信息检索概念的外延,泛指一种能够回答人类提出的自然语言问题的交互系统。

问答系统的历史几乎如通用计算机一般悠久。1950 年，阿兰·图灵在其论文 *Computing Machinery and Intelligence* 中提出"机器能思考吗"这一问题，并以此问题进一步概括出判定机器能否思考的标准，即"图灵测试"。问答系统发展至今，已经成为一种跨领域的多种形式的人工智能系统。

从应用领域来说，问答系统可被划分为通用开发域的问答系统和垂直域的问答系统。开发域的问答系统能够回答的问题不局限于一个或几个特殊的领域。开发域的问答系统以目前的各类百科型问答系统为代表，被广泛应用于搜索引擎、智能对话助手等产品中，比如苹果 Siri、微软 Cortana、腾讯小微、百度小度等。

开放域与垂直域的知识问答示例如图 7-2 所示。开放域的知识问答主要基于百科常识知识图谱，对问题的答案进行搜索和匹配，知识获取方式通常较为直接，不需要进行额外的建模与计算，主要从语义匹配的角度对答案进行单体或者多跳匹配。垂直域的知识问答通常需要垂直的行业知识，围绕如运维与检修、风险控制、广告营销等业务目标，基于流程型知识、实体状态进行知识推理和答案封装，再返回给提问者。

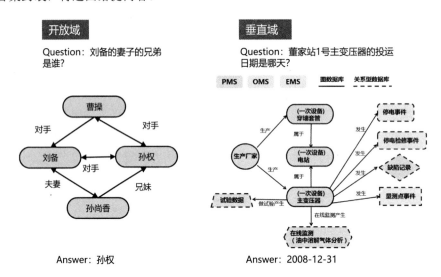

图 7-2

开放域的知识问答需求源于互联网搜索引擎的迭代和升级。数十亿用户每天都在互联网上与海量信息互动，搜索服务提供商如谷歌、百度、搜狗、必应都根据用户的需求，运用智能算法，从互联网中检索出相关信息反馈给用户。

但是，用户对搜索引擎的需求也在逐步提高，希望有一个具备认知能力的搜索引擎。该搜索引擎首先对用户的意图具有认知能力，然后对查询结果具有推理、分析能力，最后组装话术，提供人机自然交互对话能力。

在意图理解方面，用户希望表达需求的方式被理解，但通过输入关键词（或段落）来表达需求时，若仅依赖若干关键词的逻辑组合，则往往无法表达复杂而特殊的检索需求。

在查询推理方面，搜索引擎的推理能力有限，反馈结果时通常不够直接。搜索引擎反馈的结果往往是一个网页列表，用户仍要进行大量的人工排查和筛选，并经过自身的推理才可能找到自己所需的答案，这远远不能满足用户的需求。比如在金融投资场景中，用户希望借助搜索，迅速对目标公司的当前状态、未来潜力建立认知，并在投资分析和决策中比其他投资者优先获得优势。

事实上，导致上述弊端的核心原因是目前互联网中的信息以非结构化形式为主，例如文本、图片、音频等。由于缺少标准结构，所以这些数据往往很难被有效利用。

因此，我们需要通过知识图谱，对互联网上分散的非结构化信息进行知识抽取、关联，使得搜索引擎可以正确地将用户意图和查询结果进行匹配，并构建推理模型，返回用户预期的结果。而这就是开放域的知识问答技术的需求和研究方向。

在搜索引擎中，常见的开放域的知识问答产品功能包括知识问答、唯一答案（搜索直达）、名词释义、答案关联等。开放域的知识问答的知识推理研究作为学术界的研究热点，已有众多公开数据集、算法可以测试。开放域的知识问答示例如图 7-3 所示。

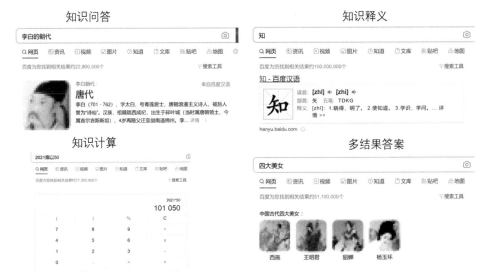

图 7-3

7.3.2 垂直域的知识问答

垂直域的知识问答用于满足一个细分领域的知识对话需求。垂直域的知识问答系统已在金融、电商、政务、工业制造、医药等领域的企业认知智能场景中带来业务价值。垂直域的知识问答系统的核心价值是帮助人们降低从知识库、数据库中获取决策信息的门槛与时间成本，提高决策者的信息交互效率。在垂直域的知识问答场景中，问法如下。

- 金融的知识问答场景：腾讯一周内的股价变化方差是什么？

- 电商的知识问答场景：某款笔记本电脑显卡的型号是什么？

- 税务的知识问答场景：深圳已婚二套房的首付比例是多少？

- 电网运维与检修知识问答场景：虎山站1号主变压器连接最多的变压器厂家是哪个？

知识问答通过为企业人员提供自然语言交互能力，可使企业各领域的办公人员快速、直接地获取企业知识库中的知识，并将其用于决策。从产品流程上，知识问答首先通过对问题进行意图理解、模式匹配、语义理解和解析等多种方案来获得用户的真实意图数据；然后将意图数据输入可利用的知识推理模型中，知识推理模型运行在图数据库、数据仓库、企业 AI 中台上，基于用户进行查询、推理，从而得出答案；最后将答案通过话术封装返回给用户。

常见的垂直域的知识问答基础技术流程如图 7-4 所示。不同企业的大量文件、数据通过知识问答技术的处理，可以智能地返回答案。

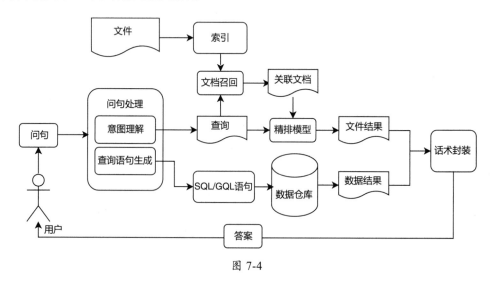

图 7-4

7.3.3 知识问答产品的需求拆解

知识问答（KBQA）产品的目标是给定自然语言查询（query），通过对问题进行语义理解和解析，利用知识库进行查询、推断，进而得出答案。在查询方面，相比传统的 FAQ 问答，知识问答用户经过一定的培训后，倾向于表达非常具体的信息，以便快速获得答案，提高决策效率。

关于知识问答产品的整体功能需求，可以概括为以下三点。

（1）**方便**：支持自然语言知识查询，降低知识获取门槛。比如，业务人员可以简单、便捷地获取业务场景中进行认知与决策所需的专业知识及业务数据。知识问答系统应减少业务当面咨询或电话咨询所需的资源。知识问答系统应具有人机友好的交互能力，包括但不限于自然语言对话、答案可视化展示等形式。

（2）**知识来源丰富**：知识问答系统应支持从企业系统的海量文档、图片及数据仓库中获取数据和知识。通过知识图谱技术可以提升数据、知识的关联性，进而增加知识服务的数据范围与可推理深度。

（3）**有推理能力**：知识问答系统应具有规则推理、统计推理等推理能力。在规则推理方面，需要将业务专家的知识与规则进行沉淀，普通业务人员可以通过知识问答系统获得业务专家的认知与决策能力；在统计推理方面，知识问答系统应具有大数据挖掘、统计分析的能力，对于需要基于业务深度统计、建模推理的问答，解析参数并将其传入专业知识推理模型中进行深度推理。

常见的知识问答类型及示例如下。

- **实体状态型查询**：某变电设备的电压是多少？

- **关联型查询**：找到这个出问题设备的供应商并联系该供应商。

- **聚合型查询**：返回某变电设备的生产厂家、采购项目、关联负责人、近期检修时间。

- **属性条件询问型**：变电运维一班负责的主变压器有哪些？

- **数据统计型**：董家站 1 号主变压器近半年的停电次数是多少？

- **数据推理型**：董家站 1 号主变压器投运了多少年？

- **检修推理型**：董家站 1 号主变压器的运行情况怎么样？

值得关注的是，在企业级知识问答实践中，一定需要从产品设计的角度，将业务用户与系统的交互意图与需求进行收敛，这是项目成功的核心要素之一。业务的问询意图与业务场景相关，因此在实践中，需要同业务专家和一线使用人员沟通，对问询的数据及知识范围进行限定，以此将知识问答封装在相对封闭、收敛的知识空间中进行查询，保证知识问答的产品质量。

7.3.4　知识问答技术的难点

面对企业级的业务需求，知识问答系统会遇到诸多挑战，其中较为典型的有**产品性能**、**意图理解能力**、**数据能力**及**模型推理能力**。

（1）**产品性能**：知识问答系统可能需要面向千万甚至亿级实体，提供毫秒级的语义解析、语句生成和查询能力。产品性能需求在金融、能源等时间敏感的场景中很常见。

（2）**意图理解能力**：知识问答系统需要通过知识图谱建模并理解用户的复杂问题，增强方法的可解释性。其中，典型的问题如下。

- 实体链接：在查询问句和数据库中没有使用相同的词汇表（同义词），知识问答系统需要将查询语句的实体与候选答案的实体进行映射或关联。

- 识别问题类型：包括 wh-问题（where、what、when）、祈使、名词或定义、主题化实体、带形容词或量词的程度（有多大、有多少）。

- 语言歧义：知识问答系统支持的问法语义表达与业务用户的语义表达是存在显著差距的，业务人员可能用含糊不清的词汇来表达需求。

- 推理参数理解：知识问答系统需要注意语义间隙、概念复杂性、时空介词、形容词修饰等多种语义表达，并获取推理的参数、条件。

- 句法和范围歧义识别：知识问答系统需要识别介词短语或从句，介词可以被附加到句子的多个位置。同时，在问询中可能存在多个作用域量词（最多、全部、每个），这些都会造成语法歧义。

- 识别范围：知识问答系统应返回并告知用户意图是否超出知识库数据、知识、可推理范围的事实。

（3）**数据能力**：知识问答系统会面临诸多数据问题。比如，在知识对齐方面，知识问答系统需要将查询的知识体系和业务数据仓库的知识体系对齐；而在企业运营方面，知识问答系统将进一步面临数据问题、运营问题和成本问题。

- 数据问题：知识问答系统在回答业务的问题时需要准确、及时的数据支持，而其基础是企业的数据治理与高性能的数据中台支持。在业务场景中，企业数据、知识分散，数据治理成本高。

- 运营问题：知识问答在落地业务中，不仅需要培养用户的习惯，还需要建立运营管理的相应机制。如何将知识问答作为业务助手，融入员工的业务流程，并建立管理激励机制，是很大的挑战。

- 成本问题：知识问答从数据、知识到模型建设都是重投入的场景。从业务需求的角度，知识问答需要的数据更广泛、知识更精确，因而面临更高的成本。

（4）**模型推理能力**：知识问答系统也会遇到诸多难点，包括参数解析、准确率与效率、泛化能力与推理深度等。

- 在参数解析方面，知识推理模型的参数解析是极具挑战的。比如在知识数值计算场景中通过意图理解获得模型参数，这不仅需要对计算数值进行解析，还需要对推理条件进行解析。又如在数值计算的知识推理中需要将用户的计算需求转化为聚集、比较等运算符，聚集运算符指计算满足某个特定属性的多个个体的最小值、最大值、总和、平均值或计数的运算符；比较运算符指将数字与给定顺序进行比较的运算符。

- 在准确率与效率方面，规则推理的准确率高、执行效率高，但是对人工定义模板的依赖非常大，在新数据、新环境中的适应性非常差，在运营过程中需要企业持续投入，进行人工模板的定义。

- 在泛化能力与推理深度方面，基于统计推理、深度学习的知识问答推理模型具有更强的泛化能力，通过深度学习等方法，可以进一步加强推理能力。但是，此类模型需要大量的场景数据进行训练。而在新的领域中，从问询语句到专业知识推理模型都极度缺少样本。

7.3.5　知识问答系统的整体技术方案

就问答系统的实现技术而言，问答系统可分为对话式问答系统、阅读理解系统、基于知识库的问答系统和基于常用问题集（FAQ）的问答系统等。其中，基于常用问题集的问答系统应用最为普遍。知识问答系统在问答系统的基础上，进一步融合了知识图谱的相关技术。

知识问答的核心模块分为对话意图理解模块、知识推理模块和对话管理模块。业界较为常见的知识问答技术方案有 **Semantic Parsing**、**Information Retrieval**、**Information Retrieval + Semantic Parsing** 及 **NL2SQL** 等。

- **Semantic Parsing**：将自然语言问题转化为逻辑表达式，然后在图谱中执行。该方法需要建立自然语言问题到逻辑表达式（Gremlin/SQL）的标注，将其用作模型训练，建立命名实体识别和属性映射。

- **Information Retrieval**：将自然语言问题转化为向量化表达，再通过向量检索实现问题和答案的匹配，但构建模型时需要问题&答案的标注数据。

- **Information Retrieval + Semantic Parsing**：通过实体识别、实体链接进行意图和关系识别，进而转化为子图路径生成，并转化为 Gremlin/SQL 查询。该方法可以通过规则 Parsing 和无监督方式解决冷启动问题。

- **NL2SQL**：是近年来学术研究的热点，WikiSQL、Spider 等数据集层出不穷，但多跳问题涉及多表拼接，执行效率一般。

知识问答可以通过自然语言对话与知识图谱进行交互，包括对图谱内的实体属性、实体间的关系进行查询。在医疗诊断、设备运维与检修等垂直域知识图谱场景中，需要将自然语言的查询转化为参数给到知识推理模型进行逻辑条件、规则的推理判断。对更复杂的问题，需要结合后端的统计推理和知识表示推理模型来解决。

以电力设备知识问答为例，面对亿级设备的知识图谱问答与查询，需要围绕复杂问题推理、高性能问答查询及可持续低成本运营，从效果可调、可干预的角度进行技术攻坚。

从实践的角度，需要重点挖掘用户问题的意图，将其解析为推理所需的参数模型。在问答方面，需要对不同类型的数据及不同业务场景中的问题进行存储、计算分离，并建设产品化的运营工具。

图 7-5 展示了对企业亿级实体的知识问答技术方案的思考与解法。整体上，知识问答项目实践的核心涉及问法范围、问法逻辑、业务数据量、业务查询实践容忍度、用户对产品化的需求程度等多项因素。开发人员需要解决企业的业务场景，考虑是运用端到端的模型，还是运用意图理解分离。在数据量层面，需要结合企业业务的大数据系统进行架构设计。

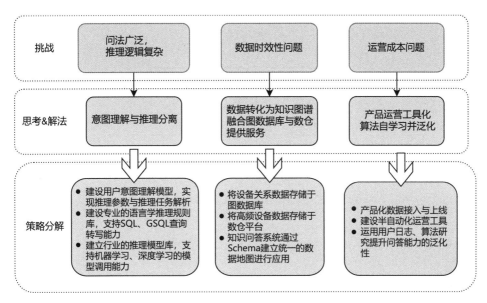

图 7-5

7.3.6　知识问答系统的技术架构

在如图 7-5 所示的技术方案思考中，面临企业数据领域多、问法复杂、专业度高等挑战，知识问答系统需要将意图理解与知识推理分离。以此为基础，图 7-6 对知识问答系统的技术逻辑架构进行了梳理。如图 7-6 所示，知识问答系统中的查询模块通过意图识别，可以获得知识推理所需的推理参数识别和推理任务分类。推理参数识别主要指对问句中的目标查询实体及实体的属性、关系等进行识别，比如识别是电压数值计算任务，还是商品价格比较任务，抑或是股票预测任务；推理任务分类主要指对推理的任务类型进行分类。在业务实践中，需要基于用户的问询及已有的知识推理任务构成分类的数据集，以此为基础，通过规则、机器学习等方式进行分类训练和预测。

基于基础的技术逻辑架构，知识问答系统的技术架构需要更进一步地与场景中的业务需求深度结合。企业级的知识问答系统，其业务目标的核心是降低成本、提高效率。因此，在技术架构设计上需要从数据、模型、运营等多方面降低业务成本。

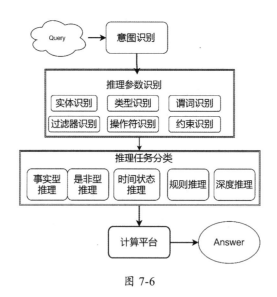

图 7-6

因此，知识问答系统的技术架构需要进一步实现以下 4 点。

- **数据门槛低**：知识问答需要尽可能减少问答标注的数量，降低数据门槛。比如，问答系统可以将用户日志作为训练资源，用于模型逻辑表达式训练。

- **语言学友好**：指语言学规则的鲁棒性强，需要建设专业的语言学规则问答能力，并以应对用户问法、问题为优先导向。

- **系统集成度高**：知识问答系统应与企业数据、业务系统进行集成，实现便捷接入、快速上线、Schema 自动拉取等能力，以便捷的接入步骤实现快速体验。

- **可持续运营能力强**：知识问答系统应提供丰富的模型调整与效果优化能力。算法工程师、业务人员应可以通过修改配置的方式，对异常进行快速定位及敏捷修复。在业务变化强的领域，需要尽可能地实现模型的稳定性。

综合前面的技术逻辑和产品需求，图 7-7 展示了生产级知识问答系统的详细技术架构。

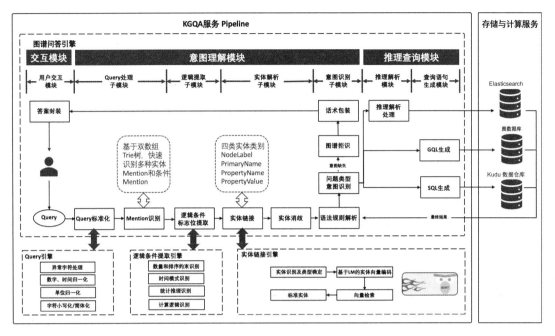

图 7-7

如图 7-7 所示，知识图谱问答系统的核心组件应包括**交互模块**、**意图理解模块**、**推理查询模块**、**存储与计算服务**等。

（1）**交互模块**：主要是进行用户话术管理，包括组合不同问题的答案进行话术包装。知识问答系统需要对图数据库的返回结果进行分析，根据情况进行话术包装或者答案拒识，并将最终结果传递给用户。话术包装和答案拒识可以分为 4 类：①正常答案返回；②因意图识别模块检测到意图缺失导致的答案拒识；③因查询服务模块查无结果导致的答案拒识；④因权限校验和权限过滤模块检测到权限不符导致的答案拒识。在正常的答案包装中，包含对答案域的包装和错误值过滤，以及对图多层次属性列表域的包装及过滤。

（2）**意图理解模块**：是对 Query（查询）意图的理解，比如对实体、属性参数的解析。对于抽取的实体，需要进行实体链接才能正确匹配到相应的答案，进行实体链接又需要属性标注、实体扩展、实体消歧等相关技术。另外，对意图理解也需要进行查询及推理模型分类，这样可以将推理意图约束在有限的类型里，根据分类模型的类型判断其所属的意图，提高问答准确率。

（3）**推理查询模块**：核心功能是根据意图理解选择推理模型，进而调取脚本模板、输入参数，以 GQL、SQL 脚本形式生成查询模型，又或者调取模型模板，输入解析的参数，生成推理模型任务。

（5）**存储与计算服务**：在知识问答系统中，存储与计算服务的核心功能是与企业的大数据存储与计算平台交互。比如，系统首先通过意图识别模块、推理查询模块生成模型的脚本，存储与计算服务再将脚本任务发送给计算平台。典型的计算平台有 Elasticsearch、图数据库、Kudu 数据仓库等。存储与计算模块与计算平台交互，获取查询与推理的结果，再发送给话术包装和答案封装。

7.3.7 知识问答系统中的意图识别模块

在知识问答系统中，意图识别模块是核心模块，可以进一步细分为 Query 处理、逻辑提取、实体解析和意图识别等子模块。

意图识别模块结合知识图谱的 Schema 信息与实体消歧、对齐的结果，对 Query 是否包含完整意图及意图的内容进行判断，并根据意图的完整程度和类别进行对应的图谱拒识和查询语句生成。

意图识别模块中的算法模块主要包含**模式匹配算法模块、语义匹配算法模块和时间计算模块**等。

- **模式匹配算法模块**：主要解析和匹配在 Query 中出现的实体标签、属性名及属性值，将 Query 中的对应内容映射到图谱 Schema 的相应实体节点上。

- **语义匹配算法模块**：主要利用 Bert、word2vec 等大规模预语言模型生成的向量，以及基于分层临近图算法改进的高效向量检索系统，进行近似表述的查询与图谱标准描述的语义匹配，完成实体、属性的纠错和近似含义映射。

- **时间计算模块**：主要利用正则表达式引擎进行时间意图计算和时间范围确认，算法引擎还可使用图的深度优先遍历等搜索算法。

7.3.8 知识问答系统中的推理查询模块

那么在推理查询模块中，应该如何根据用户的查询语句，在企业级数据开发与生产环境中，生成可在数据平台或者机器学习平台上运行的推理查询任务呢？

为解决上述问题，推理查询模块在整体上需要完成**问题识别、推理参数解析、推理模型生成**三项任务。问题识别与推理参数解析，是关联密切且相互依存的任务。推理查询模块需要识别用户查询问题的类型，并构建规则或者调取序列标注等相关模型进行推理参数解析。推理模型生成则是根据问题的类型，由解析出的推理参数生成平台可以运行的模型，比如数据库的 SQL 脚本、图数据库 GQL 脚本，或者 AI 平台中用户画像、风险识别、设备状态预测的机器学习模型。

在业务实践中，基于图数据库、关系数据库的语法规则，将问答语句转化为 GQL、SQL 查询脚本是典型的实现方法。在这个过程中，推理查询模块基于意图识别的结果，解析并获取在 Query 中出现的知识图谱节点、属性名称和（或）属性值，并将查询语句的条件逻辑、推理逻辑以 SQL 的语法规则实现。推理查询模块生成的 SQL、GQL 脚本，经过语句基本语法的验证和必要的条件限制补充等后续处理步骤，便可以直接被发送至数据平台并运行。

在具体实现方面，推理查询模块可以利用结合启发式规则的算法来填充问答槽位和查询语句模板。SQL、GQL 语句的查询通常能够满足一些简单的查询请求。例如，若干带属性值的节点通常被作为查询语句的条件，末端节点或属性名称则作为图谱的目标查询内容。然而在生成查询语句实践中，推理查询模块不可避免地会遇到一些挑战，需要通过一些技巧解决：

- 当需要填充的问答槽位包含多种候选序列时，通常采用深度优先搜索及最短路径查找等方式综合确认置信度最高的候选序列。

- 当遇到复杂状态查询时，Match、Where、Return 等基础查询语句在填充结束后，可根据 Query 处理模块的结果基于时间表述范围和数量限制等附加查询信息对 GQL、SQL 语句进行补充。

- 当用户 Query 涉及监测数据、预测数据等频繁更新的时序数据时，需要根据 GQL 语句的检索返回结果，然后对 SQL 语句进行包装，从而发起二次查询。

- 当面对多种查询问题混合的问句时，可以对查询的 SQL、GQL 语句进行组合，以得到整合的查询语句。

值得关注的是，在生成推理查询任务的符号、条件、参数的过程中，处理实体歧义问题的方式非常重要。通常对于实体歧义问题，可以通过实体链接技术进行处理。在知识问答场景下，可以考虑局部推理，即融合目标实体的相邻实体的属性、关系等信息，综合判断实体之间关联，以消除歧义。

不同类型的问题，其推理参数解析与推理模型生成的方法也有较大的差异。在企业营销、设备运维等业务实践中，比较常见的查询问题有**事实型问题、是非型问题、时间状态推理问题、规则推理与深度推理问题**。

（1）对于**事实型问题**，按查询目标进行分类，可以分为查询实体和查询属性。在查询实体方面，例子如某变电站的信息、某变压器的信息；在查询属性方面，例子如某变电站 1 号主变压器的型号、变电站的位置。事实型问题按查询条件可分类如下。

- 实体名称作为条件：某变电站 1 号主变压器的信息有哪些？

- 普通属性值作为条件：深圳的电站有哪些？2010 年之前投运的电站有哪些？

- 实体名称和节点标签共同作为条件：某变电站变压器的缺陷记录有哪些？

- 实体名称和普通属性值共同作为条件：某变电站在室内的变压器有哪些？

- 节点标签和普通属性值共同作为条件：去年哪些变压器存在缺陷记录？

- 实体名称、节点标签和普通属性值共同作为条件：董家站变压器上个月存在哪些缺陷？

（2）**对于是非型问题**，主要对问句中的实体属性值、实体名称、实体关系，与知识库中的实体进行对比与判断，示例如下。

- 判断预期属性值是否符合一般事实：某变电站 1 号主变压器是室内的吗？

- 判断预期实体名称是否符合一般事实：1 号主变压器属于某变电站吗？

- 判断预期实体名称是否符合关系事实：A 变电站和 B 变电站的变压器的生产厂家是否相同？

（3）**时间状态推理问题**，主要指用户、商品、设备知识问答中关于时间、状态范围的问询，例如"近三周""近五年"等。知识问答系统会推理计算该时间周期的起止时间，并将该时间查询子句合并到系统生成的图查询语句中。对于时间型问题和状态处理问题，可以根据场景构建相关的算子。因此，当面对时间状态类的问询时，知识问答系统需要构建时间处理和状态处理的推理算子。以电力知识问答场景为例，与时间处理与状态处理相关的推理算子可以是"{date_time} {time_predicate} 电站的 {date_time} {time_predicate} 变压器的 {date_time} 运行数据"。其中，{date_time} 表示时间约束，{time_predicate} 表示时间谓词，比如投运、出厂等，可省略。表 7-2 总结了与时间相关的知识问答推理算子。

表 7-2

类型描述	范围示例	时间描述示例	举 例
之前某时间点到现在	近、最近	n 年、n 月、n 周、n 天	近 n 年、最近 n 周
之前某个时间段	前	n 年、n 月、n 周、n 天	前 n 年、前 n 月
某个时间点之前	之前、以前、前	n 年、n 月、n 周、n 天	n 周之前、n 天之前
某个具体日期之前	之前、以前、前	yyyy 年 mm 月 dd 日、yyyy 年	2018 年 10 月 1 日之前
某个具体日期之后	之后、以后、至今	yyyy 年 mm 月 dd 日、yyyy 年	2018 年 10 月之后
某两个具体日期之间	到、和……之间、至	yyyy 年 mm 月 dd 日、yyyy 年	2015 年 6 月和 2019 年 7 月之间
某个具体日期		yyyy 年 mm 月 dd 日、yyyy 年	2019 年 4 月 5 日

续表

类型描述	范围示例	时间描述示例	举 例
某个描述日期		今天、昨天、本周、上上周	今天、这个月、上周、去年
某个描述日期之前	之前、以前、前	今天、昨天、前天、本周	今年之前、上周之前、这个月之前
某个描述日期之后	之后、以后、后	今天、昨天、前天、本周、上周	去年以后、上个月之后
日期最值	最早、最晚、最久		最早、最晚、最久、最近

（4）**规则推理与深度推理问题**是与企业的业务场景强绑定的。比如在风控场景中，企业风险管理人员可能问询目标实体（用户、企业）的风险评分；而在电网配电场景中，配电员可能问询设备的电网态势。这类与企业业务场景强相关问题的答案，通常是无法直接通过语义匹配或逻辑判断得到的，需要通过专业的模型，经过计算与推理才能得到。比如，用户的评分需要通过风控模型，根据用户的行为进行推理与预测。风控模型通常由风控专家的经验与规则与统计推断模型组成。推理查询模块需要识别诸如用户身份 ID、查询时间、查询限制条件等参数，才能为风险推理模型提供准确且完备的参数。

7.3.9 知识问答系统中的配置管理模块

在企业级知识问答实践中，**配置管理**是意图理解的重要模块，通常需要对知识体系（Schema）、词库、问答槽位、权限等进行配置管理。Schema 管理模块会对知识问答不同模块中的知识体系进行统一管理。图 7-8 展示了电网知识体系的样例。在实践中，不同模块对知识图谱的数据获取、使用都需要通过 Schema 模块进行对齐，开发人员也需要通过对 Schema 的配置和更新来完成对知识问答所对接的数据、业务和模型的更新。

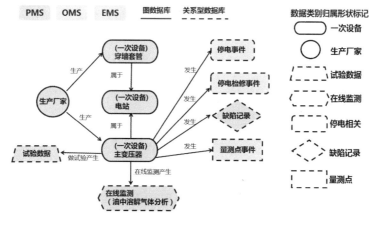

图 7-8

词库管理主要管理同义词词库、近义词词库和分词词库、停用词词库等。在配置管理模块中，用户可以借助该模块接口，实现对时间属性字段的指定、对可见/隐藏字段的选择等配置项管理。

配置管理，通常需要建设模块初始化能力，包括对知识问答各类基础信息的初始化加载等。知识问答典型的基础信息主要有实体属性词典、同义词映射词典、排序及可见信息、图结构信息和时间信息等；算法引擎配置模块主要包含模式匹配算法、语义匹配算法、时间计算模块及其他搜索算法的配置。

权限管理在配置管理模块中也发挥了重要作用。

- 在业务实践方面，知识问答系统需要对知识查询的请求进行权限鉴定，判定用户是否有访问相关知识的权限。

- 在实现方法方面，知识问答系统首先需要对用户的问句进行实体消歧与意图识别，得到查询文本中的场景类别意图，将该意图与 Query 请求参数中的用户身份特征进行校验，根据校验结果进行权限的通过或拒识。在用户权限、权限组方面需要支持用户自定义配置。

7.3.10　知识问答运营

为了保证知识问答持续运营的质量并减少风险，需要对知识问答系统进行评估测试。从知识问答准确率评估的角度，首先需要构建知识问答测试集。在实践中需要开发人员、运营人员对查询语句中的各实体分别进行标注，基于查询的逻辑组合，将真实业务查询与知识系统中的数据进行配对。知识问答的测试集数量应超过 1000 条，并且覆盖数据仓库中任意有业务代表性的节点。

在评测指标方面，应以问法与推理生成的查询语句的正确率为标准。比如在图数据库的查询语句生成中，可以将问法与生成的 Gremlin 查询语句的准确率作为指标。关于评判标准，当单条测试集给出的逻辑形式的组件集合与测试集中的组件集合完全一致时，记为 1，反之记为 0。

知识问答运营从用户的角度，需要持续进行数据准备和人力储备。在数据准备方面，企业用户需要做到以下几点。

- 用户提供结构化数据的库表规模，以估算数据承载数量。

- 用户提供结构化数据的 Schema，以估算数据清洗、问答模型构建的难度。

- 用户提供对不同实体的同义词称呼，以提高图谱问答查询的准确率。

- 用户提供数据中心的数据库版本和协议，以进行接口评估和适配。

在人力储备方面，为满足系统运维需求，企业需要储备 Linux、Docker 方面的运维人员。除此之外，开发人员需要初步了解知识图谱、知识体系、问答系统等的原理；数据运营人员需要对业务场景、业务数据、业务运营有一定的了解。

在运营维护方面，知识问答系统需要提供产品文档、白皮书、运维手册等供用户使用，并从准确率、异常定位和判断、用户活跃度等方面提供对已接入数据的咨询、维护保障和问题解决保障。

知识问答是持续、重成本的投入。知识问答服务提供者和企业需要共同发现业务价值与合理的定价模式。所以在商业模式方面，知识问答服务提供者可以从新场景数据、数据量、数据形式、知识体系形态等方面对新场景进行评估和定价。

7.4　知识补全

由于数据的不完备性和局限性，企业在构建知识图谱时会存在知识缺失现象。知识缺失包括实体缺失、属性缺失等。知识补全的目的是利用已有的知识图谱数据去推理缺失的知识，从而将这些知识补全。此外，由于在已获取的数据中可能存在噪声，所以知识推理还可以用于对已有知识噪声进行检测、过滤，以达到净化知识图谱的效果。从算法技术体系的角度来看，知识图谱补全算法和知识融合、属性链接技术相近。

7.4.1　知识补全定义

假设有知识图谱 $G=\{E,R,F\}$，其中 E 表示所有实体的集合，R 表示所有关系的集合，F 表示所有三元组的集合。知识补全的任务目标是预测出当前知识图谱中缺失的三元组 $F'=\{(h,r,t)|(h,r,t)\notin F, r\in R\}$。知识补全中的关系预测如图 7-9 所示。

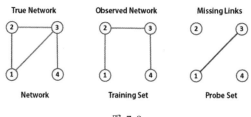

图 7-9

知识补全可以分为封闭域和开放域。封闭域的知识图谱补全，限制要补全的三元组的实体都在 E 中；开放域的知识图谱补全，不限制实体在 E 中。知识补全示例如图 7-10 所示。

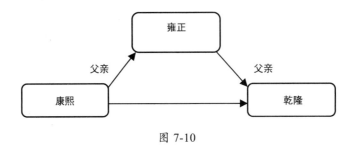

图 7-10

在金融、公安等的业务中，知识补全最受人们关注的价值是基于知识图谱的拓扑结构和语义知识实现业务实体之间隐性的关联信息挖掘，挖掘专家人工判断、业务经验和独立数据分析都难以发现的业务逻辑和线索。比如在金融交易中，风险控制人员需要对人与设备、地点、交易物的隐藏关系进行挖掘，对风险交易行为进行识别。

在医学领域的药物研发场景中，蛋白质和药物关系的预测通常需要通过成本昂贵、风险高的物理、化学实验来确定。如果药物企业通过知识补全技术，在已有的蛋白质、基因、药物的图谱上预测药物关系，则可以大幅降低试验成本。

7.4.2　知识补全的方法

知识推理在整体上可以分为逻辑推理、统计推理和图推理。其中，逻辑推理偏向传统的逻辑编程和规则推理，可解释性强，但成本高。

首先，逻辑推理可分为**伴随推理、反向推理**和**多实体推理**三种推理方法。

（1）**伴随推理**：指在已经被连接的两个实体之间，根据两个实体的属性信息，发现两者间蕴含的其他关系。比如实体 A 已经通过"配偶"关系与实体 B 相连，实体 A 的性别为"男"，实体 B 的性别为"女"，则伴随推理会生成一条"妻子"关系边，将实体 A 与实体 B 连接在一起，代表 B 为 A 的妻子。伴随推理的规则可以通过统计同时关联起两个实体的属性贡献比例得到。

（2）**反向推理**：指依据边之间的互反关系，为已经连接的两个实体再添加一条边。比如实体 A 通过"作者"边与实体 B 相连，代表实体 B 是实体 A 的作者，此时可以直接生成一条从实体 B 指向实体 A 的"作品"边，代表实体 A 是实体 B 的作品，因为"作品"与"作者"是一条互反关系。反向推理与伴随推理类似，都是在已存在边关系的实体之间挖掘新的边关系，不同的是，伴随推理在生成边关系时需要满足一定的属性条件，例如上例中的"性别"限制；而反向推理直接通过已有的边关系，直接生成一条互反边关系，无须参考其他属性值。反向推理规则可以通过统计 A-B、B-A 的属性共同实现数量筛选。

（3）**多实体推理**：指在多个实体之间挖掘蕴含的边关系，是一种更加复杂的关联规则。例如第 1 种形式：A 的父亲是 B，B 的母亲是 C，则 A 的奶奶是 C，通过统计 A + PATH = C、A+R0=C，得到规则[PATH(R1R2)=R0]。第 2 种形式：A 的母亲是 B，A 的儿子是 C，则 B 的孙子是 C，通过统计 A + R1 = B、A+R2=C、B+R0=C，得到规则[R1&R2 = R0]。

另外，知识补全中的统计推理和图推理整体是偏向知识表示的技术体系。知识表示对于知识推理非常重要。语言、非语言线索和符号是人类信息交流的媒介，但是汉语、英语等自然语言虽然让人类之间能够高效沟通、相互理解，但其抽象、歧义、不精准的知识表达方式，让机器很难直接理解并使用。因此，在业务应用中，需要将数据、知识通过知识表示转化为知识推理应用程序可以使用的形态。

在业务实践中将知识表示应用于知识补全推理场景有三大显著优势：

- 分布式表示学习的低维度向量，使得语义联系能够在低维度空间进行高性能计算；

- 知识表示相互独立的假设，可缓解业务数据稀疏带来的问题。

- 分布式表示可以和其他多源异质信息映射到同一空间，对不同的业务数据进行融合。

在知识补全算法方面，关于如何对知识图谱进行知识表示及知识补全有多个研究方向。较为公认的研究难点是，在不损失信息、高效计算等条件约束的前提下，如何将知识图谱抽象的语义符号信息及高维的图拓扑结构信息投影在低维向量空间，以生成知识表示向量。同时，基于知识表示向量，还可以通过向量运算完成关系预测、属性预测等知识补全工作。从向量运算是否是线性（加减乘除）的角度，知识补全算法可以分为**线性补全算法**与**非线性补全算法**。在线性补全算法中比较经典的有 TransE 系列、DistMult、ComplEX 等，而在非线性补全算法中有 ConvE、R-GCN 等。

线性补全，其核心目标是获得知识图谱的头实体 h、关系 r、尾实体 t 的向量表示。图 7-11 对线性补全的算法原理进行了展示。基于不同的投影模式，向量的投影算法逐步衍生出 TransE、TransH、TransD 等多种算法。在投影生成的向量上，可以运用线性的向量加、减对目标实体和关系向量进行计算推理。比如想要获得尾实体 t 的向量，则需要将头实体的向量 h 与关系向量 r 直接相加。下面简要对比不同投影算法的优点和缺点。

- TransE：可以很好地处理三元组数据，但只适合处理一对一的关系，不适合处理一对多/多对一的关系。比如对于(中国科学院大学,地点,北京)和(颐和园,地点,北京)，TransE 会得到中国科学院大学和颐和园非常接近。

- TransH：可以处理一对多或多对一的关系，即将实体投影到关系的超平面上进行计算。

- TransD：在同一种关系下，头、尾实体基本属于不同的类别，因此对每个实体或关系都使用两个向量表示，一个向量用于表示语义，另一个向量用于构建映射矩阵。

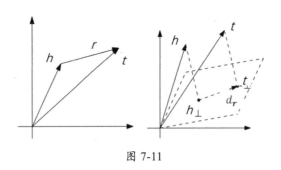

图 7-11

非线性补全，主要指在向量投影及向量推理过程中，使用诸如神经网络的非线性向量运算模式，其中比较典型的算法是 ConvE。如图 7-12 所示，ConvE 算法首先把头实体和关系通过向量拼接转换为二维向量，然后利用卷积层和全连接层获取交互信息向量矩阵，最后将矩阵与尾实体进行交叉计算，获得不同尾实体的相似度概率。

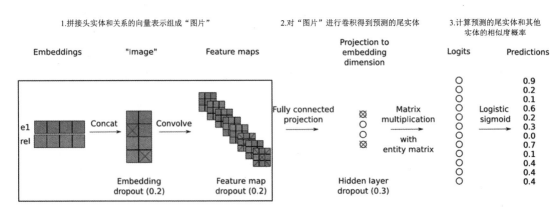

图 7-12

ConvE 算法基于卷积的思想，首先将头实体和关系的向量表示组成不同形态的"图片"，然后对"图片"进行卷积以得到预测的尾实体，这打破了传统的向量加和的做法。另外，通过卷积得到聚合头实体和关系向量，并与尾实体通过深度神经网络模型进行向量交互，可以获得非线性的特征。因此，应用非线性知识表示补全算法可以在业务应用中取得相当好的效果。如果进一步分析 ConvE 等算法的原理，可以发现其与搜索推荐的深度匹配模型非常相似。因此，在业务中落地时，ConvE 算法可以与业务现有的深度搜索、推荐框架较好地融合。

知识图谱将知识以符号的形式进行表示和存储，包括使用三元组等存储实体和关系。然而，在业务应用中，知识表示推理也面临诸多挑战，比如存在**计算效率瓶颈**、**数据稀疏性强**、**效果上限受限**等。

- **计算效率瓶颈**：知识图谱拥有复杂的符号与拓扑混合结构。在进行向量投影时，为了全面捕捉实体、关系、图拓扑结构的关联表示，必然会遇到大量的关联向量计算。因此在实践中，即使是十万至百万规模的知识图谱，运算 TransE 等线性补全算法，其计算时间都可能超过十数小时。这在对时间敏感的金融、营销等场景中会面临巨大的落地挑战。非线性知识补全算法得益于深度搜索匹配框架在工业场景中的应用基础，在实践中有较好的可落地性。

- **数据稀疏性强**：以百科知识图谱为例，知识图谱的实体关系通常存在长尾分布，有很多实体只有少量的关联。因此知识表示算法在训练过程中会面临数据稀疏的问题，难以得到较高的算法准确率。

- **效果上限有限**：在业务实际应用过程中，规则推理需要针对知识图谱人工制定规则，在定制化成本高的同时准确率也高，在业务中可以放心地使用规则推理的结果。但对于知识表示推理的结果，在业务中却难以直接使用，这是因为知识表示推理通常只能返回头部概率的结果，没有经过业务的二次精选。

7.4.3　知识补全的技术架构与方案

在业务实践中，知识补全是一项系统性开发工作。知识补全系统需要面向关系预测、实体预测、属性预测等不同任务建立统一的知识表示与知识推理架构。

图 7-13 对知识补全的技术框架进行了展示。围绕知识推理的任务目标，知识补全可以分为**数据层、输入层、表示层、推理层**。

（1）在**数据层**，知识补全技术架构需要通过企业数据仓库或知识图谱管理平台对学术数据集（如 FB15K、WN18）、知识图谱、社交关系链、企业关系链等不同领域的知识图谱进行统一的聚合与管理。数据层需要为输入层提供离线、实时的数据查询、读取、写入接口。

（2）在**输入层**，知识补全系统需要将知识图谱的三元组数据或者图网络数据进行 ETL 标准化处理。其中，比较典型的是需要针对业务场景的需求，运用子图查询、子图匹配的方法，在异构的知识图谱中筛选业务强相关的子图，以此减少知识表示推理的计算量，提高业务效果。

（3）**在表示层**，知识补全系统需要建设知识正则化、知识图谱嵌入、图嵌入的知识表示能力。知识表示层将输入的标准化的知识图谱、图网络根据业务需要转化为相应的向量或者符号表示形态。知识表示层通常是基于企业的 AI 中台、数据中台开发的，开发者需要根据业务时限、范围需求，调取合适的知识表示算法模型，离线及批量计算出目标知识图谱的知识表示向量。而在以推荐为首的实时推理业务中，需要将离线的批量计算的向量与用户实时的行为特征向量进行计算，以获得融合向量。

（4）**在推理层**，可以通过嵌入向量与样本进行规则推理、统计推断、神经网络推理等，完成关系、实体、属性的知识补全推理任务。在业务实践中，知识补全系统的推理层通常是与企业已有的业务数据智能模块深入融合的。比如在用户画像任务中，为了获得准确的用户标签，基础用户画像算法框架会先独立地将用户的行为特征、内容特征进行整合、拼接，再输入统计机器学习的模型中进行训练、预测。而知识补全系统的推理层主要是从知识图谱的方向，对用户特征的符号化信息、图拓扑结构进行融合、推理。因此在实践过程中，用户画像算法框架可以将知识表示推理作为特征表示及推理的子流程融合到用户画像算法流程中。在搜索、推荐的算法框架的场景中也与之类似。

图 7-13

7.4.4 对知识补全的进一步思考

如果将知识补全中知识表示的算法原理与人类语言、自然界"语言"的特性进行对比，会发现许多有趣的特性，其中，比较典型的有**知识表示的互通性、多层次性及传递性**等。

（1）**知识表示的互通性**，指不同形态的知识表示具有互通性及互转化性。如果将自然语言中的语句以知识图谱的形式转化，那么人也是可以对其进行理解和应用的。比如对一段话进行知识抽取，只保留知识图谱可存储的实体、关系、属性，这段话就可以通过知识图谱进行表示，而人也可以通过生成的知识图谱"脑补"该段落所表达的知识。又如通过深度自注意力变换网络Transformer，可以将段落中文字之间的注意力关联进行向量化表示，以此构建一个由实体及注意力关联组成的图，该图可以作为自然语句的另一种知识表示，通过解码器既可以向知识图谱转化，也可以向自然语句转化。因此，知识图谱的表示和自然语句的知识表示具有一定的互通性。

（2）**知识表示的多层次性**，指不同形态的知识会采取多层次、相互关联的知识表示方式。比如表述一篇文章的知识时可以通过主题模型，从词、短语、主题进行多层次的知识表示。多层次的语言表达、知识表示和转述在自然界、产业界同样存在，如下所述。

- 在自然界中，基因-蛋白质网络通过不同层次、高维、复杂的关联形态，对生物不同层次的任务、功能、知识进行表示与转述。自然语言的多层级表示方式和基因语言表述方式一样，核心目标都是建立超大规模网络沟通与协作的基石。自然界的复杂网络在整体上会遵循物理学中的诸多定律，比如能量最小化、熵减等。因此，知识图谱的层级知识表示算法可以参考自然界的相关物理特性进行设计。

- 在产业界的营销用户画像、信贷反欺诈中也存在多组织、多层次的知识表达。分子有不同的层级，用户有不同的社群，每个个体的信息都包括节点符号信息和关联信息。深度学习的多层次抽象能力已在自然语言处理、图像识别等多个任务中取得突出的效果。因此，图深度学习对知识图谱多层次结构特性的捕捉、知识表示、知识推理的能力是值得期待的。

（3）**知识表示的传递性**，指不同层级、不同圈层的知识图谱可以通过不同的知识表示形态进行任务传递。为了认知并引导社群、电网、基因蛋白质等网络系统的状态，需要对其内部沟通的语言、语素所代表的知识表示进行认知和理解，并通过修改其通信"语句"来改变系统的状态。

- 在营销领域，销售人员需要通过话术逐步引导个体、群体消费者的购买行为。

- 在设备调度优化领域，智能调度引擎需要通过电网不同层级的调度"语言"，引导电网从非稳态演变到稳态。

- 在基因药物领域，理解基因、蛋白质的语言及语素可以帮助构建药物与基因沟通的"翻译机"。在此基础上，治疗人员可以通过识别基因、蛋白质之间的"语言"来获取基因网络状态，并通过修改基因、蛋白质之间的通信"语句"对基因-蛋白质网络进行修正与引导。

第 **8** 章

知识图谱管理平台

知识图谱是一项技术与组织管理相结合的综合性的系统工程。

（1）在技术方面，涉及大数据治理、大数据平台开发、自然语言处理、图计算、深度学习等大数据与人工智能领域的知识。

（2）在组织管理方面，不仅涉及业务专家、数据专家、图谱专家等多个角色，还涉及数据中台、AI 中台、业务中台等多个平台的整合协作。

因此，企业需要将知识图谱的生产方、管理方、应用方在业务目标、数据与知识需求管理、知识推理应用建设与服务等方面进行认知拉通与协调。然而在知识图谱实践过程中，通常面临业务管理目标难制定、数据知识信息分散、多方需求认知不一致、知识推理服务体系混乱等难题。为了系统性地达成知识图谱提升企业业务效果的目标，企业需要拥有一站式的知识图谱管理平台。该平台的核心功能是实现对知识图谱全生命周期的统一管理，围绕降本增效等业务目标，建设知识体系管理、知识图谱构建、知识推理应用等模块，进而满足企业对知识生产管理及服务的需求。

从产品使用的角度，业务知识需求与供应方可以通过知识图谱管理平台的知识体系模块拉通对业务数据体系的认知与理解，达到需求与认知一致的目的。知识图谱的生产方通过知识图谱管理平台的知识体系模块获取生产目标，并在知识构建模块中对图谱生产任务进行统一建设与管理。知识图谱的使用方可以在知识推理应用模块中，对知识图谱的调取、使用进行统一管理。

8.1 知识图谱管理平台的产品架构

知识图谱管理平台需要最大限度地降低知识图谱建模、构建、存储、应用、运营的成本，并以提高知识图谱质量和创造价值的能力为核心目标。本节介绍知识图谱管理平台核心模块的产品功能，并分享在产品落地过程中的一些思考。

8.1.1 知识图谱管理平台的应用场景与流程

图 8-1 对知识图谱从生产到应用的全生命周期流程进行了汇总。首先，领域专家在知识建模模块基于业务场景中的需求对业务的知识体系进行梳理，并将知识体系存储于数据库。然后，图谱工程师通过数据采集模块聚合不同领域的数据，并在知识构建模块中通过知识抽取等技术构建知识图谱生产流水线。接着，在流水线中生产的知识图谱，将在图数据库、关系数据库等存储媒介中进行存储，并依托其向知识推理模块提供服务。最后，领域专家在知识推理模块中使用知识图谱，在数据中台、AI 中台等基础平台上建设可视化、知识问答、智能搜索、关联分析等知识应用，知识应用将通过知识推理模块进行统一管理，提供稳定、可靠的服务。

知识图谱管理平台需要面向多种数据智能应用场景。如第 2 章所述，以人、物、企业的认知智能为中心构建应用，可以为个体、企业创造巨大的业务价值。因此，知识图谱管理平台可以以提升人、物、企业的认知智能为目标，将海量人、物、企业的实体状态知识与专家知识通过图谱聚合，形成企业统一的知识中台。基于知识中台构建的知识问答、策略搜索、推荐等认知智能应用，将提高企业业务人员在企业营销、企业设备检修调度、企业业务风险控制等场景中的认知、分析、决策和行动能力，让企业业务人员在业务流程中拥有人机友好的、可快速推理复杂知识的、共享与传承业务经验的企业决策助手。

图 8-1

因此，知识图谱管理平台的业务目标是帮助企业统一管理不同领域、不同场景中的数据、知识，为业务认知、决策场景提供统一的数据服务、应用管理能力。

8.1.2 知识图谱管理平台的产品设计挑战

知识图谱管理平台的产品设计会面临诸多挑战。

（1）在知识建模模块方面，知识图谱管理平台是知识治理工具。从业务的角度，知识图谱管理平台需要统一管理企业多业务、分散、多形态的数据与知识。在实践中，将不同的业务进行数据体系、知识体系的认知对齐是非常困难的，所以知识图谱管理产品需要实现可视化、知识体系自动生成、知识体系搜索等人机友好的功能。

（2）在知识构建模块方面，企业级知识和数据是分散、非结构化甚至有缺陷、有歧义的，对企业数据的歧义、冲突、缺陷的处理是一项投入巨大的系统性工程，所以知识构建模块需要支持多源异构的声音、图像、文本的数据处理与知识抽取。知识构建模块需要与企业的数据中台进行深度集成，包括多业务数据打通、计算任务统一管理的功能性开发等。数据集成、计算平台集成作为跨系统的合作，其技术成本和管理成本都非常高昂。

（3）在知识存储与知识推理应用方面，知识图谱管理平台需要为复杂的上层认知智能应用提供稳定、可靠的数据服务。在人、物、企业的认知与决策流程中，会涉及与海量数据不同形态、不同时间需求的交互，这必然涉及实时、离线、即时等数据服务形态，以应对有不同性能需求的大数据存储及计算业务。

8.1.3　知识图谱管理平台的产品架构概览

知识图谱管理平台在公共安全、金融、税务、工业等行业应用中，可以将单位信息量小而孤立、价值密度极低的原始数据，通过知识图谱关联、转化为有更高价值的数据形态。知识图谱的"实体-关系"数据形态，可以让数据融合、信息检索、交互分析和多维展示等产品在功能、性能和效用等方面产生质的变化，进而实现对行业数据的超深度分析和应用。

图 8-2 展示了知识图谱管理平台的产品架构。知识图谱管理平台将数据知识化，并通过实时或离线的知识服务满足业务的知识需求。知识图谱管理平台对知识图谱从知识体系设计、知识图谱构建到知识推理应用的各项工作都进行了整合，形成了数据联通、功能整合的系统化、平台化的一站式平台。**知识图谱管理平台只有将多个数据和知识的所有方、开发方、应用方的需求与认知对齐，才能形成从认知、建设到服务的一体化、平台化的产品。**

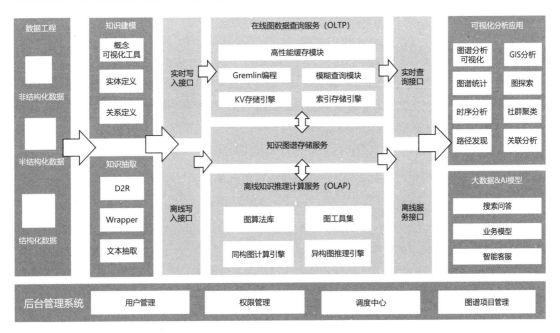

图 8-2

8.1.4 知识建模模块

第 3 章介绍了知识体系建设的基本原理，并介绍了用户、设备、企业的知识体系的相关案例。从知识体系建设产品化的角度，需要知识图谱管理平台为知识体系的生成、编辑、修改提供产品化、交互式的产品能力，而这就是知识建模模块的核心功能。

如图 8-2 所示，知识建模模块处于知识图谱管理平台的核心位置，是知识图谱构建、存储、应用各项任务都必须对接的模块，发挥着知识治理的作用，是数据源、知识构建模块和知识存储模块的核心连接器。

如前所述，知识建模模块是数据与知识需求方、管理方、生产方进行信息沟通及需求认知对齐的核心模块。因此，企业的营销、服务、财务等各项业务数据、知识需求都需要依托知识建模模块进行统一管理。在知识图谱的管理平台实践中，知识图谱开发人员需要与业务专家深度沟通，将知识体系通过知识建模模块进行存储。

然而，受限于知识图谱较为抽象、复杂的概念和较高的学习门槛，各领域的业务专家难以自主、快速地构建可用的知识体系，这对知识建模模块的产品功能设计、用户体验设计、产品使用设计都带来了巨大的挑战。

从企业落地的角度，知识建模不应悬空于理论概念，而是需要与企业数据治理已有的理论、工具、产品深度融合。在传统的数据治理工作中，业务专家会基于业务需求梳理数据的血缘体系，管理不同的数据生产任务，服务多项业务场景。以此为目标，数据治理领域建设了营销、设备管理、企业经营的体系化数据治理理论和数据中台等产品能力。知识建模模块是对企业数据治理能力的补充与提升，因此需要与数据中台的数据治理相关模块的产品能力进行互通与集成。

那么，知识建模模块如何与数据中台进行能力互通与集成呢？有以下 4 个策略。

（1）知识建模模块需要将企业数据仓库中的已有数据体系映射与转化为业务知识图谱的知识体系。知识治理与数据治理的业务目标是围绕企业的业务需求，将分散的数据通过知识体系建设，聚合成标准和视角都统一的数据地图。知识治理得益于知识图谱强大的数据关联能力和逻辑知识表达能力，可以将分散的数据及专家经验通过"一张图"进行统一管理。因此，知识建模模块可以基于传统数据库的 Schema 模型进行转化、关联、抽象等操作，以读取企业数据仓库的 Schema，并借助图谱的关联性进行 Schema 关联，并在大型企业中落地时充分利用企业已有的数据体系。当然，知识建模模块不仅需要读取企业数据仓库中的数据实体、属性，还需要进一步映射、转化、链接数据。比如，知识建模模块会将企业分散在不同业务中的用户画像数据体系、标签体系进行关联、映射，转化为用户画像知识体系。

（2）知识建模模块需要从顶层业务应用的视角对数据中台的数据、知识进行聚合并提供交互式管理能力。知识图谱对业务经验与规则有很强的存储与表达能力。以金融投资场景为例，业务投资专家的投资决策逻辑之前是被存储于脑中，或以思维导图的形式存储的，而此场景中的知识规则和逻辑，可以通过类似思维导图的形态在逻辑顶层进行可视化展现，在不同的决策节点上关联到不同的数据表，因此，知识建模模块可以完成对业务应用逻辑、专家知识、底层数据的聚合。

（3）知识建模模块应在知识图谱生产的整个流程中进行监管与把控，并与知识构建模块在生产中强绑定，在不同的阶段协同完成生产任务。

- 在生产任务启动时，知识建模模块通过知识体系管理与数据血缘图等产品功能，管理知识构建的数据范围。

- 在生产任务进行时，知识构建模块需要通过知识建模模块，与数据中台进行通信并核验数据的一致性。

- 在生产任务完成时，知识构建模块生产的知识图谱三元组，需要和知识建模模块中的知识体系进行比对、映射，才能入库知识存储模块。

（4）知识建模模块应通过知识图谱增强业务人员与数据的交互性，以及数据对业务人员的可解释性。知识图谱具有很强的人机交互可解释性，可以将数据的关系及业务需求梳理清楚，并通过合理的可视化的存储查询能力，展示数据在各个领域内的分布情况。因此，知识建模人员能在短时间内发现数据之间的关联，方便查看和了解关系盲区、数据盲区。知识图谱的可视化能帮助业务人员有针对性地分析，从数据结构中发现问题和聚焦问题，为数据治理提供有效帮助。所以，知识建模模块需要基于知识图谱的形态开发可视化数据管理模块。

基于以上 4 个策略，知识建模模块可以与数据中台进行较好的集成。在开发层面，知识建模模块通常会基于图数据库的知识体系管理模块进行开发。架构师、产品经理可以基于本节的内容，规划知识建模模块的架构与产品功能。

8.1.5　知识构建模块

知识构建模块的核心业务目标是将企业数据、知识转化为应用可用的知识图谱。第 4 章已介绍知识图谱构建的基本原理及系统架构，本节主要从产品功能设计方面进行讨论。

在知识图谱管理平台中，知识构建模块首先需要对知识图谱的各生产任务流水线、子流程进行全生命周期管理。如 4.1 节所述，知识图谱的构建任务通常分为结构化数据任务和非结构化数据任务。

结构化数据通常来源于企业的数据仓库和数据中台。因此，知识构建模块需要基于知识建模模块生成的知识体系定义，开发结构化数据映射工具（如 D2R），将数据仓库中的数据映射转化为知识图谱三元组数据结构。在企业实践中，结构化数据的转化可以通过开发数据处理 ETL 脚本，并在企业数据中台进行配置修改、任务上线、定时调度、任务下线等相关操作实现。因此，知识构建模块拥有封装、调用企业数据中台的能力，或针对场景独立开发数据 ETL 流水线的能力。

并且，企业外部知识的结构化数据通常来源于网页中的 XML、HTML，百科、垂直类网站的知识通常以这些形态存在。因此，知识构建模块可以基于文件对象模型（Document Object Model，DOM）构建文档解析器，对文档结构进行解析，并以已定义的知识体系（Schema）为标准进行数据映射的开发。爬虫也是重要的获取半结构化数据的方式，知识构建模块需要与爬虫系统进行集成和开发。知识构建模块基于爬虫系统获取的半结构化数据信息，经过清洗、映射，最终可形成知识图谱三元组结构。

非结构化知识图谱的构建流水线相对复杂。非结构化的知识抽取指通过已训练的文本、图像模型，对业务数据、文档进行抽取工作，以获得知识图谱三元组。知识抽取模型的训练工作是需要 AI 训练及服务平台支持的。知识图谱工程师需要梳理训练语料数据，经过离线训练，得到实体抽取、关系抽取、属性抽取等模型。知识抽取模型需要在知识构建模块中进行统一的模型注册、配置、部署和更新。非结构化的知识抽取任务流水线，需要对知识抽取模型进行组装、调用，并对非结构数据源进行抽取来获得知识图谱三元组。

结构化、非结构化的知识图谱构建、生成的知识图谱三元组需要进行知识融合、知识审核，才能进入存储阶段。从产品化的角度，知识融合也是一种数据清洗任务，可以通过数据中台或知识图谱管理平台自身实现。知识审核是对知识图谱质量的基本保证，在医疗、能源、工业制造等专业度高、误差敏感的领域，过程性知识（如经验逻辑）是一定需要人工审核的。因此，知识构建模块需要提供人机友好的知识审核工具，以便业务专家使用。同时，知识构建模块需要建设自动化或半自动化的工具来提升知识审核效率，降低专家的标注成本。

综合来讲，知识构建模块应包括知识抽取任务管理、知识抽取模型管理、知识融合、知识审核等功能，其产品设计可以从管理及知识抽取优化的角度进行。

- 从管理的角度，知识构建模块需要提供知识图谱构建任务的全局顶层视角，帮助知识图谱开发人员对知识图谱进行生产管理、迭代优化，以此来提高知识生产的稳定性，降低生产管理成本。

- 从知识抽取优化的角度，知识构建模块通过对各种形态数据的知识图谱构建流程进行可视化界面管理，可以提升知识抽取、知识融合任务的开发效率，降低优化成本。

所以，知识构建模块的设计，可以参考大数据智能任务管理类的产品设计，将知识图谱构建在企业 AI 中台、企业数据中台的不同任务中并进行统一管理。

8.1.6　知识存储与计算模块

从知识图谱管理平台产品化集成的角度，知识存储与计算模块需要聚合企业数据中台的存储与计算能力，为知识图谱的读写提供高性能、稳定的服务。知识图谱管理平台的存储与计算功能通常是由图数据库与图计算平台支持的。在企业实践中，知识存储与计算模块要根据业务场景中的需求，对存储与计算架构、数据服务接口进行设计。

在存储与计算架构方面，图数据库通过运用图原生、列式数据存储技术，可支持海量知识图谱的高效存储和查询。但是在企业实践中，知识图谱管理平台的知识存储与计算模块需要同时集成其他大数据存储与计算组件，才能较好地满足业务需求。其中，海量实体的时序状态属性数据的存储与计算是非常典型的场景。以营销场景为例，图数据库非常适合存储用户的社交关系、商品关系等关系数据，但是如果用于存储用户的实时浏览、点击等高频行为数据，那么图数据库将难以高性能地执行查询与计算等工作。因此，可以基于业务的数据需求，将用户的关系数据与高频行为数据分别存储在图数据库与时序数据库中。知识图谱管理平台在知识存储的顶层构建知识体系管理与数据服务接口，以满足业务场景的需求。

在数据服务接口方面，知识图谱管理平台被定位为集知识图谱数据生产、数据管理、数据应用为一体的一站式平台。知识存储与计算模块需要为其他模块提供底层高性能的数据存储与计算的后台接口能力。按产品功能划分，需要提供的功能接口如下。

（1）知识建模模块的接口：在知识体系的整体管理方面，接口需要支持对知识体系结构的查询与更新，并支持知识体系文件的导入与导出。在知识体系概念管理和关系管理方面，需要支持对概念的查询、删除、修改、新增及对概念属性的修改。

（2）知识构建模块的接口：需求主要集中在知识图谱管理、知识图谱构建任务管理和知识图谱入库管理方面。

- 在知识图谱管理方面，接口需要支持知识图谱的创建、删除、查询、打开，可对图谱进行重命名，并支持图谱的搜索与筛选。在节点和关系方面，都需要支持对节点进行单独或者批量的查询、新增、修改、删除。接口应支持基于实体名称、实体关系或者组合进行搜索。

- 在知识图谱构建任务管理方面，接口需要支持知识接入任务的创建、配置、记录、停止和删除。

- 在知识图谱入库管理方面，需要支持知识图谱增量、批量、全量入图，并支持数据同步及字段映射。

（3）知识图谱的推理模块接口：需要支持知识图谱查询，包括实时、离线的单次或批量数据服务。在深层应用方面，需要提供统计查询、条件查询的接口能力。

8.1.7　知识推理模块

第 7 章介绍了知识推理的基本原理，并就知识问答和知识补全两个应用技术方向做了详细介绍。而从知识图谱管理平台产品化的角度，知识推理模块作为知识图谱解决方案的价值转化核心支撑平台，需要针对业务场景提供可用的知识推理组件，将业务专家的经验推理能力与机器的智能推理能力相结合，提供关系网络分析、时空轨迹碰撞、实时多维检索、信息比对碰撞、智能协作系统、实时数据接入等强大功能。

在知识推理的应用和开发方面，需要基于管理平台的知识图谱数据，通过知识存储与计算模块的接口与图数据库、图计算、数据中台和 AI 中台进行交互，开发人员可由此构建面向业务领域的知识推理引擎，提升对业务场景的认知、决策能力。

知识图谱的可视化交互，通常是知识图谱的推理模块中需求最强烈的应用。在用户营销服务、工业制造、企业金融风控、企业战略投资等场景中，必然涉及超大数据量的关联、聚合、筛选、检索、时空等多维度比对、分析和深度挖掘等相关工作。通过丰富的知识图谱可视化界面并结合业务场景的分析功能，用户可快速、深度地对业务的状态进行认知。

- 在知识图谱的可视化产品设计方面，知识图谱的可视化模块需要将分散的、海量的、多样的数据，通过图的形式帮助业务人员进行智能分析、挖掘与关联。

- 在数据、知识呈现方面，可视化产品需要将知识图谱复杂的图结构通过关键路径高亮、业务实体关联等方式构建为业务可理解的语言和图形，最大化地还原数据的本质。比如，在设备检修、医疗诊断等场景中，将知识图谱与设备、器官的 3D 建模进行关联，便可以清晰地展现设备不同器件的逻辑关联及知识解释，清晰的数据关联展示可以极大地提升设备运维人员、医生对目标的认知，以更好地做出诊断，并构建设备调整及医疗策略。

规则引擎也是知识推理在企业初期落地并快速产生业务价值的应用。规则引擎可以将业务场景中的专家推理逻辑转化为知识图谱应用规则。比如，用户运营的规则可以将对用户群的定义"高富帅"与身高、收入、颜值的标签筛选规则存储下来。当业务需要针对高富帅人群进行投放时，即可通过知识推理筛选人群。同样，规则引擎可以将企业设备运维的故障判断规则、企业风控审计的逻辑规则进行沉淀。

另外，知识推理模块需要对知识推理应用进行统一集成与管理。知识推理应用通过与企业业务系统集成，可以让企业拥有认知智能能力。

- 集成，指通过知识推理模块，将知识可视化、知识问答、策略检索等常见的知识推理应用集中在同一产品界面，全面帮助提升企业用户的认知与分析能力。当然，在业务实践中，企业用户可能通过业务移动 App、PC 端的业务操作系统完成业务操作。因此，知识推理模块也可以直接与业务系统的产品界面集成。

- 管理，指将知识推理的多个模型服务、数据服务通过统一、容器化的运维平台进行模型上架、模型调度、模型服务操作。

知识推理的集成与管理，对于企业级服务的稳定和质量保障是非常重要的。

8.1.8　知识图谱管理平台的产品落地

企业需要制定业务需求方、业务应用开发人员、知识图谱开发人员、知识图谱平台管理人员的业务流程。图 8-3 对知识图谱管理平台的核心业务流程进行了统一梳理。知识图谱管理平台在业务场景中落地是非常有挑战性的。

（1）围绕战略分析、营销、服务、风控等不同的业务场景，业务需求方、业务应用开发人员和知识图谱开发人员，会运用知识建模模块对业务的知识体系进行统一梳理，通过知识体系将业务需求、应用开发、数据所有方的认知对齐。这个流程非常重要，因为在业务实践过程中，需求认知的偏差会导致知识数据治理错误，进而造成数据不齐、应用方法错误等诸多数据事故。读者可以结合 3.2～3.4 节的相关示例，加深对这个过程的理解。

（2）在明确业务场景中的需求后，知识图谱开发人员会运用知识构建模块，基于不同数据形态的数据源进行知识图谱构建。知识图谱开发人员需要与知识图谱管理平台的管理人员进行沟通，根据知识体系将知识图谱录入知识图谱管理平台进行存储。

（3）在知识推理、认知应用开发阶段，业务的画像、搜索、推荐、问答应用开发人员会先申请知识数据权限，再通过管理系统接口的实时或者离线数据导出方式获得数据。认知应用需要基于知识图谱数据进行数据分析、模型训练优化等，将模型部署和服务封装成可用的认知应用能力。

（4）业务应用开发人员在完成认知应用开发后，需要将认知应用进一步注册到知识图谱管理平台，通过数据源绑定、任务可用性管理、应用参数配置等产品功能，形成对知识图谱与认知智能应用的统一中台管理能力。应用开发人员对注册在知识图谱管理平台的认知应用进行发布，在这之后，上层的画像、搜索、推荐、问答所对接的用户分析引擎、商城系统、供应链管理系统的认知应用就可以提供给业务需求方使用了。

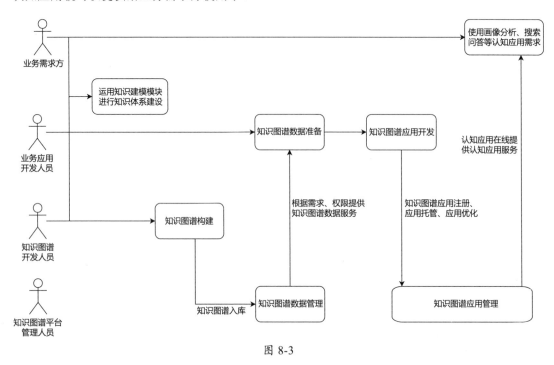

图 8-3

　　知识图谱管理平台作为知识和数据的转化平台，实现人、物、企业等认知智能的业务应用落地是个巨大的挑战。知识图谱与认知智能在业务应用落地时，需要基于不同的业务场景需求和数据，建设不同领域的认知应用。知识图谱需要与企业的设计、研发、生产、供应、营销、服务等业务系统进行深度整合，才能提升认知并创造价值。

　　图 8-4 主要基于能源领域的知识图谱和企业认知智能场景提供展示了知识图谱管理平台与企业认知大脑的整体解决方案。企业认知大脑是在企业营销、企业设备智能运维、企业经营管理等场景中，通过智能导购、智能调度、智能审计等认知智能应用，提升企业业务人员认知能力的整体解决方案。企业认知大脑可分别从个体与整体角度提升其在业务场景中的认知智能能力。认知的高度决定了企业创造价值的高度。因此，企业认知能力的提升，将同步提升企业创造价值的能力。知识图谱管理平台作为企业认知能力提升的基础，值得企业重点投入。在其他不同领域的企业和细分业务场景中，知识图谱数据与认知应用都有显著差异，因此，知识图谱管理平台的产品功能与架构也随业务场景的变化而变化，比如：

- 在营销场景中，知识图谱管理平台需要与用户数据中台（Customer Data Platform，CDP）进行产品功能结合，提升对用户的认知理解能力；

- 在设备管理场景中，知识图谱管理平台需要与企业 PMS、EMS 等设备管理业务系统集成；
- 在企业经营管理场景中，知识图谱管理平台需要与企业 HR 系统、企业通信软件、企业流程审批系统集成。

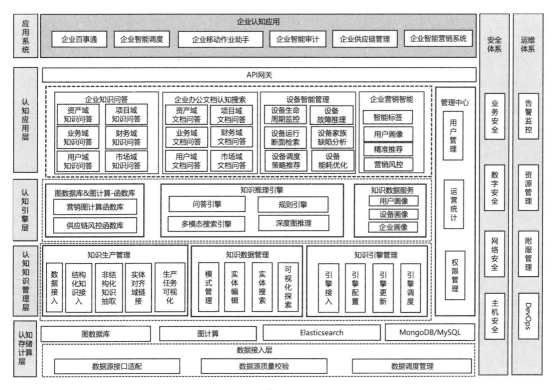

图 8-4

8.2 知识图谱管理平台评估

知识图谱管理平台是承载知识工程、认知应用建设的系统性工作平台。因此，产品建设与应用会面临技术与管理方面的多重挑战。从认知智能应用实践的角度，企业需要一套知识图谱管理平台的功能评估标准及指标体系，来指导知识图谱产品的迭代。

从企业的业务视角，知识图谱管理平台的评估核心应在于其对企业价值的评估。知识图谱管理平台对业务价值贡献的高低是由知识图谱管理平台支持的业务应用决定的。用户画像、搜索、智能推荐、知识问答等都是企业需要通过知识图谱提升认知能力的业务应用场景。业务应用分析、推理分析的能力又正比于其对海量业务目标状态的把握能力，以及基于专家知识、专家经验及智能自动分析与判断的推理能力。因此，知识的广度与高度决定了企业大脑的认知下限，知识推理能力的范围与深度决定了企业大脑的能力上限。

对知识图谱管理平台的评估，应以其不同子模块对企业认知能力的提升程度为量纲。知识图谱管理平台通过知识建模模块、知识构建模块、知识推理模块等来提高企业的业务认知能力。从整体的视角上：

- 在知识建设模块，需要考查其帮助业务专家聚合知识、海量数据形成认知协同的能力；

- 在知识构建模块，需要考查其数据拉通、图谱构建的能力；

- 在知识推理模块，需要考查其企业多团队协作、应用建设、应用管理的能力。

本节将结合知识图谱的行业标准与实践经验，分享知识图谱管理平台的各功能性和非功能性评估体系。

8.2.1　技术架构评估

知识图谱管理平台作为集合数据管理、生产、应用的综合型数据系统，对其应首先从技术架构的角度进行整体评估。从定义上，架构指对系统中的实体及实体之间的关系进行了抽象描述，其目标是解决业务、产品、研发之间的沟通障碍，达成认知上的共识。所以，架构是面向系统设计场景的知识图谱。知识图谱的优劣正比于认知提升程度的高低，技术架构的优劣同样应正比于提升团队认知协同速度的快慢。优秀的架构应能够帮助团队在系统宏观布局、调用依存、场景时序等方面建立统一的认知。

因此，对知识图谱管理平台技术架构的评估可以从整体、模块、接口、数据4个方面进行。

（1）在整体方面，知识图谱管理平台应具备总体技术架构。技术架构需要从产品场景、功能逻辑、数据流向、物理硬件等角度划分模块，并聚合为统一的视图，整体具备合理性、正确性、完整性和领先性。

（2）在模块方面，技术架构应明确总体架构中主要模块之间的调用关系。比如，在业务主场景时序图中，要突出知识图谱管理平台在知识图谱接入场景中的模块调用关系，各模块应明确组件的技术选型，比如是选择业界标准的开源组件，还是选择云厂商的通用组件。

（3）在接口方面，技术架构应定义各个功能模块的功能、数据接口和控制接口。各模块应明确自身接口协议，比如管控层的接口需要符合 RESTful API 规范。管理平台的各模块应明确对周边其他系统接口的依赖，比如知识构建模块需要调用数据中台、AI 中台的任务接口。

（4）在数据方面，技术架构应设计全局数据库与数据结构。比如，知识图谱管理平台的各模块在数据传输中，应通过统一的数据库字段体系对知识图谱的数据进行入库、修改、删除等操作。

8.2.2　知识建模模块评估

知识图谱管理平台的知识建模能力指知识图谱的知识体系设计、构建及管理能力。对知识建模模块能力的评估，可以从多个方面进行。

（1）在产品功能方面，知识建模模块应支持业务需求方、业务专家、知识图谱构建专家等产品使用方的沟通、信息同步、协作能力。常见的产品功能有标注、评论、聊天及企业办公系统集成。

（2）在产品交互能力方面，知识建模模块应具备知识体系可视化能力，将知识体系、本体模型以人机友好的模式进行可视化展示。

（3）在产品可用性方面，知识建模模块应提供开放性的编辑能力，支持以友好的人工交互方式对知识体系进行建模。知识建模模块应支持对知识体系不同要素的编辑能力，比如概念编辑、关系类型编辑、属性编辑。同时，知识建模模块应支持知识体系的导入、存储、搜索、导出功能，降低用户的使用成本并提高知识体系的建模效率。

（4）在知识建模的质量方面，知识建模模块应参考相关知识建模评估指标（见第 3 章），进行知识建模质量校验的产品化建设，以保证产出的知识体系的可用性。

8.2.3　知识构建模块评估

知识构建模块承载了知识图谱建设的核心工作。从整体的视角，知识构建模块需要拥有将结构化（比如企业数据仓库、互联网网页）、非结构化（比如办公文档、图像）的企业多来源数据，通过数据接入、知识抽取、知识融合等技术转化为知识图谱的能力。

因此，对知识构建模块的评估应考虑其在数据任务管理、数据接入、知识抽取与知识融合和数据质量方面的效果。

（1）在数据任务管理方面，知识构建模块应具有对知识图谱构建相关任务的管理能力。知识图谱的构建任务包括数据清洗、知识抽取与知识融合等，在企业实践中通常是运行在企业的数据中台、AI 中台之上的，知识构建模块需要从任务顶层管理的视角，对下层计算平台的知识构建任务进行组合、控制。所以，应评估知识构建模块的任务数据源管理、知识抽取模型管理、任务启动、任务终止、任务重跑等相关能力。

（2）在数据接入能力方面，应该支持多种数据格式及大数据系统的导入。数据接入模块需要与企业的 Hive、Kudu、HDFS 等大数据对接，以文件、CSV、JSON 等格式获得数据。由于知识图谱构建任务有多个数据源、智能平台参与接入，因此数据接入模块需要根据任务，对相应的存储、计算平台进行适配。

（3）在知识抽取与知识融合能力方面，需要针对不同的任务类型提供不同的产品能力。对于规则模板类的知识图谱构建任务，需要支持模板规则定义的能力，包括正则表达式、规则函数、包装器及模板匹配等相关能力。值得关注的是，该功能需要支持与人类专家的交互式编辑能力。而对于基于自然语言处理、统计推理的知识图谱构建任务，知识构建模块需要支持实体抽取、关系抽取、属性抽取、概念抽取、实体链接算法模型的训练与部署。另外，模块需要支持样本标注、样本管理等相关能力，以此来提升知识抽取系统的模型效果及稳定性。

（4）在数据质量方面，知识构建模块主要通过样本测试集计算准确率、召回率、F1 值、一致性等指标。在评测过程中可以随机抽取实例，对生产的知识图谱的概念、实体、关系、属性，通过人工或者机器的方式进行校验和计算。

8.2.4　知识存储与计算模块评估

知识图谱管理平台需要支持千万、亿、百亿节点关系的存储和计算能力。在落地实践过程中，知识图谱管理平台通常会选择图数据库和图计算作为知识图谱的核心存储底层。关于该模块的评估，在整体上可以从以下三方面进行。

（1）在功能方面，知识存储与计算模块首先应支持对知识图谱进行存储与查询。在营销、风控等业务场景中，知识图谱管理平台提供了对不同查询功能的准实时响应，包括节点搜索、多跳查询、最短路径分析等。知识存储与计算的功能通常基于图数据库进行开发，而关于图数据库的能力指标可以参考 5.4 节。然后，知识存储与计算模块应提供大数据统计、机器学习、深度学习等领域的算法，以支持知识抽取、知识融合和知识推理。常见的算法包括 PageRank、社区发现、相似度计算、模糊子图匹配等离线计算模型。更详细的评估点可以重点参考在 6.4.2 节中讲到的图计算框架的评估标准。

（2）在系统集成方面，知识存储与计算模块是运行在企业数据智能平台上的，因此，该模块需要拥有与企业的 Hive、Spark 等大数据计算平台的数据进行交互的能力。如果面向深层次的知识推理分析，存储计算底座就需要拥有与企业机器学习、图像、文本等 AI 平台对接的能力。关于数据系统评估，可以分为以下 6 方面。

- 确定系统信息的类型（实体或视图），确定系统信息实体的属性、关键字及实体之间的联系，比如，详细描述数据库和结构设计、数据元素及属性定义、数据关系模式、数据约束和限制。

- 确定数据库设计依据，比如，根据业务需求，说明数据被访问的频度和流量、最大数据存储量、数据增长量、存储时间等数据库设计依据。

- 确定数据库逻辑结构，比如，详细列举所使用的数据结构中每个数据项、记录和文件的标识、定义、长度及它们之间的关系。

- 确定数据可靠性设计，比如逻辑集群、备份与恢复策略，包括对 RPO/RTO 的要求。

- 明确在隐形限制（数据库自增键溢出）等场景中不会被触发，如有触发，则应有规避机制。

- 明确数据库的选型依据，比如，说明系统内应用的数据库种类、各自特点、数量，以及如何实现互联、数据如何传递。

（3）在系统可靠性方面，知识存储与计算模块首先应有明确的性能服务等级指标，比如响应时间、吞吐量、请求量、时效性；其次应有明确的可用性服务等级指标，比如，运行时间、故障时间、故障频率、可靠性；然后应支持扩展性设计，即根据负载提供垂直或水平的扩展能力；最后应提供覆盖限流保护设计，具备突发流量限制的保护能力，比如，通过对并发访问/请求进行限速，或者对一个时间窗口内的请求进行限速来保护系统，一旦达到限制速率，则可以进行拒绝服务、排队或等待、降级等处理。知识存储与计算模块应有缓存机制，基于热点数据使用缓存进行加速。

8.2.5　知识推理模块评估

知识推理模块的核心功能是与企业营销、设备管理等业务系统集成，以提高企业人员的认知能力。在知识推理模块的产品能力方面，通常要求提供全流程、全功能的知识图谱可视化展现与交互能力。可视化，主要指对知识图谱的数据与结构的可视化，例如对企业投资人、企业、产品的可视化。更细化的可视化功能需求通常与企业业务场景的深度相关，比如支持多种知识图谱结构的布局、支持多种渲染方案和支持业务大屏系统的可视化集成。

知识推理模块的业务评估，是与企业业务场景的目标强相关的，本节对此不做详细讨论。知识推理服务的效率和可靠性，对不同的场景相对通用。本节重点讨论知识推理服务在高可用方面的评估点。从整体上，知识推理模块应实现负载均衡、服务容灾、数据容灾备份等能力来保障服务的稳定。

（1）应具有稳定运行能力。在推理服务进程停止时，应将其自动拉起。

（2）应具有弹性服务能力。在服务调用方面，应支持多种均衡调用算法，保证流量业务无感知切换。在扩展性方面，知识推理的应用节点可快速横向扩展，并按照一定策略实现分批发布。服务应根据监控性能指标或计划进行应用的自动化动态扩容。

（3）应具有柔性能力。服务应多份部署，实现对故障节点的自动剔除。通过柔性能力，知识推理模块的软硬件故障不会导致业务中断，使业务对故障无感知。

8.2.6　安全能力评估

在权限控制方面，知识图谱管理平台需要对用户各种类型的操作进行权限管理。权限管理系统应具有权限配置、权限上线、日志追溯等能力。对于敏感的业务数据，需要根据用户的权限属性与数据属性进行匹配，动态地进行权限验证。

在安全功能设计方面，知识图谱管理平台需要设计预防性的安全功能。比如，在用户可能误操作的敏感操作场景中增加二次确认机制。

在安全架构设计方面，应保证知识图谱管理平台的端口安全。在评估时应梳理端口矩阵清单，对产品运行所需的端口、运行服务、协议方式进行统一扫描。

在安全日志设计方面，应保证记录所有重要用户的操作日志。操作日志通常需要记录 4 个要素：操作人、操作时间、操作动作、操作结果。用户的操作日志通常至少应该保存 3 个月，并进行日志备份。通过对日志的定期备份，可避免其被未预期地删除、修改或覆盖等。

在数据安全方面，应对数据的存储与使用进行分级操作，同时对用户的手机号等敏感数据进行加密。

在数据权限方面，应评估其是否充分考虑到对敏感数据的访问和操作权限管理。常见的权限管理原则有权限最小化、按需分配、定期审计等。

8.2.7　系统运维评估

对知识图谱管理平台的系统运维评估主要包括监控、日志、配置、变更、应急管理这 5 个方面。

（1）在监控方面，平台应具有通过数据采集和分析，了解业务的状态并针对异常及时告警的能力。在所监控的数据采集模块中，应有业务运维人员关注的常见指标，例如连接数、成功率、失败率、错误码、耗时等。平台应有对平台容量数据、运行时终态数据进行采集和上报的能力，还应有统计分析、结构化日志检索、异常上报的能力。在所监控的告警模块中，平台应有对指标和事件进行监控、告警及模板配置的能力；同时，对常见的告警场景应有自动化分析、自愈的能力。

（2）在日志方面，平台应支持对配置文件设置日志级别。日志策略应可自定义配置，并支持自动清理。平台的日志应以结构化形式存在，供运营人员分析和统计。

（3）在配置方面，平台应支持通用配置文件与个性化配置文件分离。配置文件应注释清晰，且规范存在于目录中，其密码应加密。

（4）在变更方面，平台应支持在线无损变更的能力。平台应提供关于升级、回滚、故障预案等的详细说明文档，当变更失败时应提供快速回滚工具。

（5）在应急管理方面，平台应有运维预案及演习的能力。运维预案主要指面对日常运维场景的应急预案。平台产品应详细说明启动执行预案的前提条件，对执行预案的风险进行展示。演习通常需要支持终止进程、服务器重启、服务器高负载、封闭端口、流量攻击演习模式。

本章从知识图谱平台产品化的角度，介绍了产品架构及各模块的产品设计经验。从第 9 章开始，将介绍知识图谱与认知智能在营销、运维调度、企业经营管理场景中的解决方案。

第 9 章

知识图谱与营销认知智能

营销，指对消费者的认知施加影响，从而改变消费者购买决策这一行为的过程。随着互联网的广泛普及，物联网与产业互联网既迎来了快速演变和发展，也面临巨大的挑战。在此机遇与挑战并存的时期，企业应提升数字化营销能力，实现对用户认知的有效引导，进入用户与企业持续共赢的状态。

企业数字化营销作为企业数字化转型的首要战略要地，是企业咨询、大数据与人工智能、企业云服务等产业重点投入的领域。从企业的整体视角来看，企业数字化营销指通过数据智能技术，建设以用户认知为中心的营销全流程认知能力，并通过精准广告投放、智能推荐、智能导购等用户认知引导方式，实现企业营销收益的提升。

企业数字化营销战略的执行体系可分为三层：①在底座层，企业通过云低成本、高效率地加速建设研发、生产、供应、销售、服务及企业经营治理的整体信息化能力；②在数据智能层，运用大数据与人工智能技术，建立以消费者为中心的用户需求认知与智能引导能力；③在用户互动层，实现门店、电商平台、企业私域流量等线上线下全渠道的用户智能交互能力。

企业营销的认知高度决定了企业营销竞争力的高度，是决定企业市场博弈收益的重要因子。知识图谱技术通过聚合大数据与专家知识，将显著提升企业对用户的认知能力。基于知识图谱的搜索、推荐、对话机器人将自动化、智能化地引导用户，实现销售转化。因此，知识图谱与认知智能技术是实现以用户为中心的企业营销转型的最佳技术手段。

本章将围绕企业营销场景中的需求，介绍以知识图谱为中心的企业营销认知智能解决方案，从营销系统的整体解决方案开始，逐节介绍认知智能在不同场景中的解决方案。

9.1 认知智能与企业营销系统的整体解决方案

用户营销认知与引导，首先是对用户需求和状态的全面、准确认知。企业在营销过程中，由于数据分散、规划混乱、业务认知与理解不一致等难点，难以全面、精准地理解用户的状态与需求。

企业营销在信息化阶段，会建设 CRM 系统来实现对用户关系的管理，但 CRM 系统通常只有用户在注册时填写的基础信息，对用户的行为无法深度理解。所以，企业在进入数字化营销阶段时，会通过用户数据中台（CDP）将企业 CRM、订单管理等多系统的用户数据进行集成、聚合，以此建设 360° 用户画像，进而对用户营销的全生命周期进行管理，提升对用户的认知能力。企业营销在走向智能化阶段后，就需要应用知识图谱与认知智能技术，以进一步提升对用户的认知与理解能力。

如前所述，知识图谱技术可以提升数据连接能力和知识赋能能力。企业通过知识图谱技术，可以显著提升用户数据中台中用户画像分析引擎、智能标签引擎、智能交互引擎的能力，以此整体提升用户数据中台对用户的认知能力。

知识图谱可以帮助企业对营销知识经验进行聚合与管理。企业业务人员基于用户数据中台提供的用户群体、个体认知与分析能力，可以构建信息精准筛选与推送引擎、内容商品搜索引擎、智能推荐引擎、智能对话引擎等，通过营销对用户的认知进行引导。

9.1.1　用户营销的认知过程

企业希望通过营销对用户的认知进行引导，进而达到企业收益最大化的目标。因此，企业需要理解用户在营销场景中的认知过程。

如图 9-1 所示，在营销场景中，用户的认知过程在整体上可以概括为 **AIPLS 模型**。

- **A**（Awareness）：指**知晓**，用户在此阶段会建立对自身需求、企业品牌、商品功能的初步认知。

- **I**（Interest）：指**兴趣**，用户在此阶段会受导购、商品、企业所提供信息的影响，建立对商品的兴趣。

- **P**（Purchase）：指**购买**，用户在此阶段会基于认知进行购买决策。

- **L**（Loyalty）：指**忠诚**，用户在此阶段会与企业建立信任的认知，可被引导复购。

- **S**（Support）：指**拥护**，如果忠诚用户的认知进一步被引导，并与企业的认知协同，则会进入拥护（Support）阶段。比如，苹果手机用户会主动将苹果产品及其产品理念向他人分享、推广。

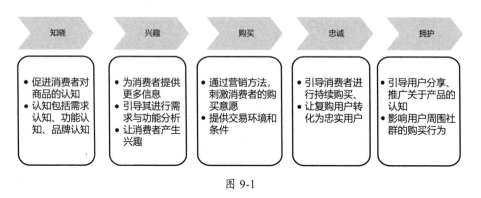

图 9-1

图 9-1 展示了在用户认知的不同阶段，企业可采取的引导用户认知的方式，如下所述。

（1）在知晓阶段，企业通常通过海量广告宣发、明星代言等方式，促进消费者对商品的基础认知。在这个阶段，知识图谱可以提升用户画像、人群圈选、明星推荐、广告投放等业务流程的精准度、召回率等效果指标。

（2）在兴趣阶段，用户需要更多的知识帮助其进行消费决策。在此阶段，知识图谱强大的知识表示能力可以在营销文案中更好地展示商品间的知识关联，帮助用户快速理解商品特性。比如在母婴零售场景中，运营人员在构建营销文案时，可以通过查询知识图谱来获得母婴商品的适用月龄、商品用料等属性信息，以此在文案中展示决策逻辑知识，提升文案的专业度。因此，消费者可以更好地对知识进行消化和吸收。企业导购员通过查询知识图谱，可以获得针对用户专业问题的答案。专业的知识问答能提升用户兴趣，特别是在专业性强的金融、医药、房产等销售场景中。

（3）在购买阶段，企业可以提供促进交易的环境和条件。在该阶段，知识图谱可以从提升决策效率的角度促进交易。比如，用户在进行房产、汽车等购买时，必然会涉及对税务、月供等数值的计算，也需要进行一些金融、法律、机械等专业知识推理，而这可以通过开发并提供知识推理服务来提升用户决策效率。用户通过知识推理服务可减少其进行复杂或者专业决策的成本，专注于自身的个性化需求。

（4）在忠诚阶段，知识图谱也可以通过提升智能模型的效果来发挥重要的作用。知识图谱可以提升对用户生命周期状态的预估精准度，进而提升用户防流失、用户激活效率。基于知识图谱，智能推荐系统也能给出更精确、可解释性更好的推荐结果。

（5）在拥护阶段，知识图谱可以通过构建社群认知，引导应用发挥作用。社群由多个状态不同、需求不同的个体组成。其中，复杂的拓扑结构、知识信息只有通过知识图谱才能有效组织起来。在企业品牌的众多微信群、QQ 群等私域流量中，仅凭导购员、客服人员对社群状态进行监控、分析，并及时响应、引导社群是极难的。而通过知识图谱构建的营销机器人，可以自动、智能地帮助企业对社群的认知进行管理。在社群中，将营销机器人对企业品牌的社群认知向企业期望的方向演变至关重要。

9.1.2　企业营销系统

企业营销系统是对用户营销全流程的一体化集成系统。围绕企业营销系统，从企业自身到行业技术服务商，在人力、资本、技术方面都进行了持续、巨大的投入。图 9-2 展示了企业营销系统的解决方案。

企业营销系统通常分为应用层、服务层及基础底座层。在整体上，企业营销会面向企业线上线下的不同营销渠道，建设诸如智慧营销、智慧服务、智能供应链管理等相关产品来提升对用户的营销服务能力。

（1）在服务层与基础底座层，实现企业营销系统的数字化与智能化通常需要建立在企业营销全流程的 IT 信息化建设基础之上。随着行业技术的演进，企业通过对云计算的基础设施（IaaS）、平台基座（PaaS）、应用服务（SaaS）的投入，可以大幅降低营销业务系统的建设成本。比如，以 Salesforce 为典型代表的企业营销服务商，基于虚拟化、容器化等云技术，为企业提供了一站式的应用服务能力。

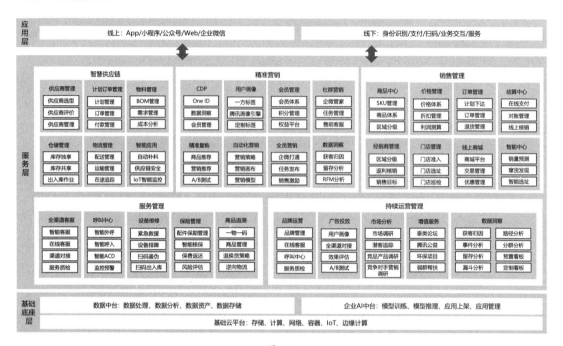

图 9-2

（2）在应用层，企业营销系统需要针对市场营销的触达渠道，开发诸如广告页面、拼团活动等相关应用。企业对用户的营销触达，主要包括线上渠道和线下渠道，其应用的实现方式也有差异。常见的线上渠道有各类新闻、论坛等网页，以及各类 iOS、Android 应用、小程序、公众号等。线下渠道主要有企业各省市的线下门店、线下综合性商场及各级经销商等。

企业多渠道的营销应用可以通过采购云 SaaS 应用的方式降低建设成本。通过使用云的营销类 SaaS 应用，企业可以在营销场景中摆脱繁重的业务营销系统基建，快速、便捷地建立营销应用服务体系，只需通过标准接口将用户的数据上报，实现与触达渠道对接，便可使用营销类 SaaS 服务商提供的服务。相比于传统的自建营销业务系统，企业可以根据营销场景、用户数量及需求，规划 SaaS 营销应用的数量及功能范围。营销类 SaaS 可以帮助企业实现营销按量按需付费，降低营销成本。

营销类 SaaS 应用除了需要降低营销成本，也需要提升营销效果。知识图谱与认知智能技术可以整合营销场景中的数据、知识，提升影响用户认知的营销智能应用的效果。整体上，线上的营销认知智能，需要应用在移动应用的广告推送、商品搜索场景中；而线下的营销认知智能，需要从导购员与用户之间的对话、沟通入手。在线上、线下的场景中，企业通过用户画像、线索打分、认知搜索、智能推荐、智能对话等智能能力,对用户的营销认知进行理解与引导。

整体上,通过企业营销系统的建设,企业数字营销的成本大幅降低,效率大幅提升。但是,如果需要提升企业营销效果,就需要进一步在智能方向上进行投入。

9.1.3　企业营销认知智能的系统实现

企业营销是企业收入增长、利润提升的核心板块。**用户的观察力、注意力、购买力、分享力都是有限的资源**。因此,不同的企业在用户营销认知过程中通过与多个对手博弈来获得用户认知与购买决策。从信息博弈的角度,拥有更强认知能力的企业在竞争中更具优势。

比如,若企业拥有对用户状态更全面、精准的认知能力和智能的筛选渠道能力,以及高效的用户触达、沟通能力,对用户认知、引导的效率就会大幅提升。而认知能力弱的企业容易误解用户的认知与需求,并以低效、混乱的方式与用户互动。两者竞争,认知的高度将影响竞争结果。为了系统化提升企业营销能力,需要将认知智能技术融入企业的营销系统中。

在企业营销流程中,分散的用户、商品、场景数据可以通过知识图谱技术拉通、聚合,持续更新对用户状态的认知。图 9-3 展示了企业通过营销智能应用对用户的认知进行理解、引导的闭环示例。

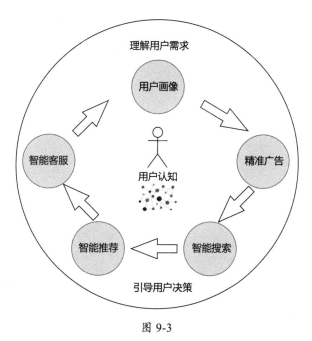

图 9-3

企业营销可以分为**营销规划**与**营销执行**，如下所述。

（1）当企业进行营销规划时，可以通过用户画像建立对用户需求、状态的认知和理解。知识图谱可以帮助构建更全面的用户画像标签。比如，从用户的浏览行为中获得宝马 X5、奔驰 GLE 的标签，而通过知识图谱可以进一步扩展 SUV、豪车等相关标签。

（2）在执行营销规划时，企业可以通过知识图谱提升对用户的营销认知进行引导的效果。如前所述，用户的营销认知可分为**知晓、兴趣、购买、忠诚、拥护** 5 个阶段。

- 在知晓阶段，可以通过精准广告投放提升广告投放效率。知识图谱可以将广告运营的人群筛选经验规则及数据挖掘的规则进行整合，进而提高投放过程中人群定向的准确率。

- 在兴趣阶段，用户在知晓产品并与企业接触时，会希望借助搜索了解更多的商品信息。知识图谱可以全面、精准地理解用户的需求，并补充专业知识。

- 在购买阶段，通过智能推荐、智能客服可以进一步理解、转化用户的兴趣，并促进用户购买、下单。

- 在忠诚、拥护阶段，知识图谱可以提高用户生命周期分析、用户社群引导的效果，进而促使用户复购、分享以提高企业的品牌价值。

总之，认知智能落地企业营销系统指通过知识图谱技术，构建以用户为中心的全域营销知识体系，通过对企业营销中的用户、设备、商品、企业运营、项目、财务等企业全域数据的知识治理，构建企业营销知识图谱，形成"企业营销一张图"。图 9-4 展示了企业全域营销知识体系示例。

在"企业营销一张图"上，用户需求状态的不同阶段与关联的专业知识、业务领域知识都能够聚合。营销认知中的用户画像、精准广告投放、认知搜索、智能推荐和智能客服能够使用统一的接口对营销的数据和知识进行查询。因此，知识图谱可以协助认知智能应用形成对用户营销认知与决策的全程智能引导，最大化企业营销收益。

企业营销的业务目标是实现对用户状态的精准认知，运用最优的策略提升用户对企业的认可，实现企业营销投入产出比的最大化。用户认知这一业务目标需要一套拥有用户认知全生命流程管理的数据智能系统来承载。在用户认知系统化的方向上，广告行业会通过数据管理平台（DMP）实现对用户标签的存储，进而为广告的 DSP、SSP 业务系统提供对用户的理解能力，并最终实现广告的精准投放。另外，企业会通过 CRM 系统实现对企业营销服务的数字化管理。

但是在企业营销实践中，DMP、CRM 等用户数据管理系统，由于业务分割和数据安全等问题，通常会面临用户数据分散、冲突等信息孤岛问题，用户数据中台的产品及方法论概念应运而生。图 9-5 展现了用户数据中台与企业营销系统集成的产品架构示例。

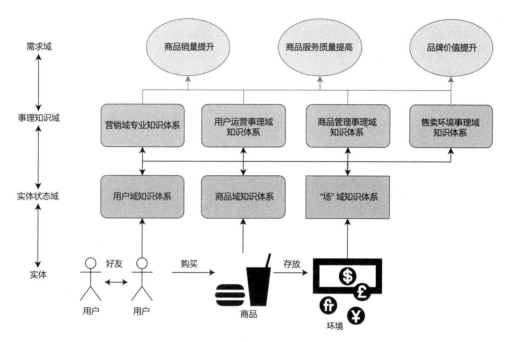

图 9-4

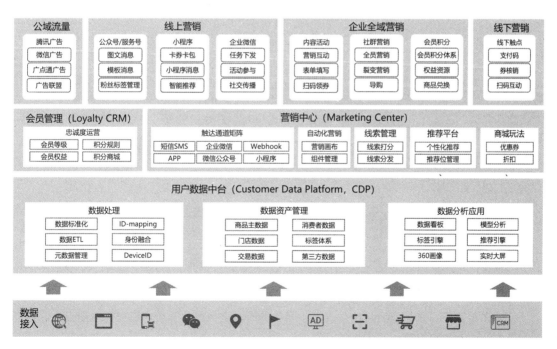

图 9-5

用户数据中台的业务目标是实现对用户统一、全面的认知，进而提高营销服务的效率，而知识图谱技术拥有对用户、商品、企业等不同实体、不同领域的数据关联与连接能力。更重要的是，营销作为感性与理性并存的领域，专业销售人员的意图理解、领域知识、经验对营销的目标达成是非常重要的。

因此，为了达成用户认知及引导的业务目标，用户数据中台需要通过知识图谱和认知智能技术进行升级，在数据管理方面实现专家知识经验和分散数据的聚合。用户数据中台以用户为中心构建知识图谱，并通过图谱关联商品、企业、市场动态、百科知识图谱，在知识推理方面将专家营销策略与数据启发式策略融合，以构建最优的用户认知引导策略。图 9-6 从把握用户状态、精准信息推送、引导用户心智的角度，展示了用户数据中台实现认知闭环的逻辑。

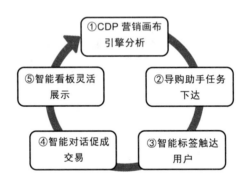

图 9-6

整体来讲，企业营销系统需要用户数据中台实现对用户数据的统一管理。而知识图谱与认知智能技术可以提高用户数据中台对用户认知及引导的能力，进而实现认知闭环。知识图谱与认知智能技术将成为企业营销竞争中的战略武器。企业营销认知能力的高度，将决定用户心智竞争的效果。

9.1.4 营销认知之企业私域流量场景

如果我们把知识图谱与认知智能技术比喻为企业营销的战略武器，那么企业的私域流量就是企业对用户认知、引导的首要投放场景。

企业私域流量，指企业通过线上线下各式各样的触点与用户互动，形成能对企业品牌拥有认知并与企业互动的流量社群。比如，用户可以通过线下扫码、与店员互动的方式成为企业的会员。企业基于 CRM 软件、营销系统构建营销策略，通过公众号、小程序、企业微信、微信导购等渠道与会员互动。这样，线下品牌积累的资源和触点就可以顺利转到线上，成为企业的私域流量。公域流量通常指媒体、社交等互联网平台流量，企业可以通过公域流量为私域流量导流，进一步提升私域流量的规模和业务效果。图 9-7 展示了企业私域流量的逻辑体系。

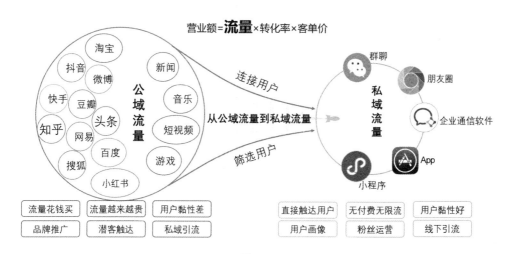

图 9-7

从企业的视角，线下店铺的客流量越来越少，而线上的公域流量越来越贵。这为企业私域流量的需求增长奠定了基础。企业私域流量是企业在传统流量之外可获得的流量资源。企业私域流量能让企业低成本、高效率地完成获客、留存，并进一步让用户的营销认知进入拥护阶段。在拥护阶段，企业可以借助社群成员分享与推荐，让企业品牌价值、粉丝规模等业务指标快速增长。因此，私域流量必将成为企业营销的战略要地。

但是在行业实践中，企业私域流量的营销面临很多痛点，典型的如下。

- **私域流量运营的人力成本高、效果一般**。企业线下的营销模式是门店+企业微信+微信小程序的联合运营模式。企业的每个线下门店几乎都有对应的微信小程序商城，其私域流量的运营由门店自身承担。分散的门店通过人工的方式与社群互动，导致运营效率低下。不同导购人员的个人能力差异巨大，比如新入职的导购人员不仅缺乏当前业务的专业知识，也缺乏基于知识的推理决策能力。

- **互动方式单一、运营难度高**：无论是会员盘活还是拉新，社群运营活动都相当有挑战性。比如，导购员通常缺少对营销素材、营销活动和营销步骤的规划和专业指导。同时，导购员主动联系用户的次数也不多。

- **私域流量的业务流程分散，人员管理极为困难**：私域流量的业务分散导致数据分散，更缺乏联合分析能力。私域流量的会员数据、各渠道门店的基础数据、交易数据等缺乏打通分析，不能充分发挥数据的价值。由于没有打通数据，所以导购员的线上工作效果难以评估和闭环。企业对分散导购的管理成本也很高，缺乏统一的智能管理体系。

但是，以上痛点也对应知识图谱与认知智能技术的绝佳应用场景。知识图谱与认知智能，能帮助企业营销系统提升对分散营销场景中数据与知识的聚合能力，以此为基础，通过机器人流程自动化（RPA）、智能对话、精准推荐等，可以显著提升企业导购自动化、智能化的营销能力。

在用户的状态认知方面，用户数据中台可以为导购员提供全面的用户画像，提高对个体及社群用户的认知与分析能力。在认知引导方面，通过精准内容推送、专业知识库辅助提示等产品能力，可以提升对用户社群消费决策的引导能力，进而提升营销转化率。各营销渠道的用户转化数据通过用户数据中台关联、聚合，让营销认知引导可以实现从规划、投放、触达到效果反馈的全流程数据闭环。

每一个导购都是企业服务的窗口，通过知识图谱技术可以建立个性化、智能化、自动化、高效率的社交营销服务。对社交电商来说，与知识图谱比较相关的产品功能有自动回复（内容推送、商品咨询）、营销活动智能辅助（拼友生成、拼团推荐）等。知识图谱可以存储商品、关系链，构建多形态的推荐能力。比如，基于知识图谱的推荐，可以提升拼团推荐、参与人推荐的效果，并在推荐商品时给出推荐理由。

随着产业互联网、物联网的发展，企业与用户的触达渠道将呈爆炸式扩展。比如，企业可以在自有商品中添加物联触点（比如 RFID、二维码），通过手机、AR 设备等与用户互动。这对企业流量的建设、运营、转化，都将带来更大的挑战。因此，企业一定要建设营销机器人，通过营销机器人，可以在任意物联触点自动识别用户的需求，提供智能化服务。随着知识图谱与认知智能技术在营销的各流量场景中的发展，未来可能进入万物营销（Everything link to sell）时代。

9.1.5 营销认知之 B2B 营销场景

不同于个体用户的认知与决策，企业级采购会更加复杂。比如，在企业采购服务软件、大型机械生产设备、原材料时，决策将牵涉专业知识及组织的认知与决策，商品价格往往高昂，营销决策所需要的是拥有专业知识的对接人或者组织。在不少场景中，企业级采购有可能涉及企业部门经理、总裁及首席执行官等多级认知与决策。

从理论的角度，B2B 的营销需要用户个体与组织对商品的功能与价值形成有效认知，并依层级做出决策。B2B 购买流程链条长、周期长，流程验证需要通过团队的**群体认知**、**群体共识**、**群体决策**才能完成。

比如，高管用户更关注实际的业务效果和投资回报率，而非精美的用户界面和强大的功能清单；而一线执行层的员工更关注产品的可用性及其对日常工作量的降低程度。B2B 组织决策是一个混合、复杂的认知与决策过程。上述问题给 B2B 营销带来了巨大的挑战。

然而，基于知识图谱与认知智能技术可以构建线索发现助手、专业决策助手、团队协同助手来提升 B2B 营销的效果。

- 线索发现助手：一方面，营销人员可以运用线索发现助手中的知识图谱对整个决策过程中的决策人、决策组织进行可视化管理，以此提升对线索的挖掘能力。另一方面，线索发现助手可以通过关系预测、属性预测等知识补全算法，在知识图谱上挖掘出隐藏的销售线索，以帮助销售人员突破信息堡垒，完成业务破局。

- 专业决策助手：营销人员可以运用决策助手，在实时性强、专业性高的信息场景中进行快速、深度且理性的计算。比如可以通过专业决策助手快速地对市场行情进行线索分级、风险洞察、仿真，以得出有利于推进销售的知识，进而获得更多的推进转化的信息筹码。决策助手可以帮助营销人员解决专业且复杂的问题，让其更加顺利地与用户沟通。

- 团队协同助手：构建 B2B 团队协同助手，通过人员培训、话术共享、策略推荐、难点答疑等提升团队的营销能力。

B2B 端的采购决策通常需要专业领域的知识辅助，而认知与决策所需的知识专业度高、推理模型领域性强，例如：

- 在金融基金领域，基金经理在采购一级、二级市场股票时，需要经过专业、充分的市场调研，对目标公司的过去、现在、未来有全面的了解，再结合领域专家的专业知识与统计建模，生成有最优价值的股票采购计划；

- 在设备采购领域，车队采购卡车时，需要针对场景和需求并结合运输量、运输物、价格等多个因素进行模拟和计算。

因此，建设 B2B 垂直领域的知识图谱，可以帮助 B2B 用户提升购买决策效率，进而提升销售转化成功率。

面向复杂的 B2B 营销过程，知识图谱与认知智能技术是解决其营销痛点的关键。以企业咨询、企业软件开发、企业财务管理为代表的企业服务型公司，可以通过知识图谱与认知智能构建营销机器人。营销机器人可以作为企业销售人员的助手，提升其个体销售及面向社群销售的能力，并通过精准营销、快速且自动的专业问题解答，使用户更快速地建立对产品的信任感。并且，营销机器人能够提升 B 端决策者的认知效率，快速实现 B 端营销全流程的自动化和智能化。

9.1.6　营销认知之企业产销协同场景

当企业的营销认知能力进一步扩展到供应链、生产、研发环节时，企业将拥有实现产销协同的能力。怎么理解"企业产销协同"？从本质上来说，企业产销协同，指以消费者需求为中心，拉通产品设计、研发、供应链，提升用户体验及商品流转效率。

在移动互联网和大数据时代，从新品设计、生产计划、仓储物流、订单管理到营销售卖，每一步经营策略的构建都需要建立在对用户、商品、企业的认知上。企业需要在业务的快速演变中通过数据正确认知业务状态，精准识别问题和增长机会。

图 9-8 展现了企业产销协同的整体方案。企业生产端与销售端的认知协同是非常有挑战性的。这需要企业业务的上下游基于对不同的知识体系和数据的理解，去建设对自身的认知，以及对彼此的认知。

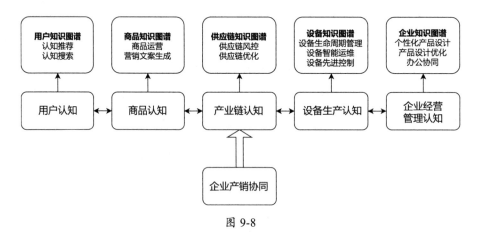

图 9-8

从实现的角度，企业的产销认知协同需要从用户认知开始，逐步建设商品认知、产业链认知、设备生产认知及企业经营管理认知。**认知的基础是数据与知识，因此需要在企业业务信息化的基础上将数据与知识拉通，才能形成认知协同的基础。**知识图谱不仅可以存储知识和数据状态、逻辑关联，还可以让机器与人都以此进行交流与应用。因此，知识图谱是传递数据与知识，进行认知协同的最好媒介。

这里值得关注的是，不同的认知智能所需的知识图谱与实现难度差别相当大。如图 9-8 所示，企业产销协同以用户认知与引导为起点，逐步向产品研发方向建设服务、商品、供应、产业研发设计的认知能力。在业务落地过程中，流程越靠近生产研发，知识领域的专业度越强，认知智能模型的复杂度越高。过去，关于企业产销的海量数据、专业知识是分割的，但是通过知识图谱可以将产销数据聚合，进而提升各场景中的认知能力。

比如，在汽车、手机等营销认知场景中，企业需要建设用户消费频次、产品偏好的知识图谱；又如，在商品认知领域，企业需要建设 SKU、SPU 等商品类目体系，进而建设商品知识图谱。用户与商品的知识图谱可以通过商品 ID 进行拉通，两者相互补充。围绕供应链管理中的销量预测、库存预测、路径规划等业务认知与分析需求，除了可以沉淀专业经验与规则，还可以将供应链领域的商品、仓库知识通过实体链接关联到用户的知识图谱，进而大幅提升供应链领域的模型应用效果。在设备生产领域，企业可以通过对用户评论及竞品供应链体系的数据构建知识图谱，来发现设备缺陷并调整生产排期。当深入汽车、手机产品设计、研发领域时，知识图谱不仅可以聚合专业的电子制造、空气动力学、缺陷识别等知识，还可以将其与用户习惯、偏好数据通过知识图谱进行深度关联，企业以此可以建设自动化的产品设计优化知识库与策略库，动态地响应用户的个性化需求。

所以，企业产销协同实践，需要先从营销领域的用户知识图谱建设开始，逐步向产品研发方向建设领域知识图谱，在每个场景中都结合已有的难题，通过用户、商品、企业等核心实体来关联知识图谱。比如在供应链预测、设备生产效率优化、商品质量检测等场景中，在建设商品、供应链、设备及专业领域的知识图谱时，可以用设备作为中心实体进行关联，而模型可以通过高性能的图数据库获得建模所需的关联知识、数据，以此为基础，以用户、商品、设备为中心连接点，将分散的知识图谱聚合，最终形成营销可用的"认知一张图"。如此，企业可以逐步通过知识图谱获得收益，覆盖知识图谱落地的成本。

企业产销协同是一个群体认知与协同的智能问题。企业产销协同落地，需要结合企业组织管理的理论，通过知识图谱将企业业务目标、业务网络、专业知识网络、组织网络进行关联和聚合，让不同的业务人员建立对企业业务的统一认知。比如，让金字塔或网络型的企业组织管理结构中的信息、数据、知识进行流动，通过知识图谱进行统一的可视化展现。企业管理者如同身处企业管理驾驶舱，有驾驶助手帮助其驾驶企业。产销协同中的各功能人员或团队，可以通过认知共享、策略协同的方式，提升组织的协同能力。

9.2 知识图谱与用户智能认知

用户认知是营销认知智能的起点。用户认知作为知识图谱天然适用的场景，可以分为群体认知和个体认知。本节分别介绍知识图谱与宏观群体中用户认知的解决方案，并在最后介绍知识图谱落地用户数据中台的整体解决方案。

9.2.1 用户画像分析引擎

用户画像分析引擎，可以作为展示用户知识的产品，会基于用户的行为、标签，通过数据产品进行系统化服务封装，提供可视化等相关功能。用户画像分析引擎目前在各大广告服务商、流量运营方的数据系统中很常见，是大数据管理平台（DMP）、用户数据中台（CDP）、CRM、用户增长分析等产品系统的核心功能之一。

在这些平台上，用户画像分析引擎的核心业务目标是对个体用户及群体用户的行为进行认知和理解，进而帮助营销人员在营销战略制定、广告运营投放等场景中提升战略分析和决策的效果。知识图谱主要通过知识关联、运营经验传承等方式提升广告运营等业务人员对用户画像的分析和理解能力。

图 9-9 对广告点击场景中的用户群体分析引擎的基础能力进行了展示。用户群体分析引擎的核心功能是提供用户标签分布、行为洞察等服务，以辅助产品策划、产品运营等业务人员对用户建立认知与并构建策略。

- 在建立认知方面，群体分析引擎通常以用户标签统计描述的模式，帮助业务人员快速地对用户的整体状态有一个初步认知，然后发现其中的显著特征。

- 在构建策略方面，群体分析引擎通过显示人群的显著特征，可以帮助业务人员构建面向核心人群的产品功能规划与产品运营策略。

图 9-9

　　用户画像分析引擎通常会面向一个业务目标人群，比如对某次广告点击、购买商品的用户群等，都可以运用用户画像的标签进行洞察分析。如图 9-9 所示，在某商品的点击人群中女性居多，且大多处于一线城市，以此为基础，产品运营就可以初步认知到已转化用户是一线城市女性，在后续的运营策略制定中也将围绕一线城市女性的需求来设计。

　　那么，知识图谱如何提升用户画像分析引擎的能力呢？

　　（1）知识图谱可以对用户画像中的标签进行扩展，将业务知识、百科知识与标签进行关联。假设如图 9-9 所示的是教育广告点击用户群的用户画像报告，那么可以将点击用户群的城市、课程、价格等标签通过知识图谱进行扩展，了解该课程的价格区间、课程类目等相关信息。

　　（2）知识图谱可以通过聚合，将分散的用户知识、业务知识聚合到同一视图，来提升业务人员的全局认知与分析能力。知识图谱提升了业务人员的数据分析、数据解读能力，标签也可以丰富了数据的维度。在对业务数据有更深层次的关联、对比和分析后，业务人员不仅能拥有超出原有视角的认知能力，还可以通过用户行为、商品特性、行业趋势的深层关联，发现商业机会。比如，用户画像分析引擎通过知识图谱，将用户点击行为中的用户信息、商品信息、促销活动信息、用户产品交互行为、关联好友、业务逻辑关联起来，形成"用户点击行为一张图"。以此图为基础，可以通过规则推理、统计推理、图推理等方式，提升业务人员的推理、分析能力。业务人员还可以将用户的点击序列、运营的策略序列、商品的发布序列形成统一、聚合的知识图谱。然后，数据科学家可以通过归因分析，挖掘出影响用户点击的关键因子。

　　（3）知识图谱可以为分析报告提供策略关联、搜索、推荐的能力。不同的数据分析师、业务人员，面对用户画像生成的报告有不同的处理策略。因此，用户画像分析引擎可以聚合各数据科学家对用户画像的报告，构建策略集并提供搜索与推荐能力，因此，系统可以根据新的业务场景需求，将相关策略推荐给业务人员；业务人员可以低成本、高效率地获得专业数据科学家的分析能力。比如业务人员在商品的定价优惠、品类选取策略制定中，可以通过知识推理引擎对自己所负责业务的用户画像洞察报告进行解读，根据解读及历史案例、专家知识，自动生成品类选取策略推荐。

　　这样，业务人员就可以在知识图谱强化的用户画像分析引擎上，提升对用户认知与分析的广度与深度，同时通过策略搜索及推荐，提升对业务场景的决策能力，并最终提升业务效率。

9.2.2　用户智能标签引擎

　　用户画像分析引擎是基于用户标签数据的人群分析和洞察，而用户标签来源于标签生产引擎，知识图谱与认知智能技术可以提高标签生产引擎的生产效率与效果。

标签生产引擎在业务落地过程中需要理解业务的需求，在用户实时、离线的行为数据上，通过规则、统计、机器学习建模等方式生成用户标签。标签生产引擎认知、理解用户的行为，并打上符合业务场景需求的标签，对业务的需求通过标签体系进行管理，并通过标签生产流水线进行标签生产。可见，用户的标签生产过程和知识图谱生产过程类似。

在企业营销场景中，用户标签体系核心分为人口基础体系与营销业务相关的标签体系。图 9-10 对营销场景中的人口基础体系进行了展示。人口基础体系主要是以年龄、性别等自然属性，婚恋状态、育儿等家庭属性，学历、专业等教育属性为代表及活跃度、中心度等社交属性的人口学属性。知识图谱在人口基础体系中的作用有多种，较典型的场景是将业务抽象的需求概念与基础体系进行关联。比如在不同的业务中都会定义青年用户标签，但规则逻辑并不相同，而通过知识图谱进行需求概念管理，就能很方便地将某业务 18～30 岁的用户标签聚合为"某业务青年"这一符合业务需求的人口学抽象概念标签。

知识图谱对于营销业务的标签体系也有多种建设方式。在用户与商品、内容进行互动后，可以产生用户购车兴趣、用户投资品类兴趣等标签，这些标签的体系建设是非常需要知识图谱的知识体系进行辅助的。用户的商品兴趣标签体系需要基于 SKU、SPU 等商品类目体系，以业务场景需求进行细化建设。经过建设的商品知识体系需要先与营销业务场景中的需求进一步结合，再转化为用户的商品兴趣标签体系。

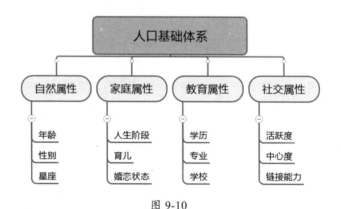

图 9-10

这里的用户商品兴趣标签体系与基础标签体系一样，需要通过知识图谱技术进行业务所定义概念的管理。同时，目前在广告、推荐等服务场景中，用户标签体系通常以树状的知识体系形态存在。因此在实践中，以图拓扑结构存在的用户社交图谱体系、商品交互知识图谱体系，需要以用户标签体系的节点进行聚合，比如将用户的社交关联图谱通过抽象的圈层活跃度、领域活跃度等标签体系进行转化，用户标签体系通过知识图谱可以在深度与广度上都得到提升。

在定义标签体系后,标签引擎需要在企业的大数据与智能平台中基于用户标签体系进行标签生产。表 9-1 展示了常见的标签生产任务类型,对其中的生产方法、案例、优点和缺点都进行了说明。标签生产任务可以分为**数据清洗与导入类**、**规则与统计类**、**模型预测类**,知识图谱在不同的标签生产任务中会有不同的作用。

表 9-1

任务类型	生产方法	案 例	优 点	缺 点
数据清洗与导入类	基于用户的注册信息运用数据清洗方法生产标签	用户自主设置的性别、生日、星座等信息	方法简单、开发周期短	标签质量受限于数据源质量,与业务场景的关联小
规则与统计类	基于用户行为运用规则和数值统计方法生产标签,通常由熟悉业务的运营人员与熟悉数据的数据分析人员共同决定	用户产品活跃度、用户活跃价值、最近一周访问次数大于 5 的用户,最近浏览某商品的用户	可沉淀专家经验、可灵活定制、开发难度较低、生产流程可在一定程度上产品化	规则开发成本高,效果受限于专家的经验,标签稳定性弱、可迁移性弱
模型预测类	基于用户行为构建机器学习、深度学习模型对用户属性进行预测和判断	用户兴趣类标签、被修正的用户属性标签、用户的流失标签	效果好、准确率高、模型可迁移性强	开发周期长、数据与样本成本高

数据清洗与导入类的标签生产任务主要是将业务系统中的原始数据经过正则匹配、异常值过滤、格式变化等数据清洗方法转化为用户标签,从用户注册时所填写的信息中获取性别标签,又或者从用户实名认证数据表中获取生日标签。在这类标签的开发任务中,知识图谱可帮助开发人员梳理数据"血缘"体系。因此,企业可以对有不同数据来源的基础标签进行关联和管理,提升标签生产任务的管理质量和效率。

规则与统计类的标签生产任务,与知识图谱的规则推理、统计推理相似,主要基于业务经验对数据进行逻辑规则判断或数值统计。表 9-2 展示了规则与统计类标签生产任务的标签体系,这类标签生产任务需要在没有对应原始数据的条件下定义业务规则或者统计方法,通过推理判断或者数值计算得到标签。

表 9-2

一级标签	二级标签	三级标签	四级标签	规则定义
行为属性	上网习惯	活跃情况	活跃情况-核心用户	每周上线天数大于或等于 3 天
			活跃情况-尝鲜用户	每周上线天数小于或等于 2 天
			活跃情况-新用户	首次登录公众号
			活跃情况-老用户	非首次登录公众号
			活跃情况-流失用户	月登录公众号次数等于 0

规则与统计类的标签生产任务通常以脚本任务模式运行于企业实时、离线的大数据平台中。企业首先对 App、网页、小程序进行埋点，通过 SDK 对用户日志进行上报。上报的数据在诸如 Flink、Spark Streaming 等计算框架中，按数据分析师、数据科学家开发的 SQL 脚本进行实时用户画像标签计算。规则与统计类标签通常关注用户的活跃度、消费频次及消费金额，业务人员希望通过上述标签对用户的生命周期进行精准预测，以构建精细化的运营策略。

在规则与统计类标签生产任务中，知识图谱的常见应用方法有概念抽象、规则沉淀和策略推荐。另外，如果想要构建深度的统计模型，就需要从模型层面引入知识图谱的符号与拓扑结构特征。比如，当对点击用户的行为进行触点归因分析时，不仅可以应用传统的贝叶斯网络、因果假设推理模型，也可以引入知识图谱进行数据关联、规则补充与模型校验。

数据清洗与导入类、规则与统计类，是企业营销信息化、数字化阶段常用的用户画像任务标签生产任务类型，其优点是逻辑明确且容易实施；缺点是对脏数据非常敏感并且场景的迁移能力非常弱。在企业实践中，以用户的真实年龄为代表的人口属性标签是难以通过数据清洗与导入类、规则与统计类标签生产任务获取的，其中的典型问题包括用户隐私问题、数据质量问题和场景关联问题。

- 用户隐私问题：指用户的人口标签数据受法律保护，仅能在用户授权的有限场景中使用。

- 数据质量问题：指用户出于对自身隐私的保护，会故意漏填或错填信息。企业收集、加工的用户标签会面临数据分散、数据不一致等诸多质量问题。

- 场景关联问题：指即使精准了解用户的自然性别、年龄，在推荐搜索等业务场景中也未必能得到直接、有效的应用。

场景关联问题是企业业务实践场景中的问题。比如，一位母亲会在电商网站购买全家人用的商品，因此她的个人年龄、性别并不能完全代表她的状态，可能在不同的时间、场景中表现出不同的年龄、性别偏好。因此，标签引擎需要建设机器学习、深度学习等模型，对用户的状态进一步预测和修正。

模型预测类标签任务是基于用户各触点的行为数据进行推理和判断的。表 9-3 展示了模型预测类标签生产任务的标签体系，比如用户很难直接告诉企业自己是否有房，但是可以从其购买的装修、家居等商品中推测其有房或者即将有房的事实。在兴趣类标签建设中，如果用户 a 的历史购物行为与群体 A 相似，那么使用协同过滤算法，就可以预测用户 a 也喜欢群体 A 都喜欢的某件物品 x，因此，用户 a 就可以获得标签 x。

表 9-3

一级标签	二级标签	三级标签	四级标签	生产方法
人口属性	资产属性	是否有房	有房	根据用户购买的商品
			无房	进行分类预测
		是否有车	有车	
			无车	

模型预测类标签在传统上会使用机器学习、深度学习模型对用户的行为进行建模、预估，模型会基于标注标签样本，应用逻辑回归、XGBoost、fastText 等回归或分类方法进行模型训练与预测。知识图谱可以从多个角度，显著提升模型预测类标签的应用效果，如下所述。

（1）在符号特征方面，知识图谱可以对用户的行为特征进行扩展。在实践中，用户的内容浏览行为、商品浏览行为都会被文本分类等算法打上内容体系、商品体系的标签。通过百科、商品知识图谱，可以获得每个内容、商品的上下位词及关联知识数据。

（2）在结构特征方面，知识图谱可以通过图结构，将从宏观到微观的拓扑特征信息输入标签模型。图 9-11 展示了基于图拓扑进行标签生产的方案示例。比如，将用户通过拼团、分享行为形成的人口属性图拓扑结构、职业属性拓扑结构输入模型，可以显著提升标签预测结果的准确率与召回率。因为虽然个体的标签作假很容易，但是群体作假很难。"物以类聚，人以群分"，用户的圈层信息会反映用户的真实标签。

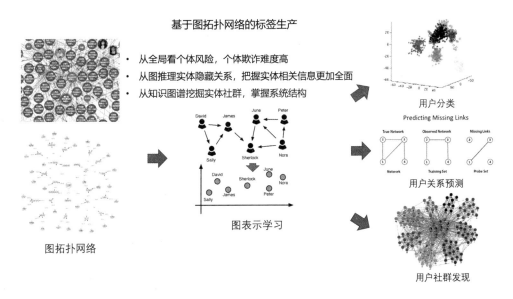

图 9-11

（3）在算法方面，通过图深度学习、贝叶斯网等图推理技术，可以对用户的行为状态序列、知识关联拓扑结构，运用卷积、注意力等机制进行深度捕捉。通过图深度模型，标签模型可以捕捉隐藏的知识结构，理解用户过去、现在、未来的真实状态，大幅提高对用户的认知能力。电商购买行为、视频网站观看行为、新闻应用阅读行为等都是随时间排序的序列。一位电商用户上周购买了一双篮球鞋，那么其这周的注意力就可能转移到其他商品上，比如一个键盘，这个标签的转移概率可以通过序列模型或者图结构模型进行统计。

前面已经讲解了数据清洗与导入类、规则与统计类及模型预测类标签生产任务的方法及知识图谱的落地点，那么在企业实践中能否建设一个端到端的标签生产引擎呢？标签生产引擎能否准确理解业务对用户标签需求的意图，并自动且智能地认知用户的状态，生产高质量的标签呢？

抽象概括上诉需求，一个端到端的智能标签引擎应该可以将业务对用户状态的认知需求，与真实的用户状态进行匹配，并返回最符合业务需求描述的用户群。根据这个技术逻辑，端到端的智能标签引擎解决的是一个根据业务需求匹配用户搜索的问题。因此，可以在传统搜索系统的框架上通过知识图谱与认知智能技术构建一个用户智能标签引擎。

智能标签引擎，是一种融合业务认知与用户认知技术的智能引擎，通过意图理解精准获取业务对用户标签的需求，并在对用户认知的基础上实现对需求与用户的匹配。智能标签引擎可以由**用户认知、需求认知、需求匹配**三个模块组成，如下所述。

- 在用户认知模块中，智能标签引擎需要建设对用户的全面认知能力。因此，智能标签引擎既需要集成已有的数据清洗与导入类、规则与统计类及模型预测类标签生产任务所生产的标签，又需要将原始的用户行为数据转化为具有匹配意义的形态。在企业实践中，用户行为数据分散在不同的业务领域中，同时不同领域的用户标签也存在复杂的拓扑关联关系。这都对用户的认知带来了巨大的挑战。

- 在需求认知模块中，智能标签引擎需要构建业务意图理解能力，包括对业务意图的分类、纠错、改写等相关能力，业务的标签需求应被转化为具有明确范围约束和特征表示的形态。

- 在需求匹配模块中，智能标签引擎需要实现业务需求和用户认知的精确匹配，并返回用户的排序。

那么，应该如何建设智能标签引擎的三个模块呢？图 9-12 对智能标签引擎的产品逻辑进行了展示。智能标签引擎通过搜索的模式，可以快速满足业务自定义标签的需求，大幅降低标签生产的人力成本，提高数据团队服务业务的效率。

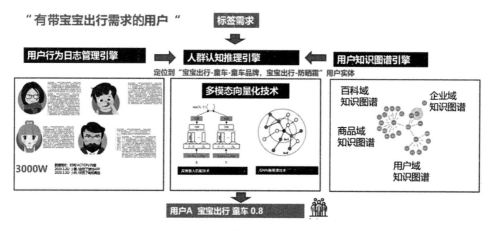

图 9-12

智能标签生产引擎的核心流程是从用户行为日志引擎中获取用户数据，再根据用户的意图对目标人群进行搜索和挖掘。智能标签引擎的需求匹配模式与搜索、推荐系统类似，都是在海量用户中筛选符合业务场景需求的目标。比如在广告投放场景中，智能标签引擎的输入需求可能为广告文案与运营规则，那么基于广告文案与运营规则对候选用户进行检索这一任务，和根据广告选择曝光用户的广告召回任务是极为相似的。因此，智能标签引擎可以参考传统的推荐框架，进行召回层、重排层、精排层的开发。在实践中可以基于传统的搜索、推荐的检索框架，融合知识图谱技术，对智能标签引擎做进一步优化。关于知识图谱与商品搜索、智能推荐的融合方案，会在 9.4 节、9.5 节进行更详尽的介绍。

图 9-13 对智能标签引擎的技术解决方案进行了展示。

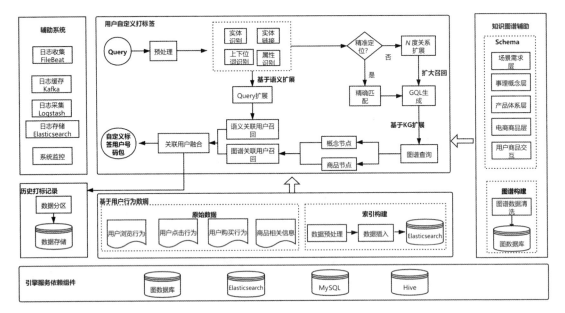

图 9-13

在智能标签引擎中，知识图谱可以在**用户认知模块、需求认知模块、需求匹配模块**中发挥重要作用，如下所述。

（1）在**用户认知模块**中，可以通过知识图谱技术构建内容知识图谱、商品知识图谱、业务专业知识图谱及用户知识图谱，以形成对用户、物、场景的全面认知。在该模块中，知识图谱可以丰富知识并扩展判断空间。

- 在丰富知识方面，知识图谱可以通过语义扩展、向量嵌入等手段为用户认知提供场景的背景知识、世界知识、业务知识，以达到丰富标签维度的目标。比如用户的兴趣标签可以与商品知识图谱进行关联，进而获得商品的概念、价格、产品系等知识。用户的标签是与概率关联的，比如喜欢车的男性、女性的先验概率是不一样的。因此在实践中，可以通过用户的标签结合知识图谱来推测用户的其他标签。企业的业务团队对用户的标签、知识图谱积累得越多、越深，推测出用户准确需求状态的概率就越高。

- 在扩展判断空间方面，开发者可以通过知识图谱，将用户的时空与事件序列信息进行聚合，建立包含时空序列的用户数据模型。用户的标签是具有演变性的，这在时序推荐模型中很常见。因此，虽然很难全面了解用户所有阶段的标签，但可以通过 LSTM、Transformer 等模型，对用户的标签序列进行推测，而知识图谱可以进一步帮助模型聚合多实体的时序状态数据。

（2）在**需求认知模块**中，智能标签引擎可以接受多种业务需求的表达形式，比如文本自定义的描述、关键词、转化样本等。在企业实践中，知识图谱可以从需求构建与需求理解两方面提升需求认知的效果。

- 在需求构建方面，提升业务对场景需求的构建能力：当广告运营人员、游戏运营人员提出需求时，通过知识图谱技术可以为业务的需求进行描述补全、需求推荐，进一步提升意图理解的效果。可以将营销的历史经验、专家方法存储在知识图谱中，以此将业务经验规则沉淀、转化。比如产品策划人员、产品运营人员在业务中积累的经验性概念、标签组合规则，可以通过知识图谱技术沉淀并不断积累，复用在其他需求构建过程中。

- 在需求理解方面，提升模型对业务标签需求的理解能力：在企业实践中，业务专家是难以直接、正确地提出标签完整的构建需求的。通过知识图谱技术，可以提升对业务标签的需求理解能力，将模糊、抽象、歧义等的标签需求转化为匹配检索可用模型；在意图理解模块中，通过实体链接、意图分类、样本精选等多项技术，将业务需求转化为用户查询条件。7.3 节已介绍知识问答的相关技术方案，用户智能标签引擎可以采用类似的方案将业务需求问题转化为查询用户的语句。

（3）在**需求匹配模块**中，智能标签引擎需要实现业务需求与用户状态的精确匹配。典型的匹配方案有正则匹配、关键词匹配、逻辑规则匹配及向量匹配。在向量匹配方面，可以通过向量点积、双塔模型等匹配方法，实现用户查询意图向量与用户向量的精确匹配，并构建深度匹配模型，提升业务意图匹配模型的应用效果。

通过将意图和用户认知进行匹配，可以智能且自动地生成标签。比如，当业务人员提出需要挖掘带宝宝出行的用户时，智能标签引擎会基于对用户标签的意图理解，将需求转化为对童车浏览、出行游玩等标签的搜索需求。智能标签引擎通过用户认知模块，可获得多个来源的用户特征、标签与相关知识图谱，比如用户商品浏览特征、用户过往订单分类标签及母婴育儿知识图谱等，因此，通过对需求与用户的匹配，就可以获得符合"宝宝出行"这一抽象概念标签的用户了。

9.2.3 智能用户数据中台

在企业营销服务产业中，用户数据中台是通过收集并处理用户在第一方/第二方/第三方平台的数据，实现用户细分、精准的自动化营销和广告投放系统的。从用户关系管理的角度，用户数据中台旨在挖掘和开发潜在用户，并维系老用户及提升其价值。图 9-14 展示了业内用户数据中台常见的产品功能架构。

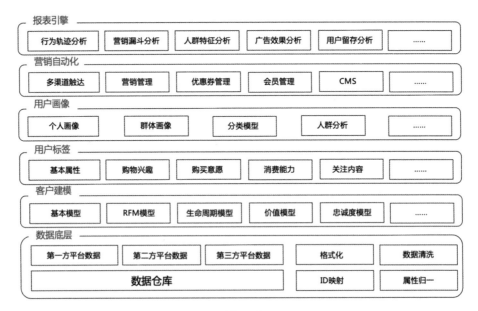

图 9-14

产业内的**用户数据中台**通常有以下 4 项核心功能。

- 全域数据采集：用户数据中台应具备用户全渠道数据采集与全业务系统数据聚合的能力，应拥有将企业第一方用户数据与第三方用户数据交换的能力。

- 用户粒度数据打通：用户数据中台应具备用户个体账号 ID 打通的能力，实现不同用户的实体名称、属性消歧和融合能力。

- 用户标签管理与分析：用户数据中台应提供满足业务场景需要的用户标签创建、管理的可视化能力，以及提供用户洞察与分析的能力。

- 全渠道触达应用输出：用户数据中台应具备将用户标签输出到全业务场景渠道的能力，帮助业务应用实现对用户的认知与理解。

用户画像分析引擎、用户智能标签引擎分别从宏观和微观的角度,对用户进行了认知与理解,这些用户认知与理解能力,是需要具备用户、商品、企业的知识图谱管理能力的平台支持的。第 8 章已介绍了知识图谱管理平台的相关产品能力,用户画像分析、智能标签引擎都可以作为知识推理应用通过该平台统一管理。而在营销服务这一场景中,知识图谱管理平台可以与用户数据中台进行集成,让其成为拥有知识图谱能力的用户数据中台,也就是**智能用户数据中台**（**Intelligent Customer Data Platform，ICDP**）。

那么 ICDP 有哪些核心能力呢？ICDP 是融合知识图谱技术，管理用户全生命周期的数据、知识，为业务应用提供用户认知服务的系统性平台。ICDP 通过知识图谱，可以提升业务人员在用户数据中台上对用户认知与决策的效率。

- 在 ICDP 底层数据方面，在用户知识建模阶段，用户数据中台通过知识图谱技术可以拉通业务应用、数据生产方、数据管理方对用户认知的业务需求理解，并以用户的知识体系形态进行存储。在用户标签生产阶段，可以通过基于知识图谱的智能标签引擎，提升标签生产能力。

- 而在 ICDP 上层应用方面，ICDP 可以整合引导用户认知所需的用户数据、知识能力，帮助上层营销应用实现对用户认知、引导的闭环。在数字营销工具快速发展的阶段，ICDP 是企业在用户营销认知争夺战中的战略型武器。

ICDP 对用户营销形成从认知到引导的业务闭环方案，在整体上可分为以下 5 步。

（1）**业务认知提升**：业务人员在 ICDP 上通过营销洞察工具，以知识图谱关联营销专家的案例与经验实现对营销任务全面、有效的认知理解。知识图谱可通过可视化、自然语言交互的方法提升 ICDP 的产品能力。

- 在可视化方面，在营销场景中对用户、商品、购买行为的数据洞察极为重要，但大多数传统 BI 工具查看的数据维度有限。ICDP 在融合知识图谱产品的能力后，可以从知识关联的角度，提升商业数据分析的广度和深度。

- 在交互方面，知识图谱可以为 ICDP 提供自然语言交互式产品体验。在人机交互学科里，以人对人的方式与机器交流被定义为"人机自然交互"。借助知识图谱进行意图理解，用户可以通过语音在搜索框中以人机对话模式与数据看板进行交互。如图 9-15 所示，通过知识图谱与认知智能技术，可以为业务人员提供自然语言交互的快速交互与分析能力，准确获取用户的状态。历史的日志、案例、专家的知识都可以帮助业务人员进行分析和决策。

图 9-15

（2）**企业决策优化**：ICDP 可以通过决策辅助工具提升企业决策优化能力。企业的营销专家、运营人员会在对场景洞察和分析的基础上，做出营销的决策链。决策链通常包括营销计划的流程图、任务流，沉淀于企业的自动化营销工具之上。ICDP 可以将专家业务人员的经验规则存储下来，辅助其他业务人员对用户进行认知、分析和理解。通过策略搜索与推荐，业务负责人、产品经理、产品运营人员等不同岗位可以实现知识共享和认知协同，做出合理的决策自动化营销工具，与企业的运营、财务、管理信息系统进行集成。

（3）**用户认知触达**：营销自动化工具会在线上、线下对用户进行触达。而 ICDP 会通过数据服务接口，为广告投放等营销自动化工具提供用户数据和知识支持。在这个阶段，知识图谱与认知智能技术的主要优化目标是提高营销自动化工具的投放效率。

（4）**用户认知引导**：经过广告触达，用户会进一步对商品、服务有认知需求。这些认知需求会通过智能搜索、推荐及对话方式与 ICDP 进行交互。ICDP 会通过数据服务接口，将分散的用户数据和知识，通过系统化、标准的方式提供给业务应用使用。

（5）**业务认知迭代**：企业将营销流程的数据、知识、经验，以报表、案例库的形式回流于 ICDP 平台中。ICDP 通过自然语言交互模式被动或者主动地以策略推荐、风险高亮等产品能力，提升营销人员的认知与分析能力。

9.3　知识图谱与社群认知引导

学术界关于社群的认知研究，主要集中在社会学、传播学的领域范畴内。而工业界关于社群的认知研究，主要以内容策划、产品经理、运营经理等业务人员对用户社群形态的策略方法论为主。

本节将从个体与群体的角度，综合用户的社交产品、社交营销、社群场景，基于计算社会学、社群的知识图谱、群体认知智能理论，讨论知识图谱与社交产品的结合点，并进一步提供引导社群营销认知的解决方案。

9.3.1　社群认知的形态

社群到底是什么呢？按照社会学中最普遍的说法，**社群是一种社会组织形式，是人们按照特定的关系结合起来共同活动的集体**。社群表示一个有相互关系的网络，是构成社会的基本单位之一，典型的社群有豆瓣群、微信群、QQ 群等。

综合来说，社群至少具备三个典型特征：①有稳定的群体结构和较一致的群体意识；②成员有一致的行为规范和持续互动关系；③成员间分工协作，具有一致的行动能力。

当运作在社交产品之上时，社群活动会受社交产品特性的影响。Facebook、微信、抖音等互联网社交产品会基于人类群体与个体认知的规律，提供符合其业务目标的社群产品。**不同的社群在不同的社交平台，通过兴趣、场景形成了不同的认知空间，展现出不同的社群认知形态**。比如用户在浏览朋友圈时，只能看到自己好友圈的评论，获得仅限于其社交圈层的认知。因此，不同社群的用户生活在不同圈层的认知空间中。

社会科学和数据科学的交叉学科被称为计算社会学。计算社会学通过大数据、人工智能技术对社会个体、组织的状态进行数据采集、数据计算、数据推理，进而获得社群的状态。理解社群的认知形态，是对社群进行认知、引导的第一步。对社群的认知与引导，又是从个体的认知开始的。图 9-16 展示了个人社交圈层的体系。

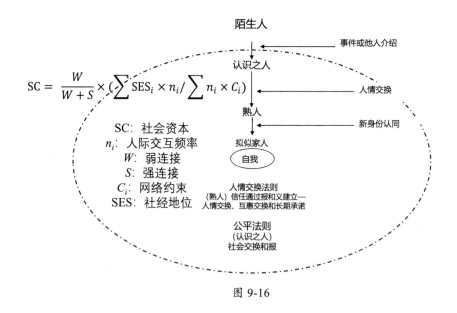

图 9-16

个体的社群形态，社会学认为其可以分为多个圈层：中心圈层是自我，依次向外的是熟人、认识之人、陌生人。个体的社交圈层通过人情交换法则、公平法则等建立。个体的社会关系与圈层认知通常是复杂、动态且难以计算的，但通过知识图谱强大的符号及拓扑网络能力，工程师是可以对社群认知状态进行量化计算的。

将不同个体的认知状态通过知识图谱进行连接，就可以获得群体的认知状态。群体的认知状态通过知识图谱进行存储，可供上层应用识别、模拟、策略测试、引导演变等。

相比于个体认知形态，群体认知形态的理解与表示将更具挑战性。得益于知识图谱强大的知识表示能力，群体认知形态可以通过图谱清晰地展现状态与关联。比如，在用户增长分析、信贷风险分析场景中，用户群体的兴趣偏好关联、购买关联、交易关联都可以通过知识图谱进行存储与展示。因此，运营专家、风险专家可以对社群中用户的认知关联、社群子图的状态有更清晰的认知。

在产业实践中，群体认知形态有以下 3 个特性值得关注。

（1）**群体的认知是由个体认知形态聚合而成的**。群体的认知状态可以由不同个体的认知状态统计获得，其中比较典型的场景就是企业品牌的舆情检测。品牌的粉丝社群的认知是各个粉丝对品牌认知的聚合，而各粉丝对品牌的认知会通过微博、朋友圈等社交渠道以文字、图像进行表达。因此，为获得群体对企业品牌的认知，可以计算不同用户对企业品牌、企业产品、企业产业链等的舆情声量。在此过程中，知识图谱可以提升舆情计算的广度与深度。

（2）**个体与社群的互动有两个核心目标，包括让自身建立对社群的认知及让社群建立对自身的认知**。在朋友圈、微博、Facebook 等社交产品中，用户会通过在社交产品中看动态、评论动态、发动态等方式与社群互动。当用户可以获得更多知识来提升对社群的认知时，用户会对社群有更强的归属感。比如，某用户可以通过某游戏知识图谱了解游戏社群结构（公会、帮派、团队）、游戏知识体系（道具、游戏角色、游戏玩法），对游戏的认知得到提升；而对游戏内社群、游戏内容的认知提升，会提升玩家与游戏的互动深度。同时，游戏社群对玩家的认知会因其优质的分享而提升。如果游戏知识图谱能够提升玩家内容撰写、内容分享的能力，那么可以提升游戏社群对其的评价。因此，在社交产品功能的设计中，可以引入知识图谱来提升用户对社群的双向认知能力，以此显著提升用户在社交产品中的活跃度，为业务创造价值。

（3）**社交圈层的认知差异是迭代动力**。物以类聚、人以群分，用户社交圈的不同圈层形成了用户认知圈层，圈层之间认知的方向、高低、时间差距会成为用户日常的认知及决策动力。比如在认知方面，A 科成绩好的学生会希望与 B 科成绩好的学生互动，以获取更多经验和知识。在认知的高低方面，游戏新手希望与游戏老手互动，以提升经验与能力。在认知的时间方面，用户希望跟随时尚意见领袖的认知风格，来获得最新的社群认知动态。因此，在 PVP 游戏的产品设计中，可以通过知识图谱强化、展示竞争对手间的认知圈层差异，提升用户竞争的驱动力。所以，通过构建社群的知识图谱可以提升圈层、个体之间对彼此的认知，进而增加社群圈层之间交流的动力。

9.3.2 社群认知引导与社群演变

社群的认知经过引导，会带来社群的演变。知识图谱可以将社群从个体到群体的认知状态进行全面存储。人与机器可以通过知识图谱对个体状态、社群圈层状态，进行从宏观到微观的全面认知，在认知的基础上构建认知引导策略。

比如在社交产品上，围绕运营、营销、服务提升等业务目标，可以通过知识图谱加强企业品牌的社群认知能力，调整广告素材、宣传文案，把社群对企业的认知状态引导到更有利的位置。在介绍社群认知引导解决方案前，这里先回顾计算社会学对社群引导与演变的研究。

计算社会学的研究方向为社群演化，图 9-17 展示了社群演化的多种方式。社群演化指对社群进行快照，研究社群的增长、收缩、合并、分裂、产生和死亡。在计算社会学研究中会涉及复杂网络、图计算、自然语言处理等相关技术，而知识图谱与认知智能技术将进一步提升计算社会学的研究与产业应用落地能力。

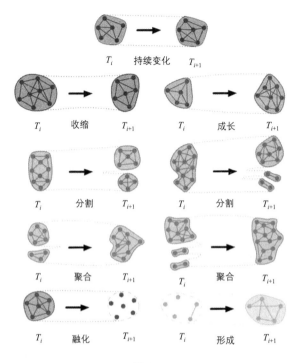

图 9-17

知识图谱是计算社会学数据的优秀存储媒介，可以帮助计算社会学将所研究社群行业的知识信息、经验规则通过图谱的模式聚合，社群天然的图结构、复杂关系可以用知识图谱记录完整。同时，知识表示推理、图推理等知识推理技术，可以充分挖掘社群中的结构、知识，将社群数据与知识从感性抽象转化为量化数值，帮助机器从宏观到微观地提升社群理解能力。

因此，机器不仅能辅助社群的管理者、运营人员对社群演变进行分析和预测，还能低成本、高效率地对社群、组织进行管理。在企业营销场景中，产品经理、活动策划、运营人员可以基于对企业粉丝社群演变的研究，构建社群运营及营销策略。这些策略通过营销机器人、社群机器人实现自动化的信息推送、问答自动回复、社群结构自动调整功能。营销机器人需要知识图谱才能正确了解社群状态，进而帮助社群走向正确的方向。在组织管理场景中，对企业组织的社群演变研究可以在金融投资、企业组织发展规划中发挥重大作用。根据社群演变的状态，政府与投资机构可以筛选优质企业，通过资源引导、社群构建推动企业社群的成长。

9.3.3 社群认知引导与智能推荐

社群认知引导需要从个体需求出发，筛选信息、资源并推动用户决策与行动。用户的需求认知是认知引导的基础。在物资缺乏的阶段，企业营销指以货为本，重点解决生产阶段的问题。当因经济与生产力的发展而进入供大于求阶段时，企业营销会以触达为本，重点解决与用户沟通渠道的问题。当互联网为消费者带来众多选择时，企业营销会以人为本，核心解决如何在沟通中让用户快速建立认知并驱动其购买的问题。

产业互联网为用户带来了更多的选择。因此，用户在进行购买决策时，在需求与功能匹配的基础上会额外追求体验的个性化、情感化、社交化。优秀的品牌不仅让用户认知商品的品质，也从审美认同、人格认同、社会认同的角度提升用户对商品的认知。

用户对品牌的认同来源于沟通和交流。明星代言、平台广告、线下导购、用户朋友的推荐，从社群的不同圈层影响了用户对品牌的认知。在营销场景中，企业可以通过智能搜索、智能推荐、智能客服、营销机器人等技术与用户交互，提升用户对企业的认知。

在社交产品中，内容推荐与社群营销是典型的社群认知引导落地场景。在对用户认知引导的策略中，"即时刺激"是典型的有效策略。比如，在短视频推荐等内容资讯服务场景中，内容服务平台会通过精准识别用户的即时需求，筛选能立刻刺激用户快乐的视频与内容。平台通过不断地即时刺激并满足用户的快乐需求，可增加用户在平台上的活跃时间及留存时间。在技术方面，平台会以优化用户时长、点击率为目标，进行运营引导策略的制定，策略来源于人工运营策略及通过机器学习、深度学习等智能算法生成的策略。即时刺激的核心是精准匹配内容与用户的需求，推荐系统通过对海量用户的行为进行认知，获得用户点击、浏览、停留的知识模式，并通过算法以最大化业务目标来构建策略序列，对个体的认知进行精确引导。

但是，即时刺激对用户认知的引导是有局限性的。短视频平台通常通过广告、电商进行变现，这需要用户从短视频浏览向点击广告或者购买商品转化。而基于即时刺激的推荐策略，通常仅能在短期不可持续地产生愉悦感，这会进一步加大用户认知变化的难度。这就如同大人不停地给小孩巧克力，让小孩沉溺于食欲，就难以找到足够的"诱饵"，驱动小孩做他不愿做的事。

因此，基于即时刺激的策略，是难以让用户突破个体有限认知的空间的。个体认知是有局限性的，收益的价值亦是有局限性的。企业在营销时不仅希望用户快乐，还希望用户扩展对企业产品的认知。企业希望用户认同商品并拥护商品，这样才能从品牌认同、品牌溢价中获得更多的价值。就好比低价的确会让用户快乐，但苹果手机用户却会花费高价购买产品，因为苹果手机用户购买的不仅仅是手机的基础功能，购买的也是苹果的品牌价值。而企业的品牌价值，是难以通过价格等即时刺激认知与引导来提升的。

那么，应当如何引导用户扩展个体有限的认知边界，让用户认知与企业认知进行协同，为个体和企业都创造更大的价值呢？

社群圈层刺激是一种有效的社群引导方式。以社交内容场景为例，如果单纯基于个体用户的认知与兴趣来做推荐，那么受限于个体认知的边界，用户的兴趣容易收敛、衰减。这会导致用户的观看时长与停留率等业务指标下滑。但如果从用户社群的社交结构、社群兴趣、用户圈层认知欲望、社群演变等角度构建社交推荐能力，那么可以打破个体认知边界。

企业的营销产品、营销人员可以通过社交推荐为用户带来超出个体认知范围的收益。用户圈层的认知欲望指作为个体非常关心周围的认知。用户希望通过朋友圈、短视频软件、Facebook等社交产品了解周围群体的认知状态与方向。个体用户使用社交产品的目的，是了解朋友们都在接触什么信息，扩展自我认知的范围，从而跳出自有认知局限。

在企业实践中，社交推荐是从群体认知中获取信息，并筛选、构建影响社群中个体认知的策略。因此，社交推荐是个体推荐的扩展。从产品的视角，社交推荐指用户的朋友、老师、同事通过言语及行为对用户进行引导，通过群体的认知，对个体用户购买、观看等决策做出影响。比如，社交推荐会否定用户的个体决策判断如"不应该买那台电视，你应该买这台电视"。由于是负反馈，所以用户会觉得不舒服，但他依然会考虑接受该推荐与建议。用户的认知会因群体认知而成长，并获得个体认知之外的收益。

在技术实现方面，社交推荐作为个体推荐的扩展，可以引入知识图谱对推荐特征进行关联、聚合，并应用图深度学习等模型提升效果。更多的内容会在9.5节进行介绍。

9.3.4 社群认知引导与营销机器人

在企业的社群营销场景中，规模增长、活跃度提升及转化率提升是企业社群认知引导的常见业务指标。

社群的规模增长，包括社群的个体数量及连接增长，从知识图谱的视角，则是知识图谱网络中的实体数量、关系的增长。社群规模的增长有多种策略和方案，通过不同的产品形态、运营玩法和数据智能算法落地。

社交裂变是典型的社群增长策略。企业可以从产品设计、运营玩法中促进社群的社交裂变。比如在产品方面，通过共同好友展示、好友推荐、共同兴趣提示的产品形态，将用户的社会关系可视化，可以推动社群建设与社交扩展。在运营工具方面，可以建设拼团商品、拼团红包等运营工具来推动用户扩大社群规模。比如，在以拼团电商、拼团美食为代表的玩法场景中，企业可以通过拉新红包、拼团折扣等激励，吸引用户将自己的朋友拉入企业社群中。

社交裂变可以帮助用户获得超出个体认知的收益。拼团电商是一种典型的群体决策行为，拼团所形成的用户社群会从价格、功能方面进行群体认知与决策。而群体在认知与决策能力上显然超出了个体。比如，一个新手家长抚养小孩的认知有限，难以购买到合适的商品，而通过参与母婴拼团，就可以通过社群购买到自身认知之外的合适、高性价比的商品。在这个场景中，企业的社群规模可以通过社交群推荐、拼团推荐的智能能力进行提升。而知识图谱技术可以从数据、算法的角度提升拼团效果。

如果说社交裂变是社交规模增长的有效手段，那么社交聚变是提升社群质量与生命周期的重要手段。**社交聚变，指社群的认知凝聚**，常见于企业品牌塑造场景中。企业品牌的价值来自社群的认知认同。社交裂变追求的是规模化降低单位成本，而聚变追求的是社群认知协同带来的品牌凝聚效益。

社群生命周期管理是社交聚变的重要场景。在社群运营中，社群的生命周期是大多数运营者苦恼的。建群不难，但社群会随时间而衰退。延长社群生命力的策略有多种，比如定期进行人员换血、创新运营模式、建立线上线下的连接、提供社群福利等。但对人类运营及管理者而言，是非常难以 7×24 小时精准、智能地对社群服务并管理的。人类运营人员擅长从感性层面与用户交互并建立联系，但难以系统性、智能化、个性化地组织并引导社群完成企业营销业务目标。

那么，能否建设自动化、智能化的工具帮助社群管理者实时认知复杂的社群网络状态，并精准、有效地引导社群的认知，以达到社交聚变的目标呢？

答案是能，企业可以通过建设社群营销服务机器人解决这个问题。社群营销服务机器人通过知识图谱与认知智能技术构建社群画像，实现对社群状态、组织结果的精准认知。社群营销服务机器人可以基于社群专家规则或数据挖掘生成社群运营策略，辅助社群运营人员、管理者高效率、个性化、全面、精准地把控社群的生命周期。

在营销场景中，企业社群可分为用户、员工两个圈层。

- 用户圈层，是销售人员（导购、经销商）与用户构成的圈层，在社交产品中通常以微信群、豆瓣小组等形态存在，用户可能通过产品扫码、企业门店扫码等方式进入企业的活动群、售后群、粉丝群。

- 员工圈层，是企业与销售人员（导购、经销商）构成的圈层。从整体的视角来看，企业在员工圈层组织并管理销售人员社群，销售人员在用户圈层管理用户社群。企业通过管理并引导员工圈层的认知来影响用户圈层的认知。

因此，企业的社群营销不仅是技术问题，也是管理问题。企业在对多级社群成员的认知、管理与引导中，需要精准认知企业员工、用户社群的状态，合理选择组织管理策略（激励、惩罚），并通过自动化业务系统落地。企业如同航母一样承载多个"战机"（导购），通过数据智能指导"战机"进行多点（门店、社群）营销战斗。

在社群营销场景中，企业需要建设、管理并服务员工、用户这两个社群圈层的营销机器人，只有通过营销机器人，才能实现对销售人员、用户的7×24全面服务与管理，对社群的认知进行引导。那么该如何在这两个圈层中建设智能化的营销机器人呢？

社群营销的销售人员所形成的员工圈层，其社群管理是企业经营管理的问题。为了解决这个问题，就需要用到在11.1节中介绍的企业认知大脑解决方案与在11.3节中介绍的企业决策助手解决方案。通过企业认知大脑与企业决策助手，企业可以整合业务规则、专业知识（营销话术）、人员状态认知，形成对多企业销售人员的智能管理。

企业认知大脑与企业决策助手可以与企业微信、钉钉等企业通信软件集成，形成一体化、智能化的企业营销机器人管理系统。在此系统中，通过企业认知大脑，企业可以对营销机器人进行统一监控与管理；而通过企业决策助手的营销知识库、策略搜索与推荐、精准的消息推送等能力，企业可以对销售人员团队进行培训、激励与引导，强化个体的认知与决策能力。基于企业认知大脑与企业决策助手的销售人员管理系统，将会显著提升企业对社群营销的组织管理能力。

社群营销用户所形成的用户圈层，其社群管理核心是提升销售人员的社群经营管理效率。营销机器人需要作为销售人员的助手，提供用户画像、智能搜索、智能推荐、智能对话的能力，帮助销售人员与用户互动。用户圈层的社群智能营销可以通过社群机器人高效、精准地实现。营销机器人需要通过知识图谱来统一管理数据与知识，并通过知识推理进行策略推理。

企业通过社群认知引导理论和知识图谱技术，可以重塑企业社群营销体系。企业社群营销将用户认知作为基础，以社群裂变与社群聚变作为手段，完成企业营销的业务目标。而拥有社群认知引导能力的机器人，不仅是提升导购效率的助手，也是企业对导购的组织管理助手。

9.4　知识图谱与商品搜索

消费者在购买场景中的认知与决策过程可以分为5个阶段，包括问题认知、信息搜索、方案评估、购买决策和购后行为。信息搜索是消费者获取商品购买决策所需知识的重要手段，其中，商品搜索是在不同的搜索场景中协助用户做出购买决策的重要产品功能。在商品搜索引擎中，用户输入商品的相关描述是用户需求表达最明确的场景之一，搜索引擎需要精确识别用户意图，在海量商品中精确返回与用户需求适配且最大化企业收益的商品。

类似于知识问答，搜索的核心模块包括用户意图理解与搜索结果的召回排序。

- 知识图谱在意图理解方面，可以从背景知识等角度提升意图分类、意图补全等子模块的效果。

- 在搜索结果召回与排序方面,通过知识增强的匹配模型,能更好地捕捉用户意图与候选商品之间的关联,进而提升算法效率。

9.4.1 商品搜索基础理论

商品搜索是营销中的重要场景。图 9-18 展示了用户购买商品的认知与决策过程,搜索商品是用户建立商品认知的重要过程。

图 9-18

建立需求,指消费者基于对问题的认知,梳理问题的需求描述。需求可能来源于内在或外在的刺激。比如,一个人受到同事有了新包的刺激,可能会产生购买箱包新品的冲动和欲望。搜索引擎主要通过用户的搜索词来理解并认知用户的需求,然而在实际的业务过程中,消费者往往难以精准表述自己的需求。

因此,商品搜索首先需要通过意图理解模块建立对用户的需求认知能力,对用户的需求可以结合其直接表述的需求和状态综合判断。在用户直接表述的需求理解中,知识图谱主要从辅助语义理解的角度发挥作用,需要从知识增强、数据扩展方向帮助意图理解语义模型对用户的需求进行改写、消歧、扩展。在用户状态判断这一隐式需求理解中,需要对用户过去、现在、未来的认知与决策进行全程理解。知识图谱在此任务中帮助意图理解模块进行需求预测模型的开发,对用户状态的认知能力通过用户画像技术实现。

另外,需求的建立不仅是单纯识别用户的需求,也可以在源头对用户的认知进行合适的引导。知识图谱可以帮助在意图理解模块中建设用户认知引导能力。基于对用户语义需求及状态需求的认知,意图理解模块可以通过推荐筛选搜索词、知识关联、知识补全等方式影响用户的认知。比如,意图理解模块可以通过搜索补全这一产品能力,引导用户搜索符合企业诉求的高价值关键词。拥有认知引导能力的意图理解模块可以帮助用户获得其认知之外的能力,实现用户与企业双赢。知识专业度越高的领域,对搜索需求认知与建议的需求就越高。如图 9-19 所示为在用户购买商品的认知过程中所需的知识图谱。

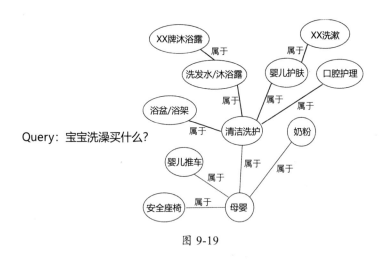

图 9-19

为了正确引导用户，搜索引擎需要意图理解模块实现场景下的知识推理与分析能力。比如，一位新手奶爸在初次浏览母婴商城时，希望购置与宝宝洗澡购置相关的商品，他既缺乏母婴专业知识，也缺乏对母婴洗护商品的认知。因此，在他的认知范围内，往往是难以准确地构建搜索词的。为了构建搜索词，他需要查询相关书籍或者咨询医生，来获得婴儿皮肤敏感度等相关专业知识。但是，如果商品搜索引擎可以认知他的需求状态，并结合母婴专业知识图谱进行推理并给出搜索建议，那么他将有更好的购买体验。比如，搜索引擎可以根据其孩子的年龄、发育状态，通过精确的知识推理模型预估，返回精准、合适的商品词建议。

商品搜索引擎基于意图理解获得的需求，会被进一步与企业商品仓库中的商品信息进行匹配和对比。在需求与商品匹配阶段，可以通过**数据增强**、**专业知识推理**等方法提升匹配效果，如下所述。

- 在数据增强方面，知识图谱可以通过数据扩充提升引擎对商品的理解能力，还可以丰富商品的标签。比如在母婴商品基础生产信息上扩展母婴商品的品牌特性、品牌代言人、生产原料化学属性信息。

- 在专业知识推理方面，知识图谱可以通过专业知识推理提升商品搜索的精确性。在专业知识较高的母婴、汽车、药物等商品搜索领域，价格不是唯一的因素。商品的功能适用性、场景、安全等方面的匹配度都是用户购买决策的重要因子，这些决策因子都是需要基于用户意图、用户状态和商品能力进行专业知识推理的。在药物这些专业领域的匹配场景中，对匹配度的计算一定需要基于专业知识和专业推理模型进行。

因此，如果搜索引擎可以基于用户的状态与商品状态进行专业知识推理，辅助用户进行知识推理和决策，那么对促进销售将有非常大的帮助。比如，商品搜索引擎可以基于洗护专业知识，针对用户孩子的状况，进行洗护用品原材料是否符合法律规定、剂量是否适合其孩子等专业知识推理。因此，用户知识图谱、商品知识图谱、专业知识图谱，都可以在需求与匹配阶段提升商品搜索效率。

在整体上，知识图谱可以从意图理解、需求匹配等方面提升商品搜索效率。但是在企业级商品搜索实践中，知识图谱会面临相当大的挑战。本节接下来介绍知识图谱落地商品搜索的技术架构，并就一些技术挑战分享解决方案。

9.4.2 商品搜索技术架构

从技术逻辑的角度，商品搜索首先需要认知用户的意图，其次需要根据意图与商品匹配模型对候选商品进行排序，最后需要结合业务规则输出排名最高的商品。图 9-20 展示了商品搜索的技术流程。商品搜索的主要优化目标是点击率（CTR）、转化率（CVR）和交易金额（GMV）。

图 9-20

商品搜索主要是基于企业内部的商品数据进行检索的，这些数据被存储在业务数据库或者数据仓库中，所以业内常见的商品搜索任务主要解决的是结构化数据检索问题，并非网页等非结构化、半结构化的检索问题。商品搜索的数据规模，按 SKU 数或者 SPU 数来计算，基本上是几万到几千万级别。

知识图谱虽然通过符号与图拓扑信息聚合了丰富的先验知识，但在商品搜索的不同流程中落地也是极具挑战的，如下所述。

- 知识图谱对用户、业务专家、算法人员都有相当高的认知门槛。

- 知识图谱的构建成本是相当高的，因此需要真正为商品搜索业务创造价值，才有持续迭代和优化的动力。

- 知识图谱的数据结构对现有的召回、粗排、精排应用都有相当高的使用门槛。

那么在企业级业务实践中，应如何将知识图谱技术融入商品搜索系统并创造业务价值呢？图 9-21 在商品搜索技术框架的基础上融合了知识图谱相关的模块。从整体上来说，知识图谱需要通过知识图谱管理平台，从多方数据源进行统一的知识图谱建设工作，构建的知识图谱需要以标准化的知识图谱数据服务形式，实时、即时、离线地为商品搜索引擎的各个模块提供数据服务。

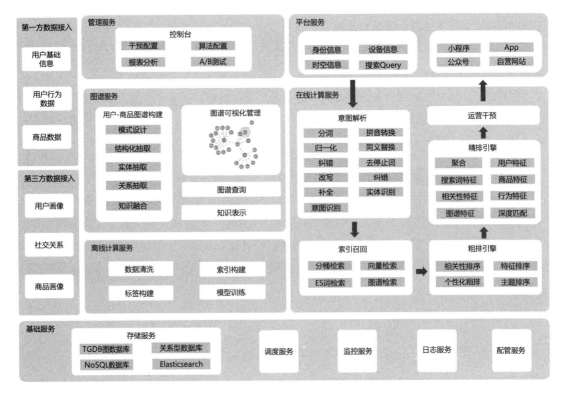

图 9-21

意图理解是商品搜索实践中极具挑战性的场景。在商品搜索场景中，意图理解模块需要基于语义理解技术构建诸如**需求改写**、**歧义识别**、**需求补全**等子模块能力。知识图谱在这些场景中都可以有效提升意图理解效果。

（1）在需求改写子模块中，意图理解模块将需要将用户查询的单词改写为正确的单词，或者通过意图分类将查询的单词映射到正确的商品名或者商品类目名。从自然语言处理技术的角度，这是一个文本分类问题。在 Query 的短文本有限的信息上进行特征提取、模型训练，这是极具挑战性的。过去比较常见的方法是构建词典，通过词典匹配、词典关联的模式提升模型的应用效果。在引入知识图谱后，不仅可以沿用词典的匹配方法，还可以进一步通过知识图谱增加关联的信息。知识图谱可以进一步与文本预训练模型 Bert、Word2vec 模型结合，从知识增强的角度提升模型的应用效果。

（2）在歧义识别子模块中，意图理解模块需要处理查询中语言的一词多义问题。比如用户查询的是 "周杰伦的双截棍"，如果业务构建了音乐领域知识图谱，则可以自动将周杰伦识别为人名，进而获得周杰伦的歌曲属性 "双截棍"，这样搜索请求就可以细化到请求音乐商品库的双截棍唱片、周边，而不是体育器材领域的双截棍。更细节的歧义识别技术实现，可以参考 4.3 节知识融合系统的技术架构。歧义识别和知识融合在技术逻辑上是相通的。

（3）在需求补全子模块中，意图理解模块需要深层理解用户的需求，并对用户的查询 Query 进行补全建议。用户在初次浏览或者面向知识生疏的领域时，通常智能模糊地表达其需求。在没有相关知识的条件下，用户查询的可能是一个抽象的顶层需求概念，或者是与目标商品平行关联的商品。比如用户需要搜索清洁厕所的相关商品，但并不具备"不同的污垢处理所需的专业洁厕用品是什么？"的知识，因此只能给出"洁厕"这一抽象的需求概念。而通过知识图谱，可以将"洁厕"这个顶层概念和洗涤剂、拖把、毛巾、消毒剂等商品及商品知识属性关联起来。需求补全模块可以调用知识图谱，将用户洁厕的 Query 需求扩展为"强力除味的洁厕洗涤剂"。通过知识图谱，可以将用户的模糊需求融合专业知识，生成能解决用户场景问题的查询意图，这样既降低了用户的搜索成本，又提升了用户体验。解决用户痛点相关的问题，是用户进行购买决策判断的重要凭据，用户如果判断搜索反馈的商品没有改善厕所状态的能力，购买概率就会很低，某些用户即使购买，也可能进行差评或申诉。

对用户意图的理解，除了可以基于 Query 语义，还可以通过用户画像提升效果。用户画像会提供用户查询之外的信息，帮助意图理解模块进行意图分类、需求补全。比如，通过用户画像数据，商品搜索引擎可以认知到用户的年龄、性别及商业兴趣等基础偏好，以此对用户意图中的商品需求类目、价格都会有一定的先验判断，在对用户的搜索习惯进行深度认知后，也可以根据历史搜索词、关联词来提升意图理解效果。

知识图谱不仅可以提升意图理解效果，也可以提升**模块匹配**效果。

（1）知识图谱可以从规则沉淀和推理的角度，提升搜索引擎中运营专家和模型的协同能力。和推荐算法场景一样，匹配模块也涉及业务专家的规则策略与算法模型策略融合问题。为了达到热点商品售卖、拉新等多种业务目标，平台运营专家会根据先验经验和知识人工设置召回规则。召回规则会基于商品价值、热点事件、突发事件、保量投放、商品商家扶持、冷启动等多个条件制定。商品搜索对召回率的要求通常非常高，因为不能让一些商品永远没有曝光的机会。因此可以基于商品价值、历史点击等数据，通过规则或者统计的方法设定商品召回规则。这些规则可被转化为知识图谱，并与场景数据结合，提升召回引擎的效果。

（2）知识图谱可以从数据角度提升搜索精排、粗排效果。无论是搜索还是推荐，都需要认知用户的需求和状态数据，与候选的商品数据进行匹配和计算。在这过程中，用户和商品的标签都可以通过知识图谱扩展与优化。知识图谱与商品的特征有多种融合方式，包括直接扩展或者向量表示融合。当然，知识图谱也可以进一步通过图结构为搜索引擎关联图像、语音等多模态数据能力。

- 直接扩展的方式指在商品特征构建的过程中，用原始的商品 ID、属性，对商品知识图谱进行查询，将返回的图谱关系、属性作为额外的维度，与商品已有的维度水平拼接。
- 向量表示融合的方式指进一步将知识图谱的符号及拓扑结构进行向量表示，再与向量化的商品特征融合。

（3）知识图谱可以在匹配模型层面提升商品搜索效果。商品搜索对个性化的要求很高，比如在搜索时，不同的用户群其消费能力也不同，在排序时就需要考虑把价格合适的产品返回给有不同消费能力的用户群。

商品搜索匹配模型在实践中有多种应用知识图谱模型的方向，如果用户的查询意图是细化到某个商品的具体属性或者商品之间的关系，那么这里的匹配模型同知识问答的模型类似。这里匹配模型的技术方案可以参考 7.3 节中知识问答的相关内容。

如果用户的意图只是返回相关的商品列表，那么可以从知识增强的角度优化深度匹配模型。通过知识图谱，可以将商品与商品之间、用户与商品之间的联系表示出来，即可以构建包含用户、商品的二元图，将商品搜索问题转化为同一图拓扑结构的搜索问题，因为用户、商品都处于统一数据空间的知识图谱中，所以可以通过图深度神经网络充分利用知识图谱的信息进行匹配检索。商品与用户的特征都可以通过知识表示等算法进行向量化，并融合到深度神经网络信息检索模型中。知识增强的检索模型已在不少业务实践中取得了较好的效果。

9.5　知识图谱与智能推荐

搜索是由用户主动发起的建立满足用户需求的知识发现及认知理解的方式，而推荐是由企业主动发起的。推荐围绕对用户的需求认知与分析，通过内容、商品推荐方式引导用户点击和购买。**企业的搜索与推荐，分别从主动和被动的角度对用户的认知产生影响**，并最终达到品牌认知提升、收入提升的业务目标。

从知识图谱应用的角度，搜索主要运用知识图谱对用户的意图进行分类，并提供相关知识帮助用户建立认知。而知识图谱对推荐的价值将更具多面性，挑战也更大。推荐相比搜索，没有直接的用户意图作为推理检索的依据，因此需要更精确地了解用户认知的过去、现在及未来，猜测用户的需求并以此做检索。但由于用户并没有明确的意图，因此要用户认知并接受推荐结果并不容易。

在推荐业务的目标设计方面，以内容短视频厂商的推荐算法为例，会侧重基于用户认知，提供即时激励的刺激来达到推荐的业务目标；而社交型的短视频厂商的推荐算法，会侧重基于用户社交圈的认知，提供即时或长期激励，来达到推荐的业务目标。

在推荐数据管理方面，知识图谱可以帮助推荐系统将用户、商品、内容、场景等分散的数据整合起来，使推荐系统建立对用户场景、需求的更全面的认知，并在用户意图不明确的情况下，更全面地把握用户的状态和可行决策空间。比如，运用知识图谱和认知智能技术，可以聚合用户状态的演变数据，以此开发更多样的、可解释的推荐策略，来驱动用户的个体、群体决策，达到推荐的业务目标。

9.5.1 知识图谱助力推荐的方法论

推荐系统从用户个体的视角，主要解决在信息过载的情况下，用户个体如何高效、优质地获得符合个体兴趣、提升个体收益的信息的问题。

推荐系统从企业组织的视角，主要解决如何最大限度地引导用户并实现公司的商业增长问题。"增长"的细分问题包括吸引用户、留存用户、增加用户黏性、提高用户转化率等子问题。

图 9-22 对推荐系统如何影响用户认知，实现用户增长、转化的流程进行了总结。从企业业务目标的角度，推荐系统从整体上要促进用户的转化、提升用户的生命周期价值，并对流失的用户进行唤醒、激活。转化主要指用户完成了内容点击分享、商品点击购买等业务目标，按场景区分，包括首次及二次转化。提升用户的生命价值，指提高商品客单价、用户停留时长等。推荐系统需要精确认知用户的需求状态，构建信息筛选策略，引导用户的认知状态向业务目标演变。

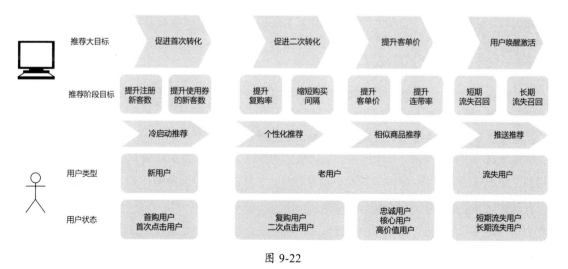

图 9-22

从产品经理、业务负责人的视角，知识图谱与认知智能可以从多方面提升个性化推荐效果，比如提升产品用户体验、推荐的多样性和解释性、数据的丰富度及算法效率。

以商品推荐场景为例，在数据层面，推荐系统通常会将商品及商品类目作为用户需求的表达，但这样的表达往往是不够精确的。知识图谱不仅可以丰富商品的品牌信息，更可以关联商品的用户意图信息。比如"童车"商品可以通过知识图谱关联"带宝宝出行"这个概念，进而深刻理解用户点击商品的深层意图。

在推荐算法策略与展现层面，传统的推荐系统通常采用重复推荐、买过了又推荐、看了又看等推荐策略。给用户推荐的理由很简单、粗暴，没有从用户的需求出发。在用户的认知过程中，买了又买、看了又看是群体经验知识。群体经验知识对用户的认知与决策是非常重要的，但也不是全部的知识。

用户在决策过程中，需要通过多种知识进行决策。用户会基于对自身需求场景的认知，对推荐系统所提供的内容、商品进行理解，并结合需求进行认知匹配，最终做出决策。比如对"带宝宝出行需要带防晒霜"这条经验，可以以<宝宝出行，带上，防晒霜>的知识图谱结构进行存储。通过存储专家经验与知识，可以提升推荐系统对商品信息的利用率。

因此，在用户决策过程中，如果可以提供知识性推荐理由，则将大幅提升用户决策体验。推荐系统可以通过知识图谱，发现用户浏览的商品与被推荐商品间的知识关联，进而提供给用户一个知识推荐的理由。比如童车和宝宝防晒霜都属于"宝宝出行的所需商品"概念，因此，当用户了解到宝宝出行所需商品的概念知识时，就更能做出合理的决策；同时，当用户认可该产品提供的知识时，就可能进一步带动"带宝宝出行所需商品"概念下的其他商品销售。"种草式"营销是典型的知识性营销案例，商品运营人员通过社交平台、社区为用户普及产品的专业知识，可以影响用户认知并提升销售转化率。

从整体上来讲，知识图谱可以帮助推荐系统对场景的人、物、环境的过去、现在、未来的数据进行关联。在海量数据的基础上，可以通过认知智能技术，将专家运营的方法论及数据启发的方法进行深度融合，整体形成用户认知引导方法论体系。在实际业务中，不同领域的运营专家都会对场景有深度的理解，并在不同的宏观挑战中拥有机器难以学习的经验和能力，因此，我们可以将经验通过知识图谱、认知智能技术在推荐系统中落地，提升业务效果。

物联网的发展，带来了有更多来源的、异构的、复杂的信息，用户在认知与决策中将会面临更大的信息过载。企业的传统推荐系统服务在与众多企业进行信息博弈的过程中，将会面临更大的挑战，因此需要引入知识图谱来提升数据、知识的关联认知能力，并基于对用户认知、决策过程的深度理解构建策略系统，进而在用户的认知竞争中获胜。

9.5.2 知识图谱助力推荐的技术架构

从推荐系统的工程师、算法研究员的视角来看,知识图谱是数据关联、模型优化的有效武器。

推荐的策略构建需要集成产品运营、产品策划的专家规则和基于人、物、场的数据理解、匹配生成的列表。在产业业务系统中,专家的知识经验通常在商品、内容的召回层及重排过程中发挥作用,而在精排模型中通常需要对用户、商品、场景的专业知识、复杂关联进行深度理解。因此,从算法的角度,知识图谱可以通过知识沉淀与规则推理,提升运营专家对推荐召回模型、重排模型的落地干预和泛化能力,还可以通过知识增强来提升精排模型等场景中的检索、匹配效果。

推荐系统的第 1 要素是建立对人的认知。搜索与推荐都需要基于对用户需求的认知理解,对信息进行筛选推送。在搜索场景中,用户通过查询主动表明需求明确的意图。而在推荐场景中,用户是相对被动接收信息的。因此推荐系统需要具有更强的对用户意图和状态的认知能力。

因此在生产系统中,基于用户的实时行为、画像特征及环境,对用户意图和状态进行认知是推荐系统的第 1 要素。如前所述,基于知识图谱的用户画像技术,可以显著提升对用户的认知与理解能力。而基于深度学习的 DIEN 等算法,也能有效捕捉用户需求的状态演变。

推荐系统的第 2 要素是建立对物的认知。推荐系统所推荐的信息在整体上可被称为"物"的信息,包括商品推荐领域的商品信息、视频推荐领域的视频信息、新闻推荐领域的新闻信息等。在业务实践中,推荐系统首先需要构建内容理解、商品画像引擎,对物的信息进行深度挖掘,构建物的概念、类目、属性来进行精确分类和挖掘。电商公司会通过构建商品的知识图谱,对商品知识进行统一管理。而开放域的知识图谱,可以对电商业务的知识图谱进行补充,丰富商品之间的关系。

推荐系统对人、物的认知不是孤立的。在业务实践中,关于物的知识通常以 FM、DEEP-FM 等算法的形式表示物与用户的关联特征。而对于人的购买兴趣、浏览兴趣、用户阶段,也需要基于物的属性进行认知。比如对用奶粉用户需求的认知,需要结合奶粉在不同阶段的属性才能精确把控。

推荐系统的第 3 要素是人、物、场的认知集成。在业务实践中,会集成人、物、场的多来源信息,围绕场景的业务目标进行规则、算法模型的构建。不少推荐算法模型已通过人工特征、神经网络等模式,将物与人关联、结合起来。推荐的业务目标以提升人与企业的最大利益为目标,而目标必然涉及复杂的业务运营规则、海量分散的用户、商品、内容数据,以及复杂的算法框架。而知识图谱强大的知识表示、数据关联能力,可提升推荐系统对知识数据的组织能力。随着图深度学习技术的发展，推荐系统可以在用户&物的知识图谱中，充分利用用户与商品、用户与内容的语义逻辑知识、图拓扑结构知识、时间序列知识，构建精确的匹配、检索模型。因此从算法的角度，知识图谱可以在召回层、重排层提升专家知识的融合能力。而在精排层，知识图谱不仅可以提升分散数据、知识的聚合能力，还可以通过语义向量嵌入、图结构向量嵌入等方式构建特征，为模型提供额外的信息。

知识图谱助力推荐系统，从整体上来说，是需要将知识图谱语义及图拓扑结构信息融合到推荐业务系统的流程中的。

- 在用户画像方面，可以通过知识图谱加强对用户的理解，建立从全局到个体的视角，挖掘真实或隐藏的信息，提升对用户需求的认知与理解。

- 在商品、内容、环境等方面，可以基于知识图谱进行标签扩展，丰富内容标签，为推荐提高召回率，通过广度或者深度优先搜索获取知识图谱中的多跳关联实体，为推荐提高召回率。

- 在算法方面，可以从深度学习的角度，融合图与语义的嵌入能力进行深度匹配，提升对商品、内容和用户的需求匹配能力。

知识图谱落地虽然对推荐有巨大的作用，且已经在用户画像、内容理解等场景中初步应用。但由于理论完备度、实践成本等诸多因素，在推荐系统落地过程中会遇到诸多挑战。图 9-23 展示了融合了知识图谱的推荐系统的整体技术架构。

在业务实践中，知识图谱需要通过统一的知识图谱管理平台进行知识建模、知识构建、服务的统一管理。知识图谱管理平台通过实时、离线的系统化接口与推荐系统进行数据交互，系统间的数据交互方式有多种，如下所述。

（1）推荐系统直接利用知识图谱的属性、结构特征进行数据补充。图谱平台提供了实体属性、实体关联的多跳路径关联信息，比如"实体-上位词-下位实体"的关联路径查询。知识图谱平台可以通过实时或离线的方式，对推荐系统的用户、商品特征库进行补充。推荐系统通过知识图谱，将人、物、场聚合为图，并通过知识表示推理、图推理等方法构建推荐模型。具体可应用 TransE、ConvE、GraphSAGE 等多种知识推理算法。

（2）推荐系统在用户、商品、规则召回、重排的过程中，运用知识图谱对召回、重排策略进行优化，该场景和搜索场景类似，主要在于提升对用户意图、商品的理解能力。

（3）推荐系统将运营系统中的专家知识、业务规则，通过知识图谱平台进行知识存储，通过知识图谱技术加强运营系统的规则推理、深度推理能力。

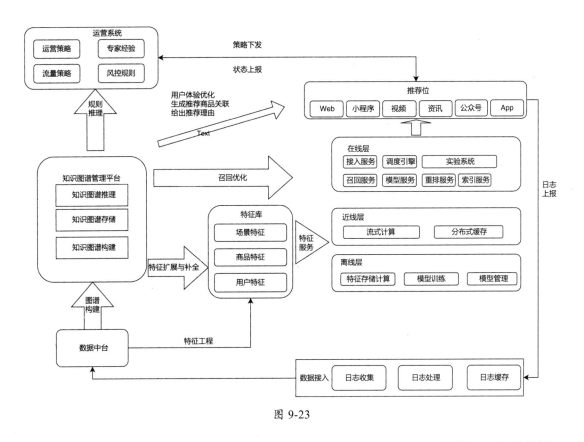

图 9-23

（4）推荐系统输出的推荐结果在产品前端的不同位置进行展示时，可以直接调取知识图谱管理平台的知识服务，对展示的形态进行优化。比如通过实体属性、实体关系等查询接口，展现商品之间的逻辑关系，提升可解释性和业务体验。

知识图谱可以将推荐系统分散的数据聚合并构建为一张全局连通的图。算法工程师基于全图的数据，可以进一步挖掘全局、深度的信息，将推荐场景中的数据、知识转化为图，在电商、内容等推荐场景实践中有显著的效果。其中，实体之间的关联性越强，逻辑越复杂，基于知识图谱的推荐效果越好。比较典型的场景有社交通信软件的群推荐，以及社交电商场景中的拼团推荐、拼友推荐。

图 9-24 展示了推荐系统中的深度学习算法。其中，DIEN 模型是挖掘用户状态关联、状态演变的典型算法。将知识图谱、图计算算法应用于推荐系统，在业界已有多项应用案例，其中比较典型的思路是将场景中的物品逻辑关联、人物交互信息转化为异构图，并基于图神经网络框架开发基于图推荐的算法。推荐算法对图结构的利用有多种方式，比如，开发者可以将异构图网络的

结构和语义信息通过图神经网络构建的编码解码器，映射形成每个图节点的嵌入向量，并将该向量与其他推荐特征融合后，直接输入 XGBoost、LR 等机器学习模型中进行训练。

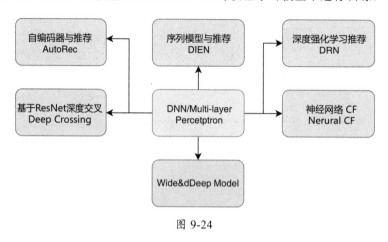

图 9-24

值得关注的是，深度推荐场景中各模型的维度较高。因此，在特征相当充裕的情况下，如果将知识图谱以嵌入特征直接拼接，则算法效果有限。在设计嵌入特征时，需要进一步考虑知识图谱的语义符号特征与图拓扑结构的特征筛选及聚合模式，才能有效地将知识图谱信息应用在深度推荐系统中。

9.5.3　知识图谱助力推荐的产品方案

在众多内容服务、电商产品中，用户在使用推荐功能时，会根据自己的认知，对推荐结果进行判断。当推荐结果不符合用户预期，或者超出用户认知范围时，即便推荐结果从算法角度非常符合用户需求，用户依然难以认可并接受。准确率反映推荐系统的匹配能力，但无法反映推荐是否合理、客观与透明。

那么，应如何让用户认知与推荐系统的认知达成一致，信任并接受推荐系统的推荐结果呢？

在企业实践中，推荐系统的认知协同不仅取决于推荐的准确率，还与推荐系统的用户体验高度相关。准确率代表推荐的能力，所以高准确率的推荐结果是取得用户信任的基础。而推荐结果的多样性、可解释性和推荐内容的及时性、新颖性，以及推荐运营规则的合理性等与用户体验相关的推荐系统特性，都是影响用户认知判断的重要因子。知识图谱不仅可以提升推荐的准确性，还可以从上述角度提升用户体验。

在推荐结果的多样性方面，如图 9-25 所示，知识图谱提供了不同实体之间的关系，有利于推荐结果的发散。通过知识图谱，可以避免推荐结果局限于单一类型，进行有逻辑的探索，增加用户可能感兴趣的内容的召回量。

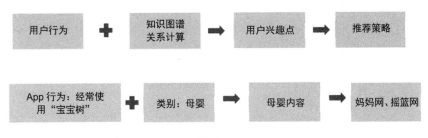

图 9-25

在推荐结果的可解释性方面，知识图谱具有丰富的实体语义关系，能够提高用户对推荐结果的满意度和接受度，增强用户对推荐系统的信任感。如图 9-26 所示，内容资讯系统可以构建内容角色的知识图谱，并通过角色的场景知识进行推荐。用户在浏览游戏攻略的过程中，除了希望了解其所关注的角色，也希望了解对其所关注角色有影响的角色。

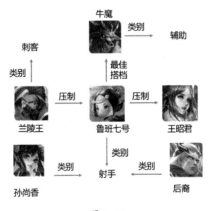

图 9-26

因此，推荐系统除了可以直接推荐"鲁班七号"这一角色的游戏攻略，还可以通过增加诸如"看了鲁班的人都看了牛魔""近期 KPL 比赛显示牛魔是鲁班的最佳搭档，了解牛魔技能可以提高鲁班的游戏胜率"等推荐理由，向用户推荐牛魔这一角色的游戏攻略。在业务实践中，越能从需求角度给予用户解释性更强的理由，用户就越容易提升认知，对推荐结果的接受度就越好。

提升推荐可解释性的另一种方法是利用知识图谱的结构，获取实体在知识图谱中的多跳关联实体进行推荐。例如在视频推荐中，从视频标题中提取标题所包含的实体，根据某条路径（如

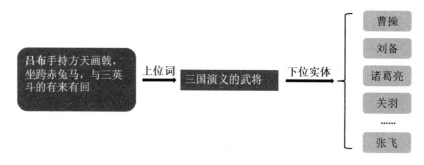

图 9-27 所示的路径为"实体-上位词-下位实体")利用知识图谱对实体进行扩展,提高推荐的多样性和可解释性。

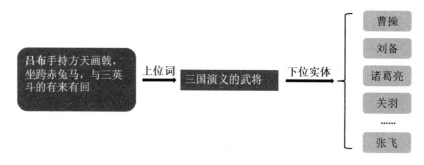

图 9-27

从业务目标的角度,推荐系统通过信息影响用户的认知,而用户的认识过程需要对信息有所关注,并与已有的知识进行对比、匹配和理解。知识图谱包含商品、内容实体之间丰富的逻辑关联,可以将关于用户购买场景的状态性知识及过程性知识统一展现给用户。

例如,用户希望购买一款汽车用于旅游场景,推荐系统通常会基于用户的搜索记录、点击进行相似推荐。而知识图谱技术可以从用户所点击的汽车的属性、概念,发现用户的深层次兴趣与需求"旅游",为推荐系统提供重要的信息。更进一步,推荐系统可以将旅游所需的越野、防晒等知识作为推荐理由展示给用户。用户在决策过程中,会受推荐系统所提供的知识的影响,更容易接受推荐系统的推荐结果。基于知识图谱的用户推荐在诸多推荐场景中都有应用潜力,例如电影、新闻、景点、餐馆、购物等。

在推荐的内容方面,知识图谱可以自动生成推荐用的智能创意文案,提升用户体验。基于知识图谱的丰富信息,在电商场景中,应用可以自动生成多种满足场景知识需求的类型文案。业内在软文编写实践中,通常会以场景意图传递、场景专业知识普及、场景商品介绍、场景商品属性凸显等流程进行。因此在实践中,业务既可以通过营销软文构建知识图谱,又可以通过知识图谱反向生成软文,实现可控文案生成、凸显商品特点、素材生成成本降低。同时,在推送广告文案时,可以基于文案的知识图谱,构建更优的点击概率预估模型,提升线上点击效果。产品化的智能文案系统支持以服务化的形式提供智能创意,实现多场景文案需求的统一接入及快速服务,显著降低成本,提升用户体验。

在推荐的运营方面,知识图谱可以帮助产品运营人员构建更好的用户体验规则,对商品重排层进行更精确的优化。比如:

- 在商品已购买过滤场景中：运营人员可以基于知识图谱的层级关系，发现商品对应的产品词，以及产品词之间的相似关系，从推荐结果中过滤掉用户已购买的商品，提升用户体验；

- 在用户复购场景中，可以基于用户知识图谱的交互关系，计算商品复购周期，避免误过滤，进而提升用户体验。

9.5.4　知识图谱助力推荐的标签映射

在融合不同的数据来源进行推荐时，需要对内容的标签进行映射，这时就需要使用知识图谱进行知识融合和推理。比如在视频推荐场景中，外部视频有很多人工标签，其标签体系和内部的标签体系不一致，差异较大。由于外部标签难以与内部的业务图谱体系匹配，并且不存在于召回和排序模型特征中，导致外部视频的分发效率较低，所以需要将外部标签映射到内部的标签体系，实现标签映射。

标签映射首先需要建立外部标签体系到内部业务标签的映射关系，再将外部标签逐个映射到内部标签。图 9-28 展示了推荐场景中的标签映射系统逻辑。

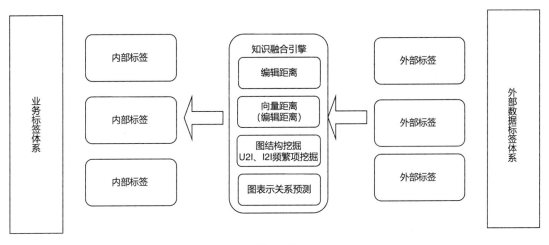

图 9-28

标签映射可以使用知识图谱的知识融合引擎的相关能力，包括以下 4 种方式。

- 编辑距离：计算外部标签中编辑距离最小的内部标签。

- 向量距离：将外部标签和内部标签分词，利用词级别的向量表示进行匹配。

- 图结构挖掘：将内外部标签转化为图结构，然后通过频繁项挖掘或者矩阵分解，得到标签映射关系。

- 关联推理：通过查询知识图谱进行规则或者图表示推理等，来获得内外部标签的关系。

以下为标签映射示例，可见，通过知识图谱可以将外部视频的海南、椰子视频标签与企业内部的海南、钓鱼标签进行映射，具体的实现技术可以参考第 4 章。

- 外部视频：海南旅游的自制椰子钓鱼装置，还真不错。

- 外部标签：捕鱼、实拍、海南。

- 内部标签：海南、椰子、海钓、钓鱼游戏、钓鱼视频、海南经济、海岛文化。

推荐内容的标签映射对推荐业务非常重要，在业务实践中如果没有打通内外部标签体系，那么推荐系统对推荐 Item 的认知就会非常局限。

所以，知识图谱可以从整体上从用户体验优化、数据增强、模型优化等多个方面，提升了推荐系统的效果。

9.6　知识图谱与营销服务机器人

在诸多场景中，企业营销能力都正比于销售人员对用户的认知与引导能力。新用户会通过社交媒体、朋友圈等渠道，查看产品的口碑与朋友的评论，来建立对企业品牌、产品的基础认知。用户在对企业产品有所注意后，会进一步与企业的销售人员、软销售（粉丝）进行互动。销售人员分享的产品体验知识与专业知识，会对用户的认知与决策起到重大作用。在食品、饮料等消费品领域，企业通过销售人员策划社群运营活动、电商直播等方式，引导用户对产品影响力、口碑、价值形成认知。而在母婴、汽车、医药等专业领域，用户不仅需要考虑企业产品的影响力、口碑、价格，还需要通过专业知识来评估自身需求是否能与产品功能精确匹配。因此，母婴、汽车企业通常会通过销售人员对用户的需求和理解，进行知识讲解，再促进销售。

图 9-29 展示了销售人员的主要工作流程。在产业互联网背景下，销售人员需要首先在线上、线下进行市场推广活动；然后从多渠道进行线索挖掘并跟进销售，以实现转化和签约；最后对已转化用户进行服务及复购推动。

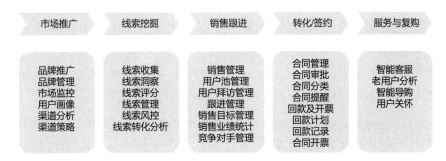

图 9-29

在产业互联网时代，销售人员面临更大的挑战。以直播电商的销售人员为例，销售人员需要从线上、线下众多的渠道中，对海量的用户来源进行线索管理和挖掘。在进行销售跟进时，销售人员需要进一步对沟通产生的信息进行处理、知识关联进而理解用户的需求。为了提高电商直播的销售转化率，销售人员需要通过专业精准的知识、有趣的活动与海量直播用户进行深度互动。在用户购买商品且转化为老用户后，销售人员还需要用自动化工具推动老用户复购。

因此，基于海量数据、知识的营销互动，对销售人员的认知、决策、行动能力要求是极高的。销售人员需要通过营销机器人来提升其认知、决策、行动的效率。

- 在认知方面，可以通过大数据挖掘生成的用户画像来精确理解用户的需求。

- 在知识传递方面，可以通过知识图谱构建知识培训机器人，加强销售人员的知识专业度。销售人员还可以通过机器人的认知搜索能力，提升对用户知识查询的响应能力。

针对不同用户的需求，销售人员可以使用推荐系统来获取可销售的商品清单。在交互互动上，销售人员可以通过营销机器人进行群发、自动回复、自动下单等操作。由此可见，营销机器人可以全流程帮助销售人员提升效率。

在销售人员的销售场景中，可以构建不同的营销服务机器人。社群营销、智能客服是其中典型的场景，下面会分节讨论。

9.6.1 社群营销机器人

在社群营销场景中，营销机器人是营销人员管理、运营社群的重要助手。如 9.3 节所述，社交是企业改变用户认知的重要工具。销售人员受限于人工的认知、决策与行动能力，对社群状态的认知、调整策略的生成与行动都非常受限。随着企业营销私域流量管理及应用能力的快速发展，销售人员可以通过多种社群通信软件与用户进行互动。通过社群营销机器机器人的辅助，销售人员可以实现对多个社群的自动化、智能化管理。

从技术方案的角度，社群营销机器人首先能通过对社群聊天内容的大数据采集与语义理解能力，建立对个体用户需求的认知能力；然后根据用户画像、专业的知识图谱，精准且持续地构建社群营销活动。销售人员可以通过社群营销机器人进行内容广告精准推送、商品个性化推荐等。

直播营销场景是社群营销机器人的典型落地场景。在直播营销过程中，主播与多位粉丝进行商品营销互动，营销机器人通过智能回复、智能弹幕、文字高亮等方式对社群气氛进行引导。在直播中，粉丝会对商品的属性进行咨询，营销机器人会理解用户意图并反馈专业知识、商品信息。随着虚拟偶像技术的发展，营销机器人可以和虚拟数字人结合，更高效地提升直播营销效果。

社群营销机器人，不仅可以与社群用户互动，还可以与销售人员互动。企业通过社群营销机器人可以实现对多销售人员的状态监控，形成数据驱动的组织管理。营销机器人在融合专业营销人员的知识图谱和知识推理能力后，可以作为营销数字导师，把顶尖营销人员的话术、知识通过策略建议、智能培训等方式，实现知识扩散与知识下放，提升销售新人的能力。

9.6.2　智能客服机器人

在智能客服场景中，客服机器人是客服人员提升效率的助手。传统的售前、售中、售后服务，不仅受限于在线时间，也受限于回复效率。智能客服机器人可以有效地把握沟通机会，对常见的问题自动辅助回答。在售前、售中、售后场景中，客服机器人可以集成营销机器人，完成售前商品功能介绍、售前商品推荐、促进复购等营销类任务。比如，在专业性、实时性强的场景中，一线销售人员难以全面、及时地掌握商品信息与专业知识，而营销机器人可以辅助提升销售人员的数据、知识获取效率。

智能客服机器人在产业中落地时能够显著提升业务效率，但目前在情感理解反馈、语言组织与理解方面，与人工客服相比还有明显的差距。因此，业界在应用落地时，通常会以人工客服与客服机器人共同存在的形式进行。当用户对客服机器人不满意时，就会切换到人工　客服。

那么与人工客服相比，客服机器人有哪些显著优势呢？

● 有 7×24 小时的服务能力，可以不眠不休地响应用户的咨询需求。

● 有基于实时、复杂的数据系统的深度知识推理能力。人工客服通常需要多个后端专家团队的支持，才能回答用户的复杂需求。比如在投资建议、医疗问诊、设备检修等场景中需要与专家团队沟通，查询业务系统或获得专家建议，再给出合适的解答。又如在导购场景中，如果导购员能获得大数据支持，计算出最优的商品推荐列表，那么可以提高营销成功率，为业务带来更大的价值。

比如在金融场景中，如果用户询问"光伏产业最近三个月增长率最高的基金是哪只？"，那么银行的客户经理可能需要进行长时间的多项工作，才能对用户进行回复。为了获取基金的增长率数据，客户经理需要致电专业数据人员，经过数十个内部流程、沟通才能获得答案。然而，拥有知识图谱问答能力的客服机器人可实时、快速地通过知识问答引擎，获得数据仓库中准确的基金数据，并通过对数据的理解、整合，以可视化方式展现相关的收益分析数据。客户经理可以根据客服机器人给出的结果，组织适合的场景话术，促成基金的销售。

在整体上，通过人机认知协同，企业可以提高时效性强、深度知识依赖、推理复杂等多个场景中的营销效果。

图 9-30 展示了业内营销机器人在智能客服场景中的案例。

- 在渠道对接方面，用户可以通过微信、小程序等方式与客服机器人进行沟通。

- 在咨询服务方面，营销机器人可以被客服机器人集成，完成售前、售中、售后的营销相关咨询工作。

- 在任务处理方面，营销机器人需要与订单管理、客服工作台等业务系统对接，完成任务创建、任务反馈、效果跟踪等工作。

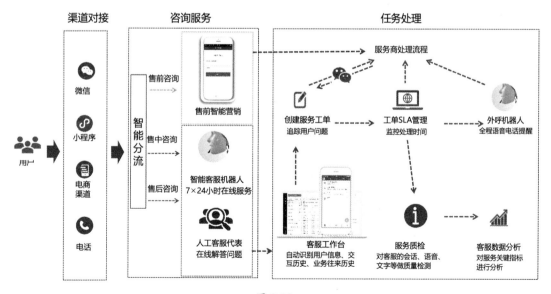

图 9-30

营销机器人是以提升企业服务效率和质量为目标的，因此在落地过程中，企业需要推动销售人员与营销机器人进行协同，通过机器人加强客服、销售人员的认知能力，提高业务处理效率。

同时，站在企业管理者的视角，营销机器人不仅是效率工具，也是管理工具。通过营销机器人，企业管理者可以实时、全面地对销售人员的销售业绩、销售成果进行跟踪和监控。因此，企业也需要将营销机器人与企业经营管理系统集成，来提升组织管理效率。

9.6.3 营销机器人的认知能力建设

如前所述，营销机器人需要基于用户语言、动作及业务数据，对用户个体、所处社群的状态进行精确认知，并以此认知为基础，结合运营策略、专家经验、数据挖掘构建营销策略空间，通过最优化的策略检索进行决策，最终与业务系统深度集成，提升营销效果。具体实现方法如下所述。

（1）营销机器人如果需要实现对用户、商品、场景数据的全面认知，就需要借助在 9.2 节中介绍的用户画像分析引擎、用户智能标签引擎、智能用户数据中台等产品能力。智能用户数据中台可以为营销机器人全面、实时地提供个体、群体的用户画像能力，因此，营销机器人可以及时了解用户状态，并对用户需求进行预测。营销机器人在与用户进行对话时，需要通过知识推理对用户的意图进行理解。在 7.3 节与 9.4 节中已分别就知识问答、商品搜索场景中的意图理解方案进行了介绍。

（2）在对用户意图认知与理解的基础上，营销机器人需要在后端与智能搜索、推荐系统进行对接，将从用户的意图中获取的深层语义逻辑和关联数据传输到搜索推荐系统中。搜索推荐系统借助其已积累的用户、商品等知识图谱，融合专家知识经验、统计推理、深度学习推理的算法能力，最终生成导购员可推荐的商品并提供给用户其所关心的知识。

搜索问答是用户通过营销机器人获取数据和知识的重要途径。图 9-31 展示了知识图谱通过搜索问答提升营销效果的方案示例。

智能推荐是营销机器人对用户、社群认知进行引导的重要工具。关于推荐场景中的知识图谱应用方式，9.5 节已详细介绍。图 9-32 展示了知识图谱提升营销机器人的推荐能力的方式。与传统推荐相比，营销机器人的推荐不仅形态多样，还具有多轮效应。

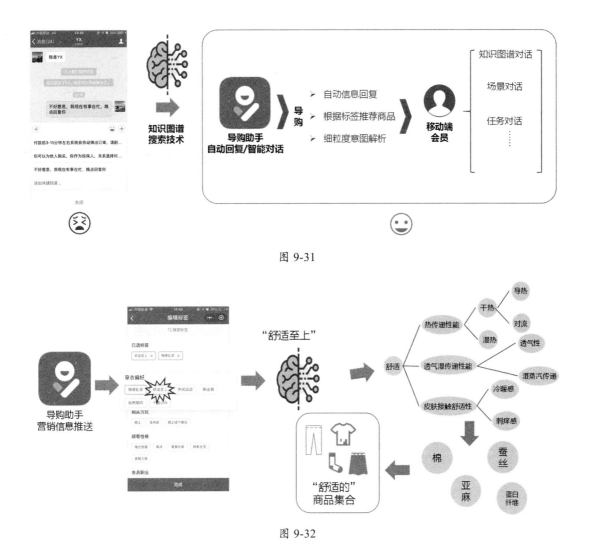

图 9-31

图 9-32

推荐的多形态指营销机器人可以通过语音、文字、图像、动作等多种方式与用户交互，将商品的知识、信息传递给用户。因此，营销机器人的推荐系统不仅需要拥有对多形态用户数据的理解能力，也需要拥有相应的输出能力。通过将多形态数据融合于表达，知识图谱可以显著提升对用户、商品的关联及知识理解和表述能力。

推荐的多轮效应，指营销机器人与用户通常是多轮沟通的。如前所述，营销机器人以引导用户购买和决策及最大化购买转化率为目标，精确计算每一步提供给用户的知识与信息。在算法具体实现方面可以参考 DIN、DIEN 等推荐模型。

营销机器人需要直接或者辅助销售人员与用户进行对话，因此需要开发话术封装、策略建议等多种功能，详细的方案可以参考 7.3 节。

9.7　知识图谱与智能供应链

企业供应链管理指企业在采购、生产、运输环节中，对由供应商、制造商、中间商、用户等实体交互形成的物流、信息流、资金流等网络进行管理和控制。图 9-33 展示了供应链管理场景中的信息流动示例。用户市场会将需求信息流从销售环节逐步流转到供应市场。而供应市场会将物流、供给等信息从采购环节逐步流转到用户市场。在需求供给信息流转网络中，不同实体之间的资金流入及流出又形成资金流。智能供应链需要实现对供应链网络状态的全面认知，并构建智能应用实现网络控制，使其向提升业务效果的方向演变。

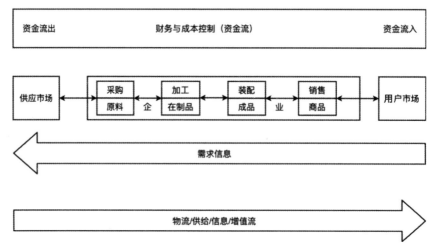

图 9-33

供应链管理正在走向 4.0 时代。供应链管理 4.0 指以创造用户价值为核心，构建生产、供应、销售的高效协同，最终实现资源共享的互利共赢。随着时代的发展，用户需求向个性化、多样化的方向升级，这也推动了产业链协同向数据化、智能化的方向升级。供应链管理的产业链升级需要以云为基座，建设大数据与人工智能能力，实现供应链中人、物、仓储、企业的认知协同。在供应链管理业务场景中包含多实体、复杂的网络信息传递结构，是天然适合知识图谱技术落地的场景，业内已有多个知识图谱可落地的应用方向。随着行业数字化的升级，知识图谱的需求将快速爆发。

9.7.1 供应链管理中的知识图谱与认知智能

在供应链管理的业务流程中包含用户中心、采购部、装配部等多部门的协作。图 9-34 展示了供应链管理的业务流程。供应链管理中的认知协同包括多个方面，比如订单处理、采购、审批等业务流程的自动化及智能化。同时，供应链管理的业务人员能够通过数据智能系统，对全流程的业务状态有精确的认知，能够准确、高效地在渠道管理、采购规划、采购风险预警、商机挖掘等场景中进行协同认知与决策。

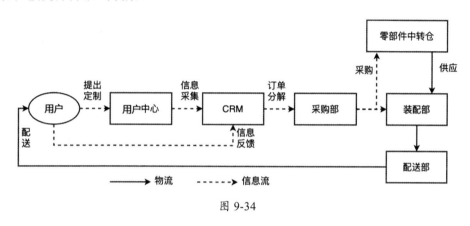

图 9-34

供应链的认知协同，需要从**基座**、**数据知识**、**认知智能应用**三个层面进行建设。

（1）**基座建设**，指在企业信息化建设的基础上实现业务系统连接。企业需要实现供应链管理业务系统的信息化建设，包括流程信息化、系统网络联通等基建工作。这一层面与营销系统的建设类似，可以通过云计算技术低成本、高效率地完成。基座建设是数据知识建设与认知智能应用建设的基石。

（2）**数据知识建设**，指供应链管理需要实现业务场景中数据、知识的聚合与管理，并最终形成以业务需求为顶层概念的知识图谱。在企业供应链系统信息化的基础上，各系统所涉及的订单商品业务数据、审计审批业务知识数据、系统运行数据等需要进行统一的数据采集与数据生产，形成统一、可用的数据湖。业务人员、数据开发人员、知识图谱专家、业务应用专家需要根据业务认知智能的场景需求，规划供应链管理的知识体系，并以此体系为基础，通过知识图谱管理平台、数据中台、AI 中台等将分散的供应链数据、知识进行统一连接、构建并转化为供应链的知识图谱。如图 9-34 所示，在各部门中流转的关键实体包括订单、商品、用户、企业等，因此供应链知识图谱需要将用户、商品、订单、企业作为连接实体，聚合业务需求、业务规则、业务状态数据与知识，形成供应链知识图谱。

（3）**认知智能应用建设**，指基于供应链管理知识图谱建设认知智能应用。在众多认知智能应用中，与用户认知相关的应用是首要建设目标。用户的认知会在多方面对供应链管理业务造成影响。比如，用户对**快速消费品、耐用品**的认知和决策就会为供应链管理带来不同的挑战。

食品、饮料等快速消费品进入市场的过程拥有多个特点。消费品进入市场的路径短、市场来源广泛、产品周转周期短。随着抖音、快手等内容平台的快速发展，电商直播行业兴起，电商向娱乐化、兴趣化的角度演变。低单价、高颜值、新奇有趣的商品特性与直播带货的场景契合，开启了新消费时代。新消费时代的用户会从产品的外观、包装、价格、促销活动方面，基于个人的偏好进行认知与判断，容易造成冲动决策。新消费时代对产品生产周期、生产库存、原材料管理能力都提出了更高的要求，比如对商品订单的响应速度加快，在销售高峰突出时，商家需要解决快速供货、高峰入仓等问题。另外，针对电商退货率较高的问题，需要解决供应链发货端与退货端的协同问题。

而像冰箱、洗衣机、汽车等耐用品，不仅进入市场的通路长，产品周转周期也长。耐用品通常使用寿命长，价格相对昂贵，因此消费者在进行购买决策时会相对理性。比如，消费者会基于产品的品质、功效、售后服务进行综合知识推理与对比。另外，消费者也倾向于在规模较大、产品集中的商场进行购买。因此，耐用品的供应管理应相对更加集中。

由此可见，用户对商品购买的认知将会深度影响企业产品的供应链管理。供应链管理知识图谱应首要聚合在营销、服务业务中建设的用户画像及相关领域知识图谱。随后通过实体链接、知识融合等技术，通过营销服务中的用户 ID、商品 ID，连接到供应链管理中的用户、商品数据。以此为基础，企业可以将销量预测、仓储分配、采购风险等顶层供销协同业务需求作为顶层概念，进一步关联场景中的订单、商品、业务等专业数据。另外，供应链管理协同也是企业产销协同从销售到生产端的重要连接点。因此，供应链中的知识图谱还可以以商品、订单为连接点，关联企业产品设计、研发、生产的数据。

在图 9-35 中展示了供应链管理知识图谱的知识体系样例。通过知识图谱，可以将企业供应链管理场景中的数据、知识形成"供应链一张图"。企业数据、知识将以供应链管理业务中的人（用户、法人、审批人）、物（产品、订单）、企业（供应商）为关键连接点进行聚合。

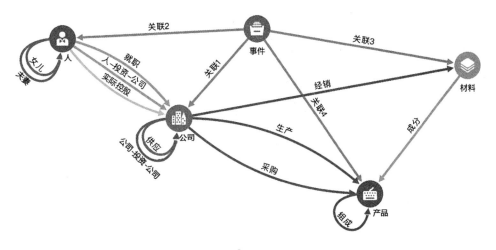

图 9-35

所以从整体的视角，供应链管理知识图谱可以分为三大领域：业务需求域、事理知识域、实体状态域。

- 在业务需求域中，应将销量预测等认知协同的业务需求转化为需求的概念化描述。

- 在事理知识域中，应将供应链管理业务中的专家经验、百科事理规则转化为知识图谱。

- 在实体状态域中，应将企业设计、研发、生产、供应、营销、服务场景中的实体状态类数据、知识进行聚合和打通。

认知智能应用建设，指可以基于知识图谱开发多种认知智能应用。认知智能应用通过与基座的企业业务系统进行集成，可提升企业业务人员的认知与决策能力。供应链管理场景中的知识图谱与认知智能应用有多个方向，供应链管理认知智能不仅需要实现供应链自身业务的认知提升，还需要实现与营销、服务、生产、研发等部门的认知协同，这既是业务人员分析、决策的问题，也是企业组织、协同的问题。智能渠道管理、供应链风险预警、企业智能采购助手，是知识图谱落地智能供应链的典型场景，下面将逐节介绍。

9.7.2 智能渠道管理

渠道管理在供应链管理业务中是非常有挑战性的场景。规模越大、业务越多的企业，其渠道的网络越复杂。同时，网络中的信息流、资金流、知识流也随着业务规模的发展而快速膨胀。海量的实体、动态的实体状态、复杂的关系、专业的知识等特性，对渠道管理的业务人员、管理人员的认知与决策都是相当有挑战性的。

但是，企业通过知识图谱管理平台，将渠道管理的数据、知识通过知识图谱进行聚合，以此构建面向渠道管理场景中的认知智能应用，可提升业务人员的认知与决策能力。具体可以从**渠道倍增、渠道集中、渠道压缩、渠道中间商增加**这 4 个方向进行应用建设。

（1）**渠道倍增**，指企业对现有的渠道进行扩张。企业传统的营销、供应渠道包括直销队伍、行业分销商、批量经销商、门店等，而新兴的渠道包括互联网应用、小程序等。企业可以通过知识图谱管理平台的可视化应用，将企业的渠道可视化。知识图谱可以将渠道中的实体、路径、关联通过图的结构清晰展现。渠道管理人员可以实时认知渠道状态，并从关联中分析、挖掘潜在的渠道路径。同时，业务专家可以基于关系预测等知识推理方法，在复杂的渠道网络中通过算法发现潜在的渠道路径。因此，知识图谱可以帮助企业找到渠道扩张的方向。

（2）**渠道集中**，指企业对业务的渠道路径进行收缩。管理人员通过知识图谱管理平台可以对各渠道路径的效率有全面认知，以此制定渠道集中策略。比如可以将分散的小零售店的渠道集中到主要商城，通过一站式服务降低价格并提高效率。在构建渠道集中策略时，可以基于知识图谱，通过图推理等算法预测出多种渠道集中策略的最优组合，以达到策略协同的目标。

（3）**渠道压缩**，指企业对渠道的链路长度进行压缩。渠道管理人员通过知识图谱洞察供应链渠道中每条链路及流程的效率与价值，以此缩短渠道长度或减少低价值的中间商。这里可以通过图算法挖掘出最优的路径压缩、节点裁剪策略。

（4）**渠道中间商增加**，指企业对渠道的链路长度进行扩增。类似渠道压缩，企业也可以通过知识图谱发现高价值的渠道路径。针对高价值的渠道路径，企业可以进一步增加中间商来提供额外的增值服务，以此提升扩张节点的盈利能力。这里可以通过图算法，在渠道链路中挖掘可增加的节点位置。

由此可见，知识图谱可以帮助企业对渠道网络的形态进行调整，使网络整体向成本优化、效率提升的方向演变。另外，在供应链网络中存在渠道消失、企业破产、商品负面舆情等风险事件，接下来将分享供应链风险预警场景中的知识图谱解决方案。

9.7.3　供应链风险预警

在业务实践中，用户的个性化冲动消费、商品缺货、企业突发事件，都会造成供应链网络的不确定性。供应链柔性能力指企业快速而经济地处理生产经营活动中的环境或由环境引起的不确定性问题的能力。企业应建设以用户、商品、企业认知为中心的柔性供应链管理能力。在柔性供应链场景中，供应链风险预警是知识图谱落地的典型代表。

在供应链风险预警场景中，用户希望通过风险预警产品全面认知自身供应链网络的异常状态。供应链上下游公司或其产品的供应链相关动态,可以通过供应链相关实时参数指标进行反映,而这需要运用供应链管理的专业模型在实时、离线的大数据平台上计算状态异动参数,一旦重要参数发生变化,风险预警产品就会通过通信软件将预警发送给平台使用者。通过对目标实体及其关联企业进行实时风险异常监控,用户可以第一时间掌握供应链的上下游情况,及时做出响应,规避风险并减少损失。

图 9-36 展示了供应链的风险预警示例。为了准确计算企业供应链网络中企业、商品、个人的风险参数,需要通过知识图谱技术聚合供应链网络中分散的数据与知识。通过知识图谱技术将人(法人、董监高、自然人)、物(产品、股权债券)、企业(竞争合作关系、生产采购关系)的数据与知识进行聚合,形成企业供应链网络知识图谱。

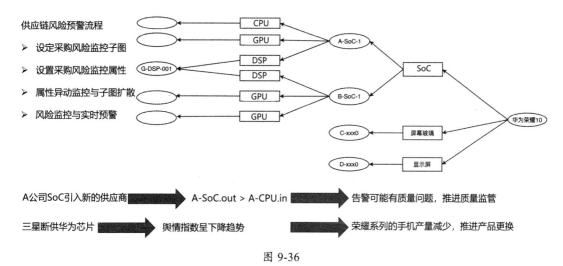

图 9-36

在此知识图谱上,知识图谱工程师还可以通过知识补全算法进一步挖掘目标主体的关联族谱、隐式关系、实际控制人、一致行动人等潜在数据。基于企业供应链知识图谱,供应链专家可以构建供应链场景中的知识推理模型。得益于知识图谱强大的数据关联能力,专家可以提升产品缺陷溯源、风险关联范围计算等模型的效果。在应用过程中,用户可以设定实体、属性、关系的监控目标,在其数值超出正常范围时进行实时告警。

通过知识推理模型建设,还可以进一步提升供应链风险预警能力。在此场景中,可以从实体自身属性和其关联实体的角度构建知识推理模型。前者的典型代表是一致性推理模型,后者的典型代表是等价推理模型。

一致性推理的目的是确保信息的确定性,对企业的各项参数与实际情况进行一致性鉴定。例如企业 A 的下游经销商 B 削减了采购订单，但是根据 B 经营的数据可以推理、判断 B 的销售规模是增加的。B 的上下游数据不一致，说明 B 可能扩大了采购渠道或者数据造假。如果通过知识图谱推理出可能有竞争对手 C 介入，就可以推动资源投入，减少被完全替代的概率。如果发现是数据造假，就需要引入审计团队对风险做进一步处理。

等价推理指对于知识图谱中的产品、企业主体，可以通过产品从属、公司从属等关系，对产品的状态进行关联、扩散、推理。由此，可以增加知识推理所需信息的范围。例如当供应商 A 的货物 x 出现质量问题时，可以在知识图谱上关注其产业链上下游、同集团、同行业的供应商 B、C、D。供应链的某些事件可能是产业链问题，有扩散的风险。因此，企业在进行供应链风险监控时，可以对事件进行等价推理，提升风险管理能力。

9.7.4　企业智能采购助手

数字化采购工具是企业供应链数字化的常见工具，其业务目标是建设柔性的供应链能力，解决低运营效率、高库存、缺货等问题。图 9-37 对供应链的评估体系进行了示例。

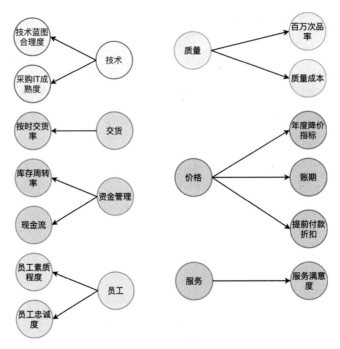

图 9-37

在传统采购流程中，专家会基于采购经验和规则，在分散、滞后的数据中通过人工进行需求预测、货源评估筛选、订单筛选操作。在传统的采购评估流程中，专家会根据招标打分、系统价格、库存信息选择最优供应商。采购人员通常会从供应商的技术、质量、交货时间、价格等多个角度进行筛选和评估。

但是传统采购流程与系统会遇到诸多挑战。基于全人工的评估筛选，不仅效率受限，也容易滋生腐败。

- 在效率方面，评估人员需要对海量申请文档、商品说明、业务数据进行数据整理与信息抽取，并结合专业知识进行推理。在实时性高、不确定性高的采购场景中，人的认知能力在没有机器辅助的情况下，是很难高效且准确完成任务的。

- 在安全方面，采购人员通常会面临信息造假、资源贿赂等诸多挑战。而通过拥有认知智能的智能采购助手进行信息辅助审核、决策辅助判断，不仅可以提高采购人员对虚假信息的识别能力，还可以降低采购腐败的风险。

所以，智能采购助手不仅是效率工具，也是管理工具。总之，企业需要建设智能采购助手。智能采购助手不但提升了相关采购工作人员在业务流程上的效率，也提升了业务流程的安全性。智能采购助手通常被期待实现销量预测、库存分配、智能补货等智能能力。在上述数据建模分析场景中，都可以通过知识图谱来提升数据聚合能力及应用专家知识的能力，以此提升模型的应用效果。

以批量采购商品场景的为例，知识图谱可以提升智能采购助手的采购能力。在该场景中，智能采购助手首先从采购清单中对不同场景中的商品需求进行认知；然后在复杂、分散的采购源中进行快速的商品搜索，并基于最优策略（价格最低、功能最大化）生成最优采购推荐清单。比如，笔记本电脑厂家需要定时采购一个笔记本电脑的所有零部件，其采购人员就需要基于采购清单中各模块的数量、质量、价格，与不同供应商的商品相关参数进行综合检索、匹配和推理，并得出最优采购清单。

在该场景中，知识图谱技术可以从以下三方面提升智能采购助手的能力。

（1）智能采购助手基于专业知识图谱，可以显著提升对业务需求的理解能力。采购人员可以在任意时刻都通过知识问答的方式与智能采购助手交互，以了解业务需求。如果采购人员对专业知识有疑惑，智能采购助手就可以进行知识推理和答疑。

（2）知识图谱还可以提升智能采购助手的搜索能力。知识图谱不仅可以为商品搜索引擎扩展、关联更多的数据维度，也可以基于商品属性知识，对需求的功能进行知识性校验、比对和推理。

（3）在采购策略生成方面，知识图谱既可以从数据聚合的角度，帮助智能采购助手构建融合价格、风险、商品约束的多目标最优化模型，生成最优策略，也可以提升智能采购助手对历史相关策略的搜索、推荐效果。

所以通过知识图谱，企业智能采购助手可以在业务意图理解、商品搜索、采购策略优化三方面，提升采购人员的认知与决策能力。

那么，如何构建服务于企业智能采购助手的知识图谱呢？

从整体上，智能采购需要集合采购业务需求方、采购人员、数据管理方、知识图谱专家、应用开发专家，通过知识图谱管理平台构建知识图谱。智能的采购知识图谱不仅需要拉通用户、商品、企业等实体状态数据，还需要将供应商的评估体系及策略事理知识进行沉淀。同在第3章介绍的用户、商品、企业知识建模一样，智能采购助手知识体系需要以业务需求为概念域，并与事理知识域、实体状态域的知识图谱连接，整体步骤如下。

（1）概念域建设：确定供应链采购的业务目标，并以此拉通数据所有方和业务专家，组建专项工作组。工作组需要将采购的业务目标通过知识体系的需求域进行梳理并与多方拉通。

（2）事理知识域建设：将关于企业采购的专家知识、业务规则，通过知识图谱及知识推理规则的形式，在供应链知识图谱的事理知识域进行构建。

（3）实体状态域建设：梳理用户供应链体系下各业务系统的实体状态数据，这些实体状态数据会随业务流程、时间、状态而动态变化，需要通过知识图谱来统一连接和管理。常见的供应链实体的状态数据包括订单、商品、仓库、企业等，对这些数据也需要定时更新。

第 10 章

知识图谱与物联网认知智能

在物联网中，设备之间通过连接互联网进行信息生产与共享。为了实现物联网的数字化与智能化，物联网企业通常以**云、管、端**的架构进行系统建设。

- **云**，指物联网的计算与智能控制中枢。物联网通过终端的传感器采集数据，通过管道将数据上报云端。云端对大数据进行智能处理及智能规划。从认知智能的角度来看，云端是实现物联网全域认知、策略构建、决策、行动的中枢。

- **管**，指设备之间的通信管道，设备之间会按约定的通信协议标准进行通信。

- **端**，指智能终端，比如家居设备、汽车、手机或者道路单元。智能终端需要感知周围环境，自行判断或执行控制中枢-云端命令。

受益于快速发展的高性能计算硬件与丰富的视觉、声音感知和采集处理能力，物联网目前已在计算智能和感知智能方面落地车联网、智能家居产业。那么，如何提升设备物联网的智能能力，从计算智能、感知智能走向认知智能呢？

物联网认知智能是实现企业全域认知智能的重要基石。从连接实体的范围角度看，物联网连接了人、商品、设备、企业、环境等多个实体。如果按企业业务领域进行划分，物联网可以分为**营销服务物联网与生产物联网**。

（1）在手机、智能家居、车联网、智慧门店等面向消费端的营销服务物联网场景中，物联网可以为企业提供更加丰富的用户数据与交互渠道。在该场景中，企业需要通过知识图谱聚合更多的由物联网设备采集的用户数据，以建设以用户认知为中心的营销服务能力。通过知识图谱技术，建设用户、商品、设备在统一视图中的营销服务知识图谱，可提升智能应用的分析、推理能力，在智能搜索、智能推荐、智能对话等智能应用中，提升用户体验、服务效率并最大化营销收益。

（2）在以智能生产和制造、智能设备运维的生产物联网场景中，知识图谱与认知智能也可以从数据和应用的角度为企业创造价值。

- 在数据方面，通过知识图谱可以聚合分散的设备物联网数据、生产运维专业知识，形成设备"生产与运维一张图"。

- 在应用方面，通过知识图谱与认知智能技术，物联网可以在通信链接、数据链接之上，实现认知与决策协同。

在设备健康管理、设备智能调度、设备先进控制等场景中，可以运用知识推理技术提升设备诊断、调度策略、控制策略的算法效果。同时，通过可视化分析、智能对话等人机友好的知识交互模式，知识图谱可以进一步提升企业设备相关人员的认知分析与决策能力。

另外，设备认知能力可以在设备租赁、金融及保险场景中发挥重要的价值。设备制造厂商及相关产业一直在探索新的设备赢利模式。比如通过设备租赁，设备厂商可以实现按时长计费的新服务模式，并可以进一步提供金融、保险等增值服务。在此场景中，设备健康管理能力越强，设备制造厂商就越能从风险博弈中获得更多的利润。而知识图谱与认知智能技术具有显著提升设备健康管理效果的能力。因此，企业在设备场景中引入知识图谱，将可能为企业带来新的利润模式，值得探索与投入。

10.1 设备认知智能

设备是物联网特别是工业物联网的核心，实现设备管理的信息化、数字化和智能化是数字化转型的重要目标。企业希望运用互联网+、5G、物联网、云计算、大数据和人工智能技术,建立新一代设备智能控制中枢。

新一代设备智能控制中枢应在计算智能、感知智能的基础上实现认知智能的能力,这样一套拥有认知智能的系统性物联网设备解决方案可被称为**设备认知大脑**。企业在物联网中如同拥有大脑一样,可以对海量物联网设备的状态进行计算、感知,并针对业务场景中的需求进行认知、推理和决策。图 10-1 展示了设备认知大脑解决方案的整体架构。

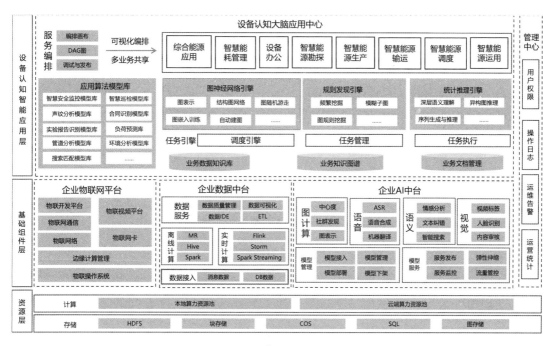

图 10-1

(1)设备认知大脑在资源层,可以基于云计算技术建设网络通信、大数据存储、高性能计算的资源池,以此为上层的基础组件提供稳定、弹性、安全的网络和存储计算服务。

(2)设备认知大脑在基础组件层,可以将企业物联网、大数据与人工智能的相关能力聚合为系统化的统一中台,通过中台为上层的认知智能应用提供基础的数据采集、数据计算、模式识别等相关基础能力。通过对设备认知大脑基础组件层的建设,设备认知大脑的智能调度、知识问答等上层应用可以高效率地完成网络通信、数据计算、模型训练与预测等工作。

- 在企业物联网平台中,企业可以在物联网操作系统上,对物联网的边缘计算、网络、通信、网卡和视频平台等进行模块管理与开发。

- 在企业数据中台中，可以对数据接入、离线计算、实时计算、数据服务进行统一建设和管理。

- 在企业 AI 中台中，可以对图计算、语音、语义、视觉等进行统一建设和管理。

（3）设备认知大脑在设备认知智能应用层，需要运用知识图谱技术在企业数据中台、企业 AI 中台上构建业务领域的知识图谱。通过知识图谱强大的符号化与拓扑逻辑结构，企业可以将分散化的数据、碎片化的业务知识整合成面向业务需求的"物联网设备一张图"。在此图上，通过知识推理技术构建融合人类专家与人工智能认知、决策能力的设备健康管理、设备智能调度等智能应用。

10.2　设备知识图谱建设

知识图谱是围绕业务状态的演变目标来构建数据与知识网络的，因此，要建设设备领域的知识图谱，首要的工作就是理解业务的需求场景。从业务产出的视角，认知智能应用在设备生产与运维领域可以帮助企业优化业务指标，例如生产力、产品可靠性、质量、安全性和产量等。在运维方面，知识图谱可以帮助业务人员制定运维策略，缩短停机时间并降低成本。认知智能也让人与业务的交互变得简单、便捷，在提升业务体验方面获得立竿见影的效果。

在设备状态监控、设备状态查询、设备故障预测等设备健康管理场景中，对知识图谱的需求是非常迫切的。在电网、煤矿、风电等场景中，设备运营厂商需要解决设备及零件来源、流程及状态复杂的诸多难题，设备的组件越多，设备之间的逻辑联系越复杂，对设备的健康管理挑战越大。这就需要基于知识图谱技术，将场景中的数据、知识进行聚合、管理，形成以设备为中心的全领域知识图谱。

在设备认知智能应用中，工业设备的预测性维护是知识图谱与认知智能的典型应用场景。设备的预测性维护，指借助机理模型与人工智能分析，提前发现设备的早期故障并维护。通过预测性维护，可以减小维修规模或优化维修策略来减少生产波动，全面控制安全风险。除此之外，设备生产调度与运行优化也是重要的需求场景，企业期待通过先进的流程控制技术优化设备调度，进一步实现生产的降本和增效。

在设备认知智能场景中，认知智能应用也可以从人机协同的角度，帮助企业业务人员提升认知与决策能力。企业可以运用知识图谱聚合设备数据与业务规则，并在此基础上构建设备状态可视化、设备语音控制、设备知识问答等产品，让人与设备的认知、决策、行动可以深度协同。

比如在云端，设备认知大脑可以帮助调度人员认知现场环境、提升决策效率。运维检修调度员通过语音对话的模式，与大屏显示的所有运维线路流程进行交互。通过知识图谱与认知智能技术构建的调度助手，还可以额外提供策略检索和推荐能力，设备认知大脑以此可以提升调度员认知、决策的能力。

而在终端，调度系统委派的设备维修现场技术员在遇到复杂难题后，只需通过文字和图像的方式将症状提交至云端的设备检修智能医生，设备检修智能医生便可通过检修知识图谱与推理模型分析症状并综合推理，给出最优的维修策略建议。设备认知大脑可以以此提高维修人员修复机器的成功率及修复效率，从而降低设备运营与生产风险。

综合设备业务需求、场景事理知识和业务状态数据，企业可以构建设备场景知识体系，并构建场景知识图谱。图 10-2 展示了设备生产与运维的知识体系。

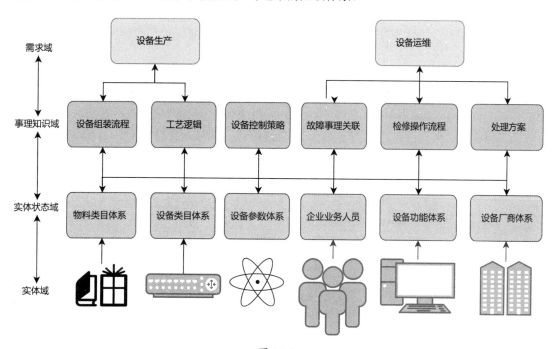

图 10-2

设备生产与运维的知识图谱整体分为 4 个域：需求域、事理知识域、实体状态域和实体域。

- 在需求域，主要对业务的需求概念进行梳理、分类、连接，使智能应用可以对业务需求进行认知和理解。

- 在事理知识域，主要管理设备垂直域的运维、检修、机理知识等。

- 在实体状态域和实体域，主要将设备物联网中海量的设备主体、零件、供应商的类目体系、实体状态数据进行统一连接和管理。

10.3 设备数据采集、存储与计算

企业在通过知识图谱管理平台完成设备知识图谱的知识体系初步梳理和建设后，就需要基于数据采集与存储计算的组件开展数据建设工作。得益于物联网技术的快速发展，企业可以通过各式传感器，对设备状态进行监测和采集，再通过大数据与人工智能平台对数据进行计算和处理，因此，企业形成了对物联网中设备状态及设备环境状态的感知。比如，企业可以通过 GPS、摄像头、压力传感器等采集模块，将手机状态、周边消费环境信息、汽车位置、道路状况、生产设备状态、环境天气状态进行统一收集。本节围绕设备知识图谱的建设方向，介绍物联网设备采集、存储与计算方面的内容。

10.3.1 设备数据采集与存储计算平台

如图 10-3 所示，企业将物联网开发、数据计算、人工智能的组件进行聚合，建设成由企业物联网平台、企业数据中台、企业 AI 中台组成的设备存储计算基座平台。

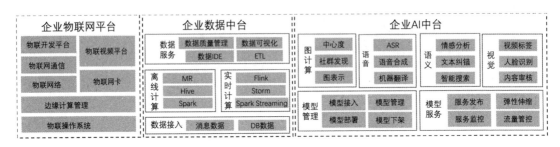

图 10-3

在此基座平台上，设备的数据采集、存储、计算可以由数据采集工程师、数据开发工程师、AI 工程师团队进行数据加工和处理。比如，物联网的量测设备可将电流、电压、压力、温度、声音、图像整合上报至设备企业数据中台，其中设备的电流、电压等数值数据，可以由数据开发工程师进行数据 ETL 计算。而设备的声纹探测数据，可以通过企业 AI 中台的语音识别功能进行声纹缺陷识别。同理，设备的图像数据，可以通过企业 AI 中台的图像质量检测功能进行设备图像缺陷识别。

但是，在设备物联网中采集的生产数据有实体规模庞大、数据分散、关系复杂等特点。同时，在专业知识方面，中型企业的专业知识零散分布于数百乃至数万的专业教科书及企业的办公文档、历史日志中。比如，在省级能源物联网中，仅运行的主体设备数量都可能达到数千万到数亿级别，而设备的运行数据、生产厂家、项目信息又分散于 PMS、EMS 系统的多个数据仓库中，运维检修、调度的专业知识、业务流程分布在数万份规格不一、形态多样的文档中。存储和计算这些多源、异构的数据对传统数据存储与计算平台是极大的挑战。

为了将物联网中各专业、多源、异构的数据贯通与共享，需要基于图数据库和图计算平台开展业务设备知识建模、设备数据关联聚合、设备状态计算与分析、设备状态高效访问与可视化展示等工作。因此，设备健康管理、设备调度优化等产品可以高性能地处理、关联、聚合、分析设备物联网中海量、异构、多时空维度的数据，最大限度地挖掘设备数据的价值。

在设备物联网场景中，图数据库与图计算平台需要支持上亿级别的图数据查询秒级响应能力。

10.3.2　设备物联网与图数据库

图数据库、图计算平台是设备物联网的重要基石。以能源互联网为例，在电网业务应用场景中，调度、检修等不同业务场景中的知识推理和分析往往需要聚合跨专业、多源、异构且分散在不同业务数据仓库中的设备数据。

传统方法是通过数据接口、数据 ETL 等技术整合数据，在关系数据库中进行数据分析操作，比如通过多表关联操作获取并展现业务所需数据，但检索性能容易受到数据量和表关联复杂度的影响。即使是在较大规模的数据仓库的存储计算集群中执行关联分析和计算，其计算时间也远远超过业务所能承受的范围。

因此，针对设备物联网中跨专业、多源、异构的数据关联分析与处理需求，可以采用图数据库与图计算平台联合而成的存储计算解决方案。图 10-4 从数据流的视角展示了该方案的技术架构，该技术方案与知识图谱管理平台的产品集成方案已在第 8 章中详细介绍。

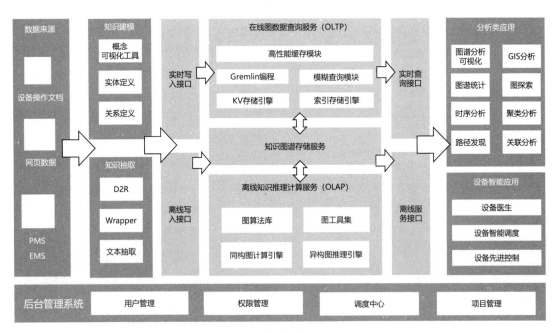

图 10-4

在设备物联网场景中，企业需要基于图数据库，开发具有**设备数据系统集成、设备账号统一、设备数据高速查询、设备统一数据接口服务**的设备物联网存储与计算平台。

- **设备数据系统集成**：在设备运维检修、生产管理场景中，仅靠图数据库是不够的。每个设备实体的传感器通常都会实时上报大量数据，使得图数据库的存储和读写压力都非常大。因此，在知识图谱的业务中，图数据库会与其他数据库进行系统性集成，以提供数据存储与查询能力。比如，设备知识图谱可以用图数据库存储复杂的拓扑关系，运用时序数据库存储设备状态序列，以此形成设备关联与设备时序数据集成机制，为业务提供多时空维度的一体化融合的数据服务能力。

- **设备账号统一**：设备物联网中同一设备的多个设备账号（ID）需要通过唯一的主 ID 进行关联聚合。图数据库想要对多设备数据仓库的数据进行打通，就需要具备设备 ID 拉通与融合的能力。设备 ID 拉通的建设是非常有挑战性的，在实践中需要结合场景的数据特性基于知识融合的方法进行开发。如果在数据入库、出库的过程中，设备物联网存储与计算平台不具备设备 ID 拉通能力，那么将难以提供准确的存储与查询服务。

- **设备数据高速查询**：在设备生产及运维场景中，业务对时间的敏感度非常高。因此，图数据库应具备高速、并行查询能力。比如，图数据库在面对亿级规模的设备图数据查询需求时，应在秒级完成响应。同时，在融合时序数据库与图数据库的混合数据系统中，应在秒级完成跨数据库查询与结果融合的工作。

- **设备统一数据接口服务**：图数据库需要在顶层实现数据统一入库、存储、计算、查询。知识图谱帮助企业存储企业的数据地图，而知识图谱又被存储于图数据库中。因此，图数据库需要提供面向业务需求的统一访问接口，包括数据路由、数据联合查询和数据统一分析。

10.3.3 设备物联网与图计算

在设备物联网场景中，基于图数据库和图计算平台进行图建模、分析计算、高效访问与可视化展示等工作，将极大地提高数据信息存储、检索、加工效率和正确率，减少人工成本和物资成本。

但是，图计算框架在业务中有相当高的使用门槛。因此在设备物联网实践中需要基于图计算的底层接口，围绕业务场景开发设备专业领域的图计算函数库供业务使用。

图 10-5 展示了常用的设备物联网图计算函数示例。在此场景中，需要结合业务模型、专业模型构建图计算函数服务模块。图计算函数需要在图的节点、分层、子图等不同层面，提供业务场景化的快速图拓扑分析与计算能力，实现对海量异构终端物联数据的高性能计算和处理。

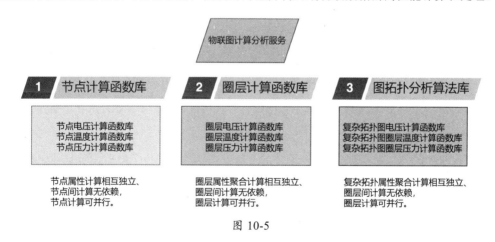

图 10-5

不同层面的函数库有不同的功能，如下所述。

- 节点计算函数库：提供设备物联网图节点并行计算的函数库，使"物联网一张图"中每个节点的计算都相互独立、互不依赖，可以并行地进行多项计算任务。

- 圈层计算函数库：提供图分层计算函数库。在物联网分层并行处理函数库的实现方面，可以将"物联网一张图"中的节点按计算相关性进行分层处理，其中，排序较高层节点的计算依赖于排序较低层节点的计算，使同一层节点的计算相互独立，可以同时分层并进行计算。

- 图拓扑分析算法库：提供复杂拓扑图的快速拓扑分析算法库。在"物联网一张图"拓扑分析中，需要对不同的独立拓扑子图结构进行并行计算。计算节点之间若存在相关性，则需要遵循一定的计算次序。在具体实现方面，可以通过图切割的方式，对同一张图中各子图的数据进行聚合，实现对独立子图的并行计算。

10.3.4 电网配网潮流计算

电网配网潮流计算是设备物联网中图计算的典型方向。配网潮流计算是实现电网状态认知的重要技术方法。除电网外，其他能源网络也有类似潮流计算的场景。本节在潮流计算相关理论的基础上，对图计算实现配网潮流计算的解决方案进行分享。

潮流，通常指在发电网与配电网中流动的功率。发电机作为输入方，需要将发电机母线上的功率注入网络；变（配）电站作为接收方，接入电网负荷；潮流的分布是电力调度机构、电力企业设备维修部门等组织日常运营的重要参数。

潮流计算，指给定电网中的一些参数、已知值和未知值中假设的初始值，通过重复迭代，最终求出潮流分布的精确值。常用的方法有牛顿-拉夫逊法和 PQ 分解法。图 10-6 展示了配电网中的潮流计算方法。配电网的潮流计算需要实现 4 个步骤，包括初始化、消息传播、消息聚合及消息迭代。在配电网设备的潮流计算中，图的切割、合并及节点计算的逻辑也是相对通用的。

图 10-7 和图 10-8 展示了潮流计算中正向过程与反向过程的计算算法，其中，正向过程的主要目标是计算潮流网络中各线路的功率，反向过程的主要目标是计算潮流网络中各线路的电压。

- 在正向过程中，功率将从最初被激活的 S 层开始计算，并从 T_0、T_1、T_n 逐步上推到父节点，在计算过程中需要计算线路损耗及节点注入功率。

- 在反向过程中，同样需要从被激活的 S 层开始计算线路损耗，并额外计算节点的电压及相角，不同层的计算结果将以消息的形式，从 T_0、T_1、T_n 逐步下推到子节点。

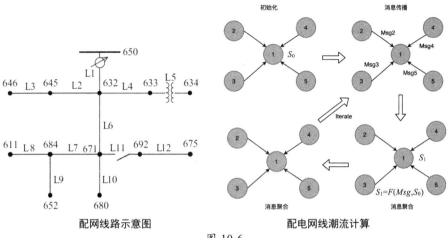

配网线路示意图　　　　　　　　　配电网线潮流计算

图 10-6

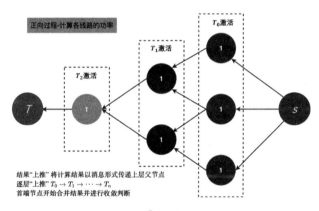

图 10-7

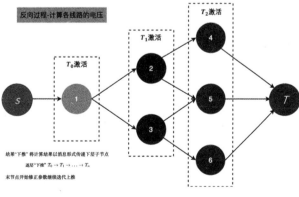

图 10-8

在企业实践中,普通的电网数据开发人员是难以直接使用图计算引擎对电网的潮流状态进行计算的。在潮流计算函数库的开发过程中,首先需要由电力专家牵头,将专业的潮流计算业务模型转化、分解为基于图拓扑网络结构的节点、边、子图计算模型;然后由拥有图计算的算子开发能力的算法工程师,基于对电力专家的模型的理解,对图计算引擎的计算接口进行二次开发及封装,形成电网配网的潮流计算函数库;最后由算法工程师将潮流计算函数库加入图计算引擎,这样数据开发人员就可以直接调用潮流计算函数库实现对电网设备潮流状态值的计算了。

设备物联网作为天然的图,是非常适合运用知识图谱、图数据库、图计算技术进行数据采集、管理、存储与计算的。

10.4　设备健康管理

设备健康管理,指对设备状态的认知与引导。企业通过电流、压力等传感器监测设备的状态,在监测数据之上通过设备智能诊断、检修的方法对设备的状态进行认知与调整。设备健康管理是设备认知智能带来业务价值的重要方向。比如在电力、煤矿等流程型工业、企业中,设备数量规模大、单位价值高。在电网领域场景中,设备管理涉及对万亿级实体资产的健康管理。

以煤矿采煤作业为例,单个采煤工作面如果按日均采煤量 3000 吨计算,则单日产煤价值超过 2500 万元。然而,各主要设备装置难以在井下完成维修,单次升井通常耗时超过 1 周。因设备故障造成非计划停产、减产,损失可能高达数千万元至数亿元。设备的不稳定运行还会给经营计划、生产安全、环保等带来风险。

在工业中,保证生产装置设备"安、稳、长、满、优"运行,是保证企业生产效益的基础。设备健康管理的业务目标有多种,比如设备运行的效率提升、成本降低、运行风险降低、运行保障、减少损失等。设备故障难预测、设备故障损失大是设备健康管理的典型痛点。

10.4.1　设备健康状态管理系统

设备健康状态管理系统是知识图谱与认知智能落地的重要场景。想要建设设备健康管理的知识图谱,首先需要梳理该场景中的业务目标,建设业务的需求域;然后通过设备等实体,融合事理知识域与实体状态域的知识图谱。

设备健康状态管理系统的目标是通过远程状态监测、故障诊断等产品能力,帮助企业具备对设备真实状态的认知、分析和决策能力,通过系统化、数字化、智能化的服务,帮助企业减少设备管理运维成本,降低风险。设备状态健康管理系统应帮助业务人员认知、判断设备的内在问题并匹配关联的解决方案。设备健康管理应作为基层的技术后盾及领导的决策助手。

在监测场景中,设备健康管理系统需要提前发现设备的早期故障,以减少、避免大型事故的发生,减少非计划停机的次数。监测系统可以自动记录设备故障生成过程中的全部数据、信息,为揭示事故产生的原因、程度、部位及后期维修、避免同类错误的产生提供直接依据和基础。可以针对监测结果,有针对性地制定维护措施,减缓大部件的劣化速度,延长设备使用寿命。通过对设备状态的监测及故障诊断,还可充分了解设备的性能,为改进设计、制造与维修水平提供有力证据,也为设备的在线调理、停机检修提供科学依据,可延长运行周期,降低人员点检、维护、维修的工作强度及费用。

在检修场景中,通过故障诊断确定故障根源及预测损伤部件的使用寿命,可帮助企业合理制定检修及维修计划,统筹和安排人力及备件,缩短备件采购与检修的周期,有针对性地检修、维护,避免非计划停机,同时避免因局部部件损伤而导致大部件整体发生故障。在检修后状态评估方面,在设备检修之后,可对设备的检修质量进行独立评估,确保设备故障已消除;通过状态监测获得的设备数据历史记录,可用于用户机器状况评估标准的设定、机器参考的设置和人员的培训。

在业务的需求域建设完成后,设备健康管理知识图谱需要进行事理知识域与设备实体状态域的建设,图 10-9 展示了其中的事理、状态相关数据知识。

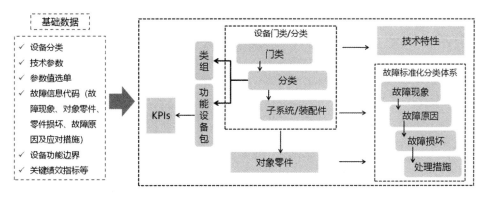

图 10-9

设备健康管理系统的业务目标是基于数据分析认知设备状态。数据质量、数据高度的上限决定了状态认知能力的上限,因此必须在知识图谱建设阶段,将基础数据标准化、规范化,形成以设备业务需求为导引的数据标准化的知识体系。

设备健康管理系统所涉及的设备信息,通常碎片化分散在有多个数据来源的配置表中,不同系统中设备的配置、状态信息不连续且冗余，整理查询效率非常低。因此需要通过知识图谱技术，将分散的设备数据、知识进行融合并提供统一的数据查询视图。

在企业的工业制造应用中，可以通过构建一个统一的设备知识图谱来聚合产品说明、配置、专业知识和历史事件，形成设备统一的知识库。知识图谱可以有效地将设备的运行状态数据和设备之间的组件拓扑联系、设备故障的归因网络、运营管理人员的经验与规则等多项实体通过知识图谱有效地管理起来。

图 10-10 展示了西门子建设的工业知识图谱的应用公开案例。设备的产品信息、材料、维修方案都可以在同一产品视图中展现给用户。西门子实现了对百万级设备产品知识图谱的建设与管理，并通过系统化的数据服务能力、可视化能力，建设了检修、运维、配置一站式的知识管理平台。

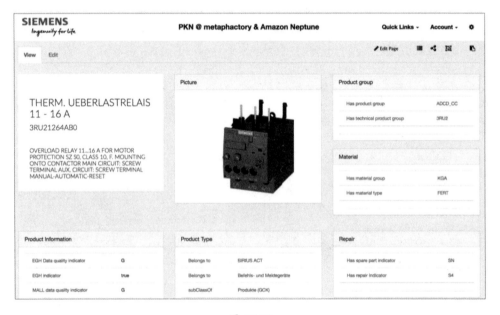

图 10-10

统一的知识管理平台，在诸如飞机、精密仪器等构成复杂的设备健康场景中是非常有用的。复杂设备通常涉及多个团队、多种设备的联合开发。不同团队对场景、功能的认知，需要以文本、图像、数据的形式承载。通过知识图谱技术，可以将顶层概念需求作为聚合点，帮助不同的业务团队聚合知识与数据。通过知识图谱的关联查询能力，在不同团队间还能快速获取与自身场景知识相关联的知识。知识管理还可以提供辅助推理、策略推荐等智能能力，帮助不同的团队关联、发现未知解决方法的能力。

因此，基于知识图谱与认知智能技术，可以建设企业设备健康管理库的知识库。知识库通过统一的知识查询能力、可视化交互分析能力，提升基层、决策者、专家对设备状态的认知能力，形成业务知识中枢。

10.4.2 设备运维检修

企业的生产与设备运营部门，比如电网的设备部与工厂生产服务中心，都会涉及对海量设备的运维和检修需求。如何在海量运行的设备中，快速定位问题设备和问题症状，是设备生产与运营管理等部门的核心诉求。

设备检修的传统流程是以事后维修为主，即发现设备故障后再维修。事后维修的设备损伤程度更高、综合维修成本更高、周期更长，易引发安全生产事故。因此企业期望建设设备预测性维护能力，即根据以往的专家经验制定养护周期，定期保养设备、更换易损件，预防设备故障。但是，设备未来状态预测与设备故障点预测是难度极高的任务。同时，设备维护工作量大，易造成过度维修。另一方面，为未来维修所准备的备品、备件将占用大量的仓储和资金成本。

设备预测性维护需要精准监控设备的运行状态，及时发现故障的早期征兆，创造缓冲时间、决策最佳维修时机和策略。运维人员、分析人员通常难以及时、准确地获取设备信息。同时，在复杂的设备网络、高频的设备量测数据中进行分析和推理，也是非常有挑战性的。

知识图谱与认知智能技术可以将专家的运维、检修知识及推理模型赋予机器，并且通过引入深度学习、图推理、强化学习等知识推理能力，在监控规模、决策效果、处理时效等方面超过人类。通过知识图谱构建的运维检修助手，可以提高设备运维人员的认知与决策能力。通过人机的认知协同，不仅可以有效减少基层负担，也可以提高工作效率。

但是，将设备的运维、检修及知识转化为知识图谱并不容易。运维检修场景中的设备数据与知识不仅实体规模大、形态多样，实体之间的关联也复杂。以电网为例，设备的数量可能高达数亿，而电网设备之间的物理与逻辑都非常复杂。同时，设备知识存在流失性，比如老师傅退休、熟练工离职都会造成企业专业经验及知识的流失。这些问题都给设备运维、检修及知识图谱的建设带来巨大的挑战。

图 10-11 展示了设备运维检修知识图谱的建设流程。设备运维检修知识图谱在实体状态域需要将设备台账数据、实验数据、运行数据进行聚合，然后在事理知识域将检修细则、技术指标、故障推理、修理方式等进行聚合。设备运维检修知识图谱是电子手册、移动流程助手、设备智能医生等上层应用的基础，在其中可以发挥关键作用。

图 10-12 展示了设备智能医生的解决方案。设备智能医生是设备运维和检修的综合解决方

案，基于知识图谱和实时采集数据感知设备的运行风险，提供设备智能诊断、故障预测、家族性缺陷预警、部件寿命追踪等能力。

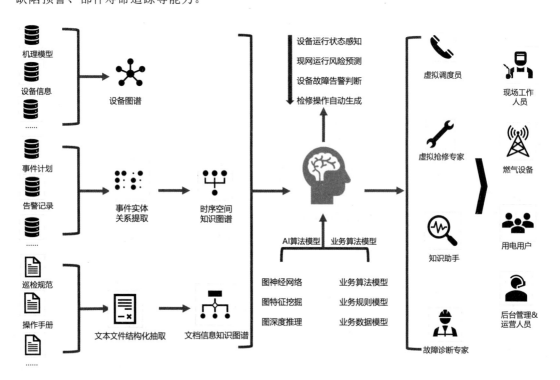

图 10-11

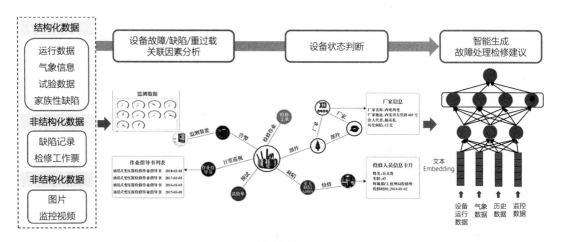

图 10-12

通过设备智能医生，企业可以实现人机认知协同的设备全生命周期健康管理。设备智能医生可以辅助提升业务人员、管理者在检修场景中的认知与决策、分析能力，并通过知识共享进一步实现认知协同。通过知识图谱强大的数据、知识关联能力，设备智能医生可以更好地建设检修场景中的**设备数据关联能力、故障关联能力和设备检修策略关联**能力。

（1）**设备数据关联**：设备，尤其如飞机、重机、电网等拥有海量器件或者海量连接的设备，其量测数据之间的关联通常较为复杂。设备物理关联越复杂，计算设备诸如潮流计算的设备状态数据所需关联的设备状态数据就越多。而通过知识图谱，设备智能医生可以高效地对设备量测数据进行关联和整合。借助图数据库和大数据计算能力，可以对复杂关联中的设备状态（电网态势）准确、高效地进行计算。同时，借助高性能图数据库的关联查询能力，业务人员可以快速查询不同设备的物理关联或者逻辑关联状态。比如检修人员可以向设备智能医生问询"某变电器相连接的穿墙套管的当前电压是多少"。

（2）**故障关联**：类似人体疾病，设备异常与故障现象之间是相关联的。比如，某重型机械某部件油气压力升高的故障，是由该部件相邻的控制电子元件不稳定的电压变化所引起的链式反应的结果。设备检修人员能够通过知识图谱，将故障问题、故障处理知识、故障设备的运行状态进行关联与聚合。图 10-13 展示了设备故障关联能力的示例，设备检修人员可以通过知识问答的方式与智能医生交互，获取故障关联的设备状态数据。

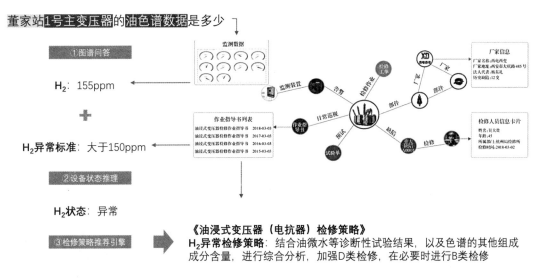

图 10-13

（3）**设备检修策略关联**：设备检修策略通常包括专家的检修经验规则、设备故障历史策略及算法生成的最优策略。设备组件越多、生产厂商越多，解决问题所需关联的知识与数据就越多。比如，飞机检修人员往往需要查阅多个设备零件手册，或者咨询多个人，才能获取检修的规则策略，然而这些策略知识都可以通过知识图谱关联、存储起来。检修人员可以与设备智能医生对话和交互，获得检修目标设备的最优处理策略。

设备运维检修知识图谱可以管理设备运维检修场景中设备的全生命周期知识与数据，设备智能医生可以基于该场景的知识图谱，提供数据查询、故障关联分析及处理策略推荐的产品能力，以此通过人机协同来提升运维检修人员的认知与决策能力。

10.5　设备智能调度与先进控制

物联网的设备生产优化涉及工业场景中的专业领域深度知识与专业知识推理能力。制造业的生产优化，需要围绕人、机、料、法、环场景，建立基于大数据、专业知识及认知智能的能力。这是个技术挑战大、资源投入高的领域，却是实现工业智造的必经之路。

设备生产场景中的认知智能落地，整体方向是通过数据整合、策略融合等技术，将专家知识推理规则模型、统计推理模型、深度学习模型进行参数共享、模型融合、模型交叉验证，以构建调度优化、先进控制等模型。

设备生产认知智能包括多个极具挑战的场景，其中较为基础的场景是知识搜索与问答，即通过知识图谱与搜索技术，为业务人员提供设备状态、专家经验、标准规章信息的知识查询。搜索问答可以与设备运行的调度业务系统集成，通过数据知识共享、协同流程处理，提升组织的认知与协同能力。更具挑战的场景是设备先进控制，即将专家经验模型与人工智能模型进行深度融合，实现人机协同的设备运行参数优化及设备预测性控制。更前沿的场景则是在知识图谱上开发深度强化学习模型进行设备全自动智能调控。

10.5.1　设备智能调度

在设备调度场景中，电力调度是其中极具挑战的场景之一。电力设备不仅数量众多、关联复杂，而且对调度的精确性、时效性、安全性要求非常高，在调度的任意环节发生错误、延迟，都可能造成经济损失甚至安全事故。因此，如果可以提升调度人员的认知与决策分析能力，就可以为电力业务带来多方面的价值。

电力调度人员的业务流程包括多个步骤，如下所述。

（1）**设备状态认知**。调度人员认知所需的数据来源包括设备反馈的数据、监控人员上报的数据。调度人员在进行认知、判断时，需要汇聚各类设备传感器采集和反馈的电压、电流、温度、频率参数数据及监控人员上报的操作、流程日志信息。之后，调度人员结合过往经验规则、电力专业计算模型，对电网安全、经济运行状态进行认知。但是调度任务的专业知识、工作票据，不仅数据规模巨大，关联也相当复杂。调度人员还需要与运维检修团队沟通电网的实时运行状况，获得更精确的信息。

（2）**策略指令生成**。调度人员需要对状态进行认知与推理，筛选最优调度策略，这是非常有挑战性的。调度人员对数据、知识的获取非常有难度。电力调控工作要根据设备的运行状态对电网进行实时调度。因此，调度人员首先需要高效地根据设备状态，通过分散的设备数据系统、业务人员，获取相关标准规范、停电计划、调控指令策略，之后在电网的复杂状态下制定最优调度策略，这不仅要考虑设备之间的状态关联，还要根据有限的数据对设备策略的反馈进行预估，对场景的建模、分析、参数优化等都有非常高的要求。最后，专家的经验策略在处理复杂、抽象的问题时非常重要。因此，策略的生成需要融合专家经验或者辅助专家进行历史策略搜索。

（3）**策略发布**。调度人员通过电话或自动系统发布操作指令，指挥现场操作人员或自动控制系统进行调整，例如调整发电机输出功率、调整负荷分布、开关电容器、电抗器等，确保电网持续、安全、稳定地运行，这需要涉及多业务系统、多人员的流程协同，非常有挑战性。

为应对电网调度流程中的挑战，图 10-14 展示了电网调度认知智能的整体解决方案。该方案的核心目标是实现电网运行的智能感知、智能分析、智能认知及智能控制。

- 智能感知，指通过智能交互机器人、智能巡检机器人高效且智能地从图像、声音、压力数据中全面感知电网设备状态。

- 智能分析，指通过电网的大数据与人工智能基座，对电网采集的数据进行计算和分析，精确判断电网潮流及风险。

- 智能认知，指调度人员通过电网状态认知引擎、电网策略引擎，快速发现最优执行策略，策略引擎会运用规则、统计、深度学习等知识推理能力，对设备当前的状态进行准确判断，在海量策略空间中快速、精准地筛选最优执行策略。

- 智能控制，指通过强化学习等智能方法，全面优化电网的控制策略下发与执行。智能控制可以与电力调度通信系统、设备操作系统进行深度集成，形成对电力调度人机协作的智能控制。

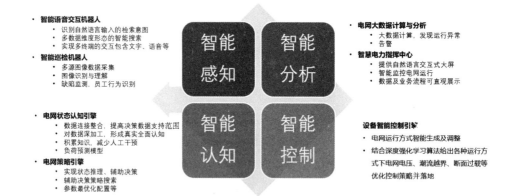

图 10-14

10.5.2　设备先进控制

设备先进控制在半导体制造、化工等领域非常重要,其目的是调整单环控制器的设定值,以使关键运行变量接近目标,并使运行更接近约束条件。图 10-15 对设备先进控制的挑战进行了总结。

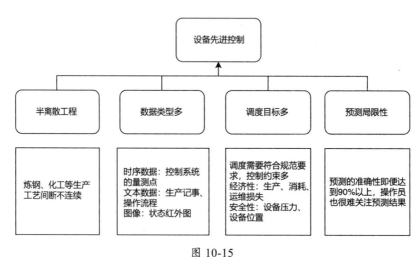

图 10-15

图 10-16 梳理了基于知识图谱与认知智能技术的辅助调度系统框架,其整体方法是将设备先进控制场景中的数据、知识构成设备知识图谱,并以此构建人机融合的先进控制系统。

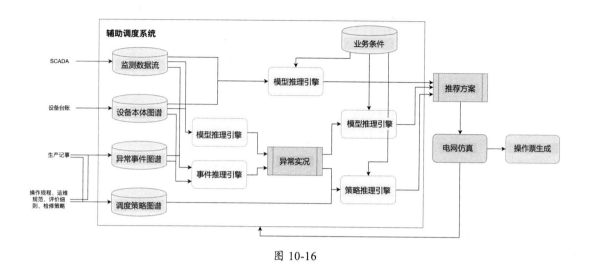

图 10-16

在知识图谱建设方面，从设备传感器获取的监测数据、设备的规格数据、产品参数将通过知识图谱技术，构建为设备实体域的设备知识图谱；专家的规则推理知识、流程知识、事理知识将通过知识图谱技术，构建为事理知识域的设备知识图谱。实体状态域和事理知识域的知识图谱与需求域的知识图谱统一整合，最终形成设备先进控制的全域知识图谱。

在此知识图谱上，通过知识推理生成最优控制策略。知识推理既需要运用知识图谱中的事理规则，又需要基于知识图谱进行机器学习、深度学习的策略挖掘。通过规则经验生成的控制策略，需要与统计算法生成的策略进行融合。比如可以在规则约束条件下，对由数据统计推理生成的控制策略进行筛选和排序。详细的技术方案可以参考 9.5 节中知识图谱助力推荐的技术解决方案。规则策略可以在召回层、粗排层帮助控制系统召回策略，在精排层通过算法进行深度匹配和排序。在最后的输出结果方面，需要由专家进行重排规则的设定或者人工审核。

虽然该领域非常有挑战性，但是融合专家经验规则与机器学习所生成的模型，与基于人类专家的认知生成的经验模型相比，不仅实时性强、可迁移度高，还可能生成超出人类专家认知的更优秀的控制参数。拥有认知智能能力的先进控制系统，可以为企业创造除认知外的巨大价值。比如，某钢铁公司先运用知识图谱技术打通了炼钢的全流程数据；然后通过统计建模分析，获得炼钢工艺优化的关键因子，在与专家知识结合后，成功定位三个关键工序；接着通过进一步深入建模和挖掘，对脱硫的仿真模型进行参数优化；最后通过该参数优化模型，每生产一吨钢就节省一公斤铁，在该公司的体量下，一年可节省成本数百万元。可见，先进控制的认知智能技术值得企业长期投入。

10.6 能源设备认知智能解决方案

设备知识图谱是实现人、物料、企业的数据与知识互联互通的重要基础。通过知识关联，企业不仅可以消除不同业务系统间的信息隔阂，还可以打破不同组织和人员的认知壁垒。通过知识图谱，可以实现 ERP 系统、生产系统、生产设备之间的信息共享、数据互联、决策协同。企业基于"设备知识一张图"实现的设备认知协同，将提升企业生产管理效率，降低运营成本，减少运维风险。

10.6.1 能源设备认知智能解决方案总览

以能源行业为例，在能源信息化建设进程中，不同部门针对场景中的业务管理需求，建设了各式各样的信息管理系统。典型的系统包括能量管理系统、广域测量系统、配电管理系统、配电自动化系统、智能电表及营销信息管理系统、生产及设备管理系统等。这些系统中的数据覆盖了从发电、输电、变电、配电到用电的电能产生、输送、消费的生命周期相关信息，具有海量、关联、多源、异构的特点。

能源企业基于业务需求，开展了多项设备人工智能技术与应用的研究。为打破传统的企业设备信息壁垒，提升设备管理业务人员、管理者的认知与决策能力，需要建设设备认知智能能力。

设备认知智能能力通过设备认知智能应用进行实现，典型的应用包括设备信息可视化展现、设备信息关联性检索、设备检修策略推荐等，典型的使用场景包括电力设备检修、电网调度、基建工程等。通过设备认知智能应用产品的建设，可以解决能源行业基层及专业管理人员难以快速获取海量分散的业务信息、规程制度、工作文档等数据的痛点。能源认知智能的建设必然成为迎合能源行业业务需求与人工智能进一步融合发展的重要举措。

图 10-17 梳理了能源场景中设备认知智能落地的全流程。电网设备具备天然的网络连接特性，每个设备都拥有丰富、异构的数据知识。因此，电网是天然适合知识图谱落地的场景。基于电网的特性，综合各业务系统的相关数据，构建统一的电力知识图谱及认知智能应用，将对电网安全运行、用户服务升级、清洁能源消纳、企业智慧经营、综合能源服务等有重要的意义。

对于海量的关联、多源、异构数据，传统的计算模型难以直接、高效地分析和处理。而基于知识图谱技术对电力数据进行知识关联和建模，并通过路径搜索、智能推理、节点及分层并行、图深度学习算法等知识推理技术进行电力知识计算和应用，将极大地提升上述各业务领域的数据应用水平，以及模型应用的分析准确率和实用化水平。

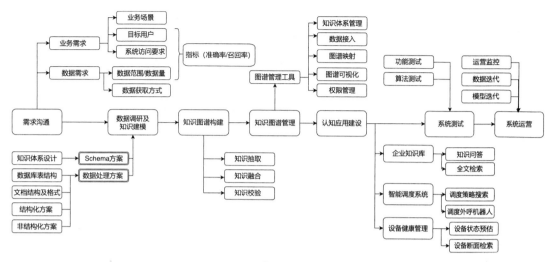

图 10-17

因此，设备认知智能应用的落地可以分为以下步骤。

（1）开发者与业务应用方进行设备认知智能需求梳理，并完成设备数据调研工作。

（2）开发者在知识建模模块建设设备知识图谱的知识体系。不同来源的设备知识体系，需要在知识建模模块完成标准统一、知识体系融合等相关工作。

（3）开发者根据知识体系，通过数据工程、知识图谱构建工作，将分散的设备状态数据、设备事理知识、业务需求概念建设为设备知识图谱。

（4）开发者将设备不同领域的知识图谱通过图数据库进行统一存储。同时，开发者需要根据业务需求进行查询引擎开发，进而提高实时、离线的数据查询、数据导出服务的效率。

（5）开发者需要根据设备文件搜索、设备知识问答、设备调度优化、设备断面检索等需求，基于设备知识图谱进行知识推理的模型开发，并在知识推理模块统一提供标准化的知识服务。

10.6.2　能源设备知识图谱建设

图 10-18 展示了设备知识图谱的建设流程。企业需要通过知识建模、知识抽取、知识融合等步骤，将分散的数据、知识转化为设备知识图谱。

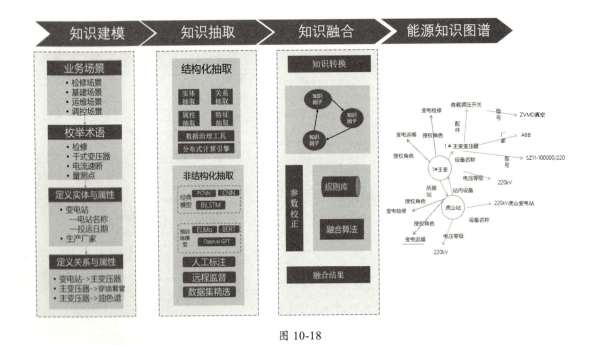

图 10-18

设备知识图谱在知识建模阶段可以与传统数据治理的各种数据模型进行融合、复用，提升在企业中构建知识体系的效率。逻辑数据模型（Logic Data Model，LDM）简称逻辑模型，是对概念数据模型的进一步分解和细化。在逻辑模型中通常包含设备实体、属性及实体关系。逻辑模型通常反映的是数据系统分析人员对数据结构的认知，并对解决业务问题所需的逻辑关联进行层次化梳理。在设计逻辑模型时一般遵循最小数据冗余等规则。比如在电网领域，电力企业组织专家构建了公共数据模型（Common Information Model，CIM），该模型作为逻辑模型，管理了电网的设备数据仓库的数据结构。

如前所述，知识图谱分为模式层与数据层两层。知识图谱通过知识体系（Schema）构建模式层，模式层用来约定数据中实体、属性、关系的形态，是描述知识图谱的数据结构的核心；数据层由一系列事实数据构成。由此可见，知识图谱中的知识体系定义和传统的逻辑模型非常相似。

构建知识图谱的第 1 步是定义知识体系，而电力设备场景的知识体系可以通过对电力场景的 4 转化而来。通过 CIM，知识图谱工程师能够快速了解电网数据表名、表结构、表属性描述 据。另外，基于 CIM 所梳理、定义的关系，可以获得表与表之间的关系、表内的属性关联、 可的属性关联等。

10-19 基于 CIM 对知识图谱的构建流程进行了更细化的展示。基于企业数据治理的数据 可以将其转化为知识图谱的知识体系。在实践中，知识图谱工程师可以挑选企业数据模型中资产域、电网域的数据，将其中涉及的设备表、资产表等设备信息通过设备名进行拉通、整合。

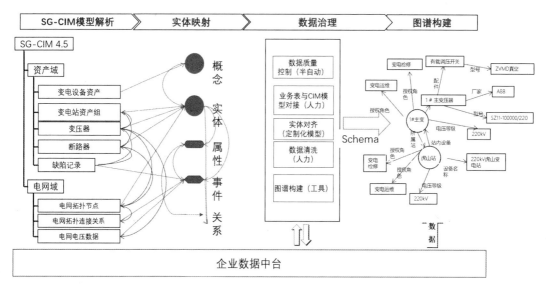

图 10-19

图 10-20 展示了电力设备的知识体系案例。在此设备知识体系上，不同变电站、电容器、避雷器等设备及其运维班组、设备的生产厂家等数据知识，都可以在一张图上进行统一管理。

电力知识体系的类别节点融合了多张原始数据表，例如变电设备资产表、变电设备表等。设备知识体系的主要来源如下。

- 设备与人的关系：可以来自企业的设备班组运维管理表、变电资产表。

- 设备与其他设备的关系：可以从设备属性表的连接字段中获取。

- 设备属性数据：通常来自设备的状态表，比如各传感器上传的实时数据表。

依据定义好的知识体系，知识图谱开发工程师可以了解目标知识图谱的数据和原始表之间的关系。因此，工程师可以在数据中台中进行数据清洗、知识抽取、知识融合的知识图谱构建相关工作。

设备知识图谱也是需要经过结构化、非结构化的知识抽取完成的。设备知识图谱构建中的知识融合也是非常有挑战性的。图 10-21 为设备知识图谱场景中知识融合的方案示例。

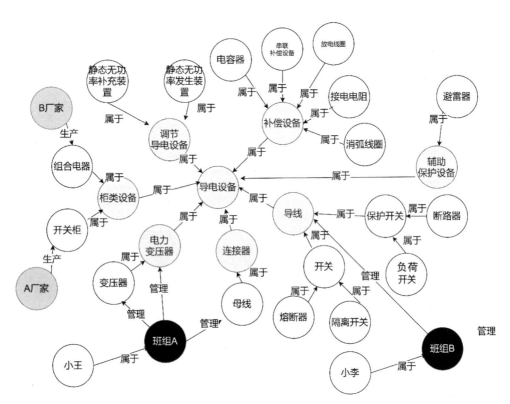

图 10-20

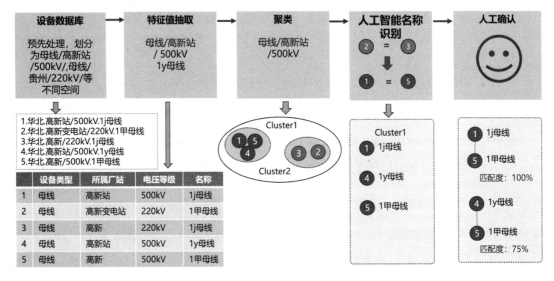

图 10-21

在进行设备知识融合时，首先需要从设备数据库中获取融合候选设备 ID 的相关属性，并通过特征值抽取、聚类、机器学习分类、人工确定等流程，生成设备 ID 的匹配度。比如在图 10-21中将母线的设备类型、所属厂站、电压等级、名称属性等通过知识融合模块进行实体链接，可以判断不同母线名称之间的相似度。基于母线名称的相似度，知识图谱工程师可以将相似的母线属性进行合并。

10.6.3 能源的知识推理案例：能源设备运行断面检索

能源知识图谱的存储、计算、推理平台的底层是以图数据库与图计算平台为核心，并与其他大数据系统集成、构建而成的。图数据库可以对电网的知识图谱进行管理，并提供高效的知识查询能力。将图数据库与图计算、图深度学习引擎结合，可以构建多种知识推理应用。

设备运行断面是设备运行的重要数据，比如电网运行断面是电力系统的时间断面，代表某一时刻电网的整体运行状态，包括这一时刻电网运行的线路潮流、节点电压、负荷量、发电量和设备状态等数据信息。与电网运行断面对应的历史信息，还包括这一运行断面的工作票信息，包括运行方式安排、事故处理预案、工作批答等。

那为什么要做设备断面检索呢？

（1）随着各种具有随机性、波动性和间歇性特点的清洁能源发电系统的接入，电力系统的运行控制越来越复杂。

（2）电力调度的工作基本依赖工作人员，尤其是老员工的经验来完成，存在工作量大、标准性差、可靠性低、自动化水平低、可学习型差等问题，电网内部中调、地调等各级部门的工作经验、工作水平差异较大，存在操作不规范的问题。不少业务人员往往缺乏较为复杂的系统运维和事故处理经验，导致电力系统存在安全隐患。若能以运行断面的具体数据为支点，以电网运行断面的相似性匹配为途径获取历史信息决策经验，则必能为实现电力系统运维的智能化管理提供巨大帮助。

（3）系统产生了大量的管理、运行数据，电力数据呈几何级增长，数据面临来源多元化、复杂化，以及数据找不到、查不准、响应慢等问题。因此对调度数据的快速、准确检索，以及挖掘和分析数据的价值，对提升系统支撑能力、提高工作效率、转变管理思路具有重要意义。

那么，设备断面检索如何落地呢？电网运行多年来，保存了大量历史运行断面数据和工作票信息。电力企业通常围绕电网风险管控、配电优化等业务目标，收集了电网运行方式安排、安控措施、检修票批答、事故处理预案及电气状态、电网断面数据等历史信息。将上述信息投影到向量空间，并建设向量搜索与匹配机制，挖掘出不同断面之间的联系，可对电网运行管理中检修、配电等工作有指导作用。

人工智能算法可以通过对大量数据的学习，找到一些问题的固定模式。近年兴起的图深度学习算法，可以有效解决该问题中数据空间上大量设备拓扑结构的非欧几里得结构数据处理问题，将运行断面的状态数据、拓扑结构数据等统一用向量进行表示，实现对断面的检索。关于断面检索，业内已有探索，比如图的电网关键断面检索及安全运行规则自动发现系统。随着电网的复杂度提高和历史数据量增加，迫切需要智能化的数据检索和辅助决策。同时，在数据存储、数据挖掘和智能算法等多方面技术的支撑下，为高效、可靠地利用电网历史信息提供了可能性。

因此，基于电网时空信息的历史运行断面检索，将通过为电网当前运行断面匹配到极其相似的历史断面，进而获取相应历史策略与经验，来为系统当前的运行和维护提供指导。这既可以显著提升电网运维的自动化和智能化水平，方便现场人员工作，也可以增强其规范化操作能力，完善中调和地调之间的同质化管理，还可以充分利用海量历史数据，学习经验并实现快速检索。

电网历史运行断面检索通过已有的研究和管理经验，能够构建全面表征电网运行断面信息的特征量库和统计量库，并在此基础上建立历史运行断面相似性匹配指标体系，使得各运行断面与系统当前运行断面的相似度通过数值的方式直观地表现出来，为当前断面提供最相似的历史运行断面排序。

基于设备断面检索所得到的相似断面，可以进一步与所处断面相关的历史运维日志等信息进行关联，比如运行方式安排、事故处理预案和批答意见等，进而为当前系统的维护和管理提供具有重要参考价值的历史经验，以此实现电网运行方式的智能决策，为电力系统运维的智能化管理提供帮助。该技术也可以在电网风险预警、反窃电等场景中应用。图 10-22 展示了断面检索的技术逻辑。

从数据集的角度，需要获取节点的状态相关数据，比如电流、电压、负荷、时间、天气，同时需要获取关系数据，包括图拓扑结构、电压电流的历史断面数据，利用图深度学习方法进行图拓扑结构的特征学习，并通过向量检索技术实现对相似断面的查找。还有标注信息数据，即断面之间的相关性，可以通过标注相似断面对来实现。

从存储与计算平台的角度，在解决设备状态断面的检索问题时，需要基于图数据库和图计算的联合架构，利用图数据库抽取全图或子图，通过图计算学习到设备状态特征，根据特征进行断面的多模态向量检索，实现融合实体属性信息与图拓扑信息的搜索查询能力。

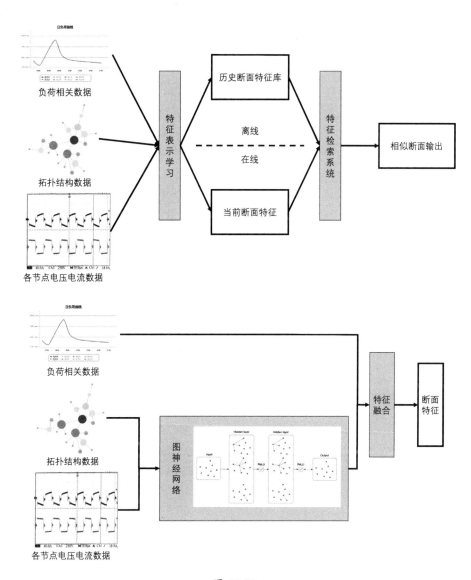

图 10-22

融合图深度学习的多模态向量检索系统的整体技术框架如图 10-23 所示，具体来讲，设备断面包括设备间的关联拓扑信息、实时采集设备数据和全局信息，这些数据被存储在图数据库中，因此需要从中提取相关数据，并导出至离线文件存储中。

从算法的角度，断面检索所需的图拓扑数据、文本数据、数值数据的时空序列多模态的数据，在单维度特征工程中的复杂度已非常高，融合异构多模态信息开发手工特征的难度必将更大。

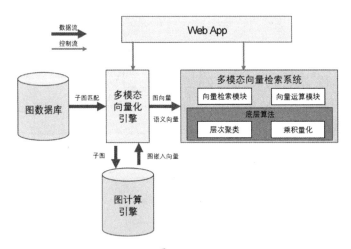

图 10-23

那么如何应对这个挑战呢？图神经网络由于其强大的高维信息表示及推理能力而备受关注，图神经网络结合深度匹配模型可以构建一种新型的时空序列图匹配检索算法，整体算法架构如图 10-24 所示。

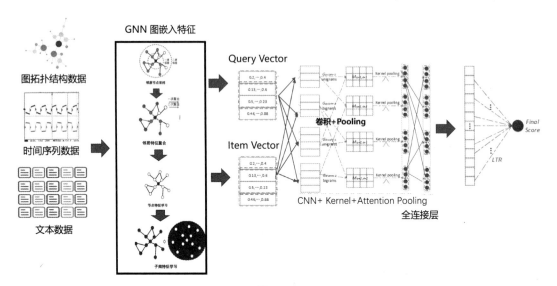

图 10-24

时空序列图匹配检索算法的流程如下。

（1）数据整理。首先运用 Max Mutual Information 算法，筛选出与目标推理关联最大的属性

集 P 进行筛选，然后用属性集 P 在全图中筛选出子图 G_p。

（2）节点层特征嵌入。针对关键子图 G_p，将节点的属性信息如文本信息、时间序列信息，运用 Bert 或 Word2vec 等深度嵌入表示框架进行特征嵌入计算，获得单节点嵌入特征 E_S。

（3）融合层特征聚合。如图 10-25 所示，又可以分为 4 步：①首先对节点的邻居节点随机采样，获取 K 度邻居节点的子图，以此降低计算复杂度。②在采样的子图上，将节点的邻居特征向量采样由远及近的模式，通过聚合函数聚合特征。子图的中心节点是待生成的目标节点向量，在第 1 次聚合时，将其二阶邻居节点的特征向量经过聚合函数聚合成一阶邻居节点的节点向量；在第 2 次聚合时，将一阶邻居节点的特征向量聚合成子图的中心节点的邻居节点向量，聚合函数可以采用均值聚合、LSTM 聚合等多种聚合方式。③根据子图的中心节点的邻居向量和节点自身的向量生成子图的中心节点图嵌入向量 E_G。④对全部节点进行遍历，获得全图所有节点的图嵌入向量。

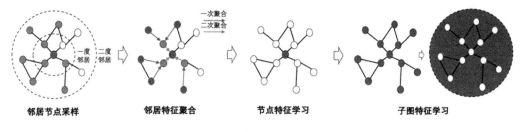

邻居节点采样　　　　邻居特征聚合　　　　节点特征学习　　　　子图特征学习

图 10-25

（4）匹配层特征交叉。参考深度匹配模型等交叉模型架构，先将问询节点图嵌入表示 E_{GQ} 与待检索节点的特征表示 E_{GD} 进行向量交叉，然后输入 CNN 卷积层与 Pooling 层进行向量特征筛选，提取关键特征向量 E_F。

（5）训练预测打分。根据已有样本和 E_F 进行模型训练，在多次迭代后输出图检索匹配模型 M。通过 M 就可以根据输入的查询实体，对图上的所有候选实体进行打分、排序、检索并返回得分最高的电网断面。

该算法架构在整体上实现了融合实体属性、图拓扑、时空序列等信息的深度匹配与查询能力，解决了在复杂拓扑结构上人工构建特征的难点。运用图深度学习自动抽取高阶深度特征，在大大降低了特征工程成本的同时，也显著提升了检索的准确率与召回率。在落地业务实践中，所有历史断面都可以通过上述方法学习其特征表示，并存储为历史断面特征库。对于当前待检索的断面，同样利用图深度学习的向量嵌入计算方法进行断面特征表示，利用向量检索匹配技术在历史断面特征库中寻找相似的特征表示，达到相似断面检索的业务目标。

第 11 章

知识图谱与企业认知智能

认知的高度决定了创造价值的高度。企业在从创办、发展、竞争、成功到衰亡的全生命周期中，会面临复杂多样的决策场景。企业认知的高度决定了企业决策的优劣，而企业决策的优劣决定了企业的生存与兴衰。

过去，企业的认知高度主要由企业的管理者、员工决定。员工基于自身知识和经验认知环境，对不同的决策场景做出判断并行动。然而，时代演变产生的海量、分散、实时的信息，仅靠人类个体是难以高效、准确地感知、认知和决策的。因此，企业需要通过大数据与人工智能技术，提升对业务的智能分析与决策能力，以此提升在快速、复杂的博弈场景中的竞争力。

那么如何运用人工智能技术增强企业的认知智能呢？在企业营销服务、设备生产运维的场景中，知识图谱与认知智能技术可以通过数据知识聚合、关联展现、策略推荐等方式，提升企业管理者、业务人员的认知与决策能力。企业将场景中的数据、知识通过关联、聚合，形成业务领域的知识图谱，并基于此构建可视化、搜索、推荐等认知智能应用，形成场景中的业务认知大脑。当进一步将不同业务的认知大脑整合时，可以构建企业统一的认知与决策中枢，即企业认知大脑。

企业认知大脑，是以提升企业多领域的业务认知、决策、协同能力为目标的。企业认知大脑通过知识图谱管理平台对全域数据进行采集、存储与治理，并将其抽象、转化为企业全域知识图谱。在市场开拓与营销、企业供应链管理、企业生产管理、企业办公协同、企业风险管理等场景中，人、物、企业的认知、推理、决策、行动，可以通过知识图谱与认知智能技术形成认知相连、决策协同的一体化认知与决策整体。

本章首先从战略、架构、应用体系、团队建设、产出分析等角度介绍企业认知大脑的整体解决方案；然后围绕企业认知与决策的核心痛点，分享企业知识库、企业决策助手等解决方案；最后就企业办公智能及企业风控与投资场景，分享认知智能解决方案。

11.1　企业认知大脑

面对如何增强企业认知智能这一难题，业内较为成熟的解决方案是用知识图谱聚合数据与知识，通过可视化、策略搜索优化等方式，提升企业业务人员的认知能力。知识图谱与认知智能技术可帮助各业务团队拥有业务认知大脑。当企业营销、生产、研发等不同领域的认知大脑通过数据、知识、策略协同连接在一起时，便构成了企业认知大脑。企业认知大脑是汇集企业数据与知识，提升企业各级、各领域个体及组织的认知与决策能力的解决方案。

然而，企业认知智能的落地，是涉及个体、组织、企业认知与行动方式整体转型的重大挑战。企业认知能力如何提升，不仅仅是人工智能技术落地的问题，也是组织管理升级的问题。那么，该如何构建企业认知智能的落地战略呢？

11.1.1　企业认知智能战略

企业认知能力提升是企业认知智能的战略目标。个体与组织认知能力的提升程度，可以通过其在营销、生产、经营管理等业务场景中认知与决策的效率高低来评估。数据可视化、策略推荐、自动决策是典型的可提升业务人员认知与决策效率的认知智能应用。然而，这些应用并不能凭空而来：认知智能应用不仅需要信息化系统基建，也需要数字化业务系统，更需要智能化控制中枢。

图 11-1 展示了企业认知智能不同的战略阶段。企业认知智能的落地，需要建立在企业业务系统信息化的基础上，进一步将业务状态数据化、知识化，在数据化、知识化的基础上，逐步构建解决业务分析、推理、决策的知识推理应用。知识推理应用需要与企业业务系统深度集成，并融入企业业务人员的工作流程中，才能使认知提升。

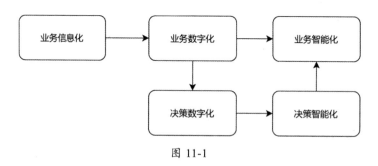

图 11-1

参考人体认知智能的实现方式，企业信息化如同赋予企业骨架与血肉；企业数字化实现了血液的流通，让企业在不同的组织之间通过数据传输信号；企业智能化则构建了企业神经系统与大脑，企业通过实现对企业传感器的感知信号的处理和挖掘，形成用户认知、设备认知、企业认知等全域认知能力。企业借助企业认知大脑及辅助神经系统，可以根据认知生成策略控制行动，以完成业务目标。

企业认知智能落地需要与企业信息化、数字化、智能化战略相结合并逐步推进，围绕企业业务场景中人、物的认知与决策流程，推进企业从业务数字化（数据知识采集）到决策数字化（数据中台），再到决策智能化（企业认知智能应用），最后实现业务智能化（企业认知智能）。

企业信息化是数据、知识采集的基础，也是决策智能化实现业务价值转化的基础。所以，企业信息化既是认知智能的启动阶段，又是认知智能的落地阶段。企业在推进信息化时，可以通过云计算技术大幅加快建设进度，并降低落地成本。

企业数字化包括业务数字化与决策数字化。在数字化阶段，企业需要将企业各领域的数据知识进行采集、清洗、处理，形成可用的素材。企业的知识与数据来源于人、物、企业。

- 人类专家的知识与经验。
- 通过物联网设备、互联网应用收集的数据、知识。
- 企业信息化的财务、审计等业务系统流程、数据、知识。

在从数字化到智能化的过程中，企业需要将分散的数据和知识，通过知识图谱管理平台统一管理。知识图谱管理平台在企业数据中台、企业 AI 中台的基础上，对数据和知识进行处理、抽取，形成企业全域知识图谱。

企业决策智能化则是在聚合的数据、知识之上，构建数据分析可视化、策略搜索推荐、辅助控制等认知智能应用，使企业业务人员清晰、及时地认知业务状态。基于业务认知，业务人员可通过人机合作进行知识推理，得出场景中的最优决策。

企业的业务智能化，则是将企业的决策智能化与信息化系统深度融合，高效、准确地执行智能决策，帮助企业实现营销、运维等业务目标。

企业在进入业务智能阶段后，依然会遇到人员认知能力局限、员工协同难、组织上下认知不统一等诸多问题，这些都是影响企业生死存亡的关键问题。数字化、智能化让企业演变为一辆超高速行驶的智能化汽车，驾驶员自身的认知与决策能力却没有提升。如果时刻面临超出驾驶员认知范畴的情况，那么企业又如何能安全、平稳地运转呢？**人的认知与业务系统不匹配，是众多企业数据智能项目难以成功的主要因素。**

因此，企业完成认知智能转型，不但需要进行业务系统的认知智能转型，还需要进行企业管理者、员工、组织的认知智能转型。

企业的认知智能转型将会面临诸多挑战，需要经历不同的阶段才能实现认知智能落地。图 11-2 展示了企业认知智能转型的过程，在整体上包括**认知、探索、应用、系统化及全面转型**阶段。

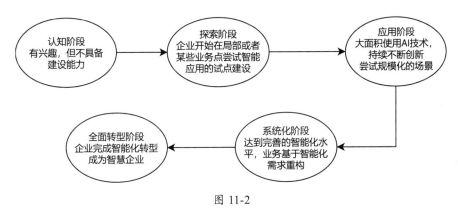

图 11-2

（1）认知阶段是企业认知智能转型的启动阶段。该阶段中的企业需要对知识图谱与认知智能的基础理论、技术方案有初步的认知。企业在信息化、数字化、智能化建设过程中，或多或少已了解、运用了知识图谱与认知智能相关的技术。认知阶段的核心挑战在于如何围绕企业自身的业务场景需求，建设体系化的认知智能方法论体系。本书以人、物、企业的认知为核心，对知识图谱与认知智能的基础理论与解决方案进行了介绍，企业可以基于此构建方案框架为探索阶段做准备。

（2）在探索阶段，企业将选择某些典型场景开展知识图谱建设工作，并着手开发诸如搜索、问答、推荐等认知智能应用。这里比较推荐在拥有海量实体、知识简单的企业业务场景中开展探索工作。比如，企业营销服务业务场景中的用户画像，就是回报"立竿见影"的投入场景。

（3）在应用阶段，企业可以逐步向实体数量大、知识相对复杂的供应链管理、设备运维场景扩展。在该阶段中，专业程度深、关联性强、时效性高的供应链及设备数据，也适合运用知识图谱和认知智能技术开发业务应用。企业也可以在产品研发方向运用知识图谱和认知智能应用探索，但会更具挑战性。

（4）在系统化阶段，企业需要建设平台化的产品能力，形成体系化、系统化的知识图谱建设及管理能力，以此为基础，将企业营销、服务、供应链、生产运维的知识图谱连接成"企业一张图"，在"企业一张图"上可以打造产销协同、柔性供应链等协同认知智能能力。

（5）在全面转型阶段，企业应具备知识与应用完善且深度融入业务流程的认知大脑。全面转型的企业，将拥有人机协同、业务协同等认知智能能力。

11.1.2　企业认知大脑的整体架构

针对如何在企业认知智能转型过程中，进行顶层架构规划、产品设计、基座模块规划、应用建设、团队建设的问题，本书设计了企业认知大脑这一综合解决方案。那么，具体应该如何设计企业认知大脑的架构呢？

企业认知大脑是架设于物联网、工业互联网、5G等基础设施之上的企业数据智能解决方案。如图11-3所示，以国家新基建场景为例，企业认知大脑作为数据智能应用的顶层设计，是在物联网、数据湖等基础设施上实现生态协同的重要中间层。

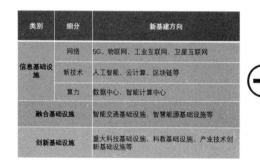
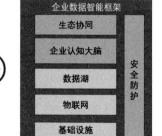

图 11-3

企业认知大脑帮助企业实现认知与决策的数字化及智能化，进而实现企业的生态协同。企业认知大脑是面向企业数据智能需求的综合解决方案，整体框架如图 11-4 所示，它如同设备认知大脑，是建设在由企业物联网平台、企业数据中台及企业 AI 中台构成的基础组件层之上的。

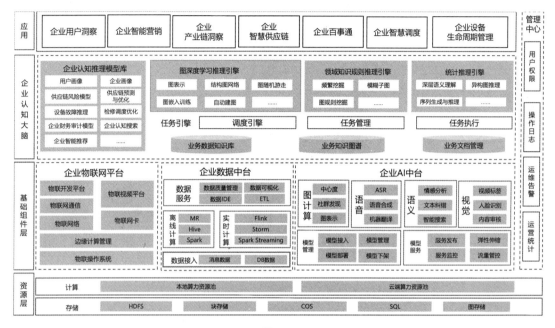

图 11-4

企业认知大脑通过企业级**知识图谱管理平台**在架构顶层对**企业物联网平台、企业数据中台、企业 AI 中台**进行数据与知识聚合、应用建设、服务管理。企业认知大脑将面向企业产品设计研发、产品生产、供应链管理、营销与服务等不同业务领域，提供统一的数据查询、知识关联、知识推理等服务，提升业务人员的认知能力。所以，企业认知大脑是企业业务系统与数据智能基座平台之间的中间平台，是对知识体系、知识图谱数据、知识推理应用进行统一管理的综合性解决方案。图 11-5 展示了企业认知大脑的知识管理与应用示例。

企业通过知识图谱管理平台的知识建模模块梳理企业的业务需求，并构建业务知识体系。基于构建的知识体系，知识构建模块将多来源、多结构的原始数据抽取并转化为业务场景中的知识图谱。业务场景中的知识图谱经过格式转化、实体链接等工作，将被存入知识图谱存储与计算平台，之后，知识图谱管理平台向上层的数据可视化、搜索问答、策略推荐等应用提供统一的数据与知识服务能力。知识图谱管理平台也可以根据业务场景中的需求，开发知识推理引擎，并统一与营销、调度、运维等业务系统集成且提供服务。

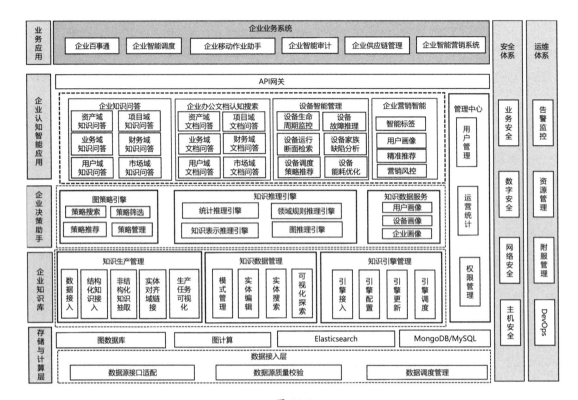

图 11-5

企业认知大脑通过知识图谱管理平台进行上下连通及管理工作。知识图谱管理平台收集、整合、管理企业的数据、知识，并为上层的问答、搜索等知识推理引擎提供数据服务。知识推理引擎将被业务场景的问答、可视化等认知智能应用调用。最上层则由企业的知识服务、智能调度系统、供应链管理等业务系统整合与集成，为业务的认知与决策提供支持。

在知识与数据方面，企业认知大脑是企业的知识中台，将数据聚合并转化为体系统一的企业全域知识图谱，并提供统一标准的知识服务。

图 11-6 对企业全域知识图谱体系进行了展示。在知识构建方面，需要打造统一的结构化数据、非结构化数据的知识构建流水线，将多源、异构的数据建设成知识图谱。知识图谱通过图数据库、图计算平台提供高性能的知识查询、推理、计算服务，帮助企业应用低成本、高效率地获取数据与知识。最终，企业认知大脑成为企业的知识库。

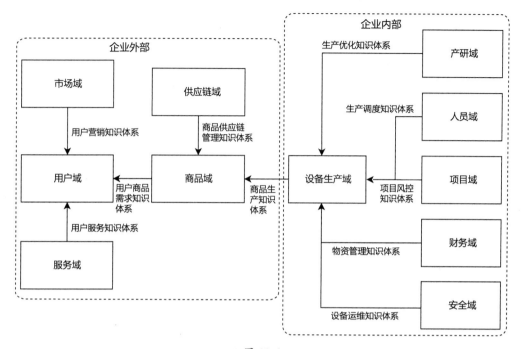

图 11-6

在认知智能应用方面，用户画像、智能搜索、智能推荐这些都用于提升用户、员工、业务人员认知与决策的效率和准确率。基于图 11-6 所示的企业全域知识图谱，认知智能应用对业务场景与状态的把握能力将大幅提高。基于企业全域知识图谱，并结合规则推理、统计推理、图推理等技术，企业可以构建人机协作友好、推理能力强的认知智能应用。认知智能与企业业务系统的深度结合，可以提升业务认知与决策能力。以企业金融资产管理场景为例，知识图谱可以将目标企业的数据、知识聚合，提升智能研报生成、投资组合优化、舆情监控等分析决策类应用的效果。

在产业实践中，以互联网、制造业、能源等行业的头部企业为代表的多家企业，正在基于大数据与人工智能技术在企业信息化的基础上，通过建设企业物联网平台、企业数据中台、企业 AI 中台等，推动企业数字化、智能化。企业认知智能转型则是在企业智能化转型中，进一步运用知识图谱与认知智能技术提升企业个体、组织的认知与决策能力，并深度影响企业发展、博弈等的结果，值得重点投入。

那么企业认知大脑是如何与企业物联网平台、企业数据中台、企业 AI 中台相互配合，完成业务认知提升目标的呢？

11.1.3 企业认知大脑与企业物联网平台

企业物联网平台对于企业认知大脑来说，如同人的眼、耳等 5 个感知器官，承载着企业认知大脑的信息接收与预处理工作。图 11-7 展示了企业物联网平台的架构。

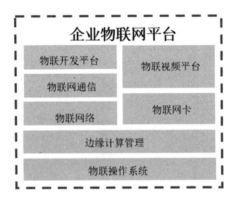

图 11-7

如图 11-7 所示，**企业物联网平台**是综合了物联开发平台、物联网通信、边缘计算管理等的一站式平台，是企业认知大脑获取各基础设施、设备、人员状态数据、知识的基础。

比如，在生产制造企业中，企业可以通过企业物联网平台，对摄像头、录音、热感等物联网传感器进行数据采集、开发和管理，以此实时获取设备的运行状态或者员工行动轨迹。通过企业物联网平台采集的物联网信息，不仅数据量庞大，而且天然分散，容易形成数据孤岛。因此企业认知大脑需要通过知识图谱技术实现对物联网数据采集体系、知识体系的顶层规划。如人的大脑会控制 5 个感觉器官感知数据采集的范围，企业物联网平台也需要企业认知大脑对数据采集进行体系规划工作。

企业物联网平台都是投入巨大的系统性工程，如何在业务中体现价值一直是平台型项目的核心挑战。企业物联网平台除了用于信息采集，也可以作为业务认知智能应用的载体发挥作用。因此，物联网设备不仅可以收集数据，还可以提升设备使用者的认知与决策能力。认知能力的提升将带来可量化的业务价值。但是，物联网设备的强大感知能力所带来的过载信息，让人类的认知与决策更加困难。在金融、营销、医疗行业中，物联网设备需要在极短的时间内生成正确的策略进行响应。如果物联网设备没有对场景快速、正确地认知和决策的能力，则是很难完成生产设备智能调度、车辆自动驾驶、物联网营销等认知智能应用的。在电视、充电桩、汽车等物联网终端营销业务场景中，单靠人类自身对海量物联网数据、知识的处理是远远不够的。而营销不仅需要有市场宏观分析能力，也需要认知每个用户实时的需求和痛点并给出方案。

因此，企业物联网平台需要企业认知大脑提供认知智能应用。比如，每一个物联网终端（汽车、充电桩、门牌）都可以成为面向用户营销的触点。企业可以通过物联网终端采集用户数据，经过企业认知大脑的认知和分析得出用户需求，并提供最合适的商品销售或金融服务。

11.1.4 企业认知大脑与企业数据中台

那么企业数据中台和企业认知大脑该如何合作呢？

企业数据中台为企业数据应用提供了统一的数据接入、计算及服务能力。企业希望通过建立企业数据中台，支撑企业所有产品线的数据分析及应用相关工作，新的产品线只需接入中台而不需要重新建设。企业认知大脑通过规划业务知识体系，构建知识图谱聚合数据并统一标准，以系统化接口的方式支持上层认知智能应用的数据需求。所以，企业认知大脑可以作为顶层设计运行在企业数据中台之上，运用其存储、计算等功能组件进行数据操作。企业数据中台通常可以分为数据采集层、数据计算层和数据服务层，图 11-8 展示了企业数据中台的常见架构。

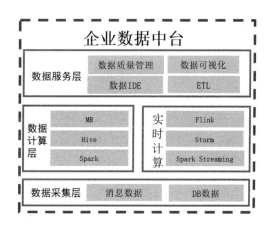

图 11-8

（1）在数据采集层，企业会根据不同业务领域的需求采集不同的数据。比如，在企业营销领域会采集用户的操作、浏览、活跃度等数据，而在设备运维领域会采集设备的电压、电流、流量等数据。多方上报及采集的数据将被接入企业数据中台，供后续的数据开发与计算使用。这一层的企业认知大脑主要通过知识体系来规范和约束数据上报的范围与格式。

（2）在数据计算层，企业通过梳理业务场景中的需求，定义业务需求的本体知识体系，经过知识治理统一整合业务领域的数据体系，将业务经验规则、数据逻辑关联通过知识图谱构建工具形成业务知识图谱。在实体数据属性多的场景中，可以在业务知识图谱的实体属性中存储数据中台的库表地址,以此通过知识图谱连接底层的数据库表。企业认知大脑的知识构建模块,通过离线、实时的数据计算任务,将数据进行清洗、转化、连接来构成知识图谱,并将知识图谱存入图数据库等中,供上层应用使用。

(3)在数据服务层,数据经过整合、计算,会以标准化的数据服务接口对外提供服务。在这一层,企业认知大脑可以复用企业数据中台的数据服务接口或者管控功能组件,以便更稳定、方便地与上层数据产品及业务系统集成。

所以从整体的角度,企业认知大脑会使用企业数据中台采集相关数据,并调用其实时、离线的计算能力,将数据转化为知识图谱。知识图谱通过数据服务接口为上层的认知智能应用提供数据与知识支持。

然而,面对诸如文本、图像等非结构化数据,单凭数据中台的存储、计算是无法构建知识图谱的。同时,如果在搜索、推荐、问答等场景中涉及复杂的统计推断、深度学习,那么企业数据中台也显得"能力不足"。因此,企业认知大脑还需要使用企业 AI 中台的相关能力,进行知识图谱构建及知识推理模型开发。

11.1.5 企业认知大脑与企业 AI 中台

如上所述,企业认知大脑不仅需要企业数据中台对数据进行统一采集、加工、存储与计算,也需要拥有语音、语义、图像、图计算及机器学习等相关人工智能能力对数据进行深度挖掘。

在企业认知大脑的探索阶段,各业务团队会基于自身场景中的业务数据构建场景模型,对场景中的图像、文本等进行知识抽取工作。

在知识应用阶段,业务团队会将知识通过关联查询、特征拼接等方式融入数据分析、搜索、推荐的业务模型中,以提升效果。

然而,在企业认知大脑进入系统化阶段时,分散的人工智能能力会带来诸多问题。分散的人工智能模型不仅成本高昂、可复制性差,同时受限于单业务的计算资源大小、数据知识的覆盖范围,在智能需求的响应速度及效果方面也差强人意。因此,不少企业会运用云计算技术建立如图11-9 所示的企业 AI 中台,旨在提供人工智能模型与应用统一的模型管理和模型服务能力。

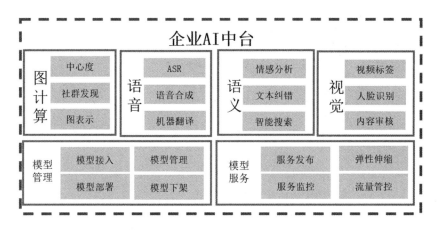

图 11-9

在企业 AI 中台的基础之上，企业认知大脑的知识图谱管理平台可以在企业 AI 中台训练并调取各类知识抽取模型，将在不同领域获取的文本、图像、视频、声音，经过非结构化的知识抽取、知识融合转化为知识图谱。而在知识推理及知识应用阶段，知识推理引擎也可以在企业 AI 中台与搜索、问答、推荐等应用进行模型集成、训练、部署、预测等联合开发工作。通过企业 AI 中台，知识图谱管理平台可以对知识服务、知识推理引擎进行高效配置和管理。比如，服务于搜索、推荐、问答等应用的知识推理任务，可以在企业 AI 中台进行任务调度、数据和知识的配置更新、模型更新等相关管理。

整体来讲，知识图谱管理平台和企业 AI 中台是互补、支持的关系。企业认知大脑作为知识中台，既需要运用企业 AI 中台进行知识构建，也需要为企业 AI 中台提供知识服务，通过知识增强的方式提升企业 AI 中台的模型效果。

企业物联网平台、企业数据中台、企业 AI 中台在底层从感知、计算、推理等方面为企业认知大脑提供了支持，那么企业认知大脑该如何建设上层的认知智能应用体系呢？

11.1.6 企业认知智能应用体系

图 11-10 展示了企业认知智能应用体系，企业认知智能应用的整体目标是实现企业的业务认知能力提升。企业认知大脑的可视化、关联搜索、知识查询、策略推荐等认知智能应用，其核心是为业务的认知与决策流程提供知识支持。业务人员或者业务系统通过认知与决策的提升，带来决策收益的提升。所以企业认知大脑需要与企业的研发、生产、供应、营销、服务等不同业务系统中的认知、通信、决策等流程深度融合。

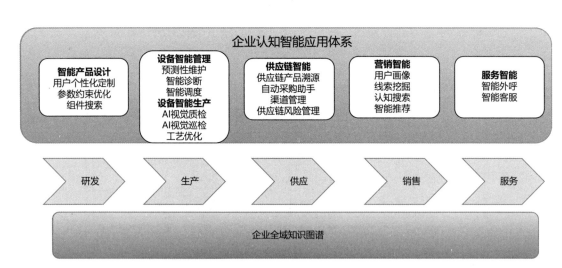

图 11-10

企业需要从多源、多模态数据中，面向业务需求聚合用户、设备、财务等多领域数据，实现企业全域数据治理，通过知识图谱技术建设人、商品、供应链、设备、组织服务、企业相互连接的企业全域知识图谱，并基于企业全域知识图谱，面向业务需求建设企业认知智能应用体系。

企业在建设认知智能应用体系时，可以从用户认知着手，逐步扩散到设备认知，再到企业运营管理认知，进而实现企业全域认知。企业组织管理认知智能的核心目标是通过企业全域数据的知识化建设认知应用，提升企业各级决策层对各业务领域状态的认知，从而建立企业的全面认知能力。认知能力的提升可以从效率、准确率、认知协同等角度体现。

在认知的效率与准确率方面，认知大脑可以为业务提供知识与策略支持。在营销、服务、供应链管理场景中，企业认知大脑可以与办公 OA、ERP、CRM、内部通信软件等业务系统深度融合。企业认知大脑作为企业知识中台，可以提供用户画像、商品画像、导购策略推荐等能力，进而提升业务人员对场景的认知能力。

在认知协同方面，认知大脑可以为业务协同提供信息共享、决策协同的中枢能力。企业认知大脑通过知识图谱将企业营销系统、企业设备管理系统、企业 BI 系统、企业移动办公等多个系统形成数据联通、决策协同的整体。业务人员及业务之间可以在决策时通过搜索、问答、推荐产品能力认知彼此的状态、策略，进而实现业务认知协同。知识图谱与认知智能技术是打破企业数据孤岛、认知孤岛的工具，是为企业创造超过已有认知价值的重要助力。

企业的业务认知协同，可以在企业市场营销、供应链管理、生产制造、企业经营管理等全域业务中落地，其理想目标是实现企业业务的全域协同。企业全域协同需要企业的人、物、组织对数据认知与决策的相互配合。

11.1.7　企业认知大脑的团队建设

建设企业认知大脑是一项技术和管理相结合的系统性工程,涉及企业管理者及多个业务团队的协作。本节将对企业认知大脑的团队角色需求及团队构成进行讨论,帮助读者在企业数据智能、知识图谱与认知智能的实践过程中,对团队的组织规划、个人定位有更明确的认知。

企业认知大脑在整体上需要技术负责人、业务负责人、架构师、产品经理、开发团队等多个角色的参与,不同的角色有不同的角色需求及分工定位。

图 11-11 整理了企业认知大脑的组织合作架构。企业认知大脑负责人需要将业务负责人对团队的业务需求转化为产品需求,通过知识图谱与认知智能技术,将企业 AI 中台、企业数据中台的能力进行整合,围绕业务目标进行迭代开发。

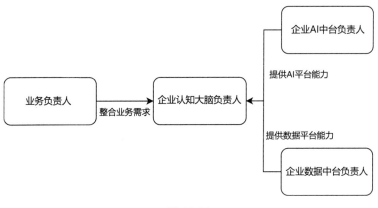

图 11-11

在企业认知大脑中,首先需要有负责整体规划的人员,以拉通业务与技术进行整体方案的设计。负责整体规划的人员通常由企业技术架构师、咨询顾问、数据智能架构师来担任。企业认知大脑的规划人员如同企业的医生或者健身教练,通过诊断企业认知智能的状态,给出企业认知智能发展的“药方”,包括组织管理建议、大数据智能与云的解决方案等。企业认知大脑的规划人员需要受命于 CEO,理解并推动企业技术负责人和业务负责人的协同工作,使其整体朝着**优化企业基因、调整企业组织认知与交互状态、建设企业知识体系、规划企业认知智能蓝图**等方向前进。

企业认知大脑对企业业务负责人、首席运营官（COO）的角色需求主要是将对业务需求理解、经验规划等转化为知识图谱，通过知识图谱与首席信息官（CIO）、技术负责人团队进行有效沟通，借助认知智能提升组织运营的认知协同效率。企业业务负责人首先需要理解数字化的本质，优化运营战略，支持企业数字化转型战略，同时借助人工智能等技术，提升实时化的运营分析和洞察能力。企业业务负责人也需要集成业务与运营信息，实现可视化的绩效监控和分析决策体系，并建立认知智能增强的业务处理和风险控制决策模型。

企业认知大脑对技术负责人的角色需求是理解认知智能战略目标，并基于企业已有的技术基础进行战略规划。企业信息化、数字化是企业战略转型的基础，企业技术负责人肩负着通过数字化转型提升用户体验、实现数字化业务能力、构建数字化商业模式的重大使命，所以也面临着前所未有的挑战。而围绕企业认知智能的战略目标，企业技术负责人需要在企业信息化、数字化转型方法论和战略的基础上，进一步引入知识图谱与认知智能技术的方法论体系，从整体的角度规划**企业全域知识图谱的知识体系及企业认知智能技术的应用体系**，与团队共同梳理用认知智能技术提升业务认知能力的方案。

（1）技术负责人需要及时洞察数字化转型趋势，有效拟定企业数字化转型的愿景与战略。

（2）展开数字化转型顶层设计，规划科学的数字化转型架构，规划数字化转型业务蓝图，明确数字化业务能力转型的技术路线图。

（3）实施数字化转型技术方案，确保数字化转型目标的实现。企业技术负责人通过掌握知识图谱的关联数据与知识、提升认知与决策水平，便可进一步从技术产品交互设计、业务与技术协作方案等方面，确保企业数字化转型为业务带来价值的目标。

图 11-12 展示了企业认知大脑的团队架构建议。企业认知大脑的研发团队需要与业务团队持续沟通，从数据、知识、应用层面进行拉通和对齐。团队中的不同角色均需要完成不同的工作。

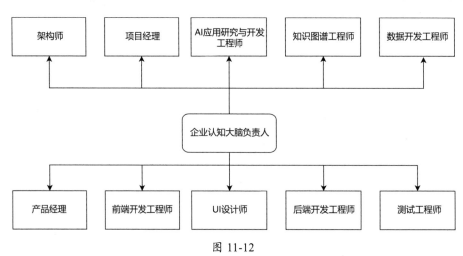

图 11-12

（1）企业认知大脑负责人应完成顶层设计，这需要企业业务负责人与架构师、产品经理进行认知大脑技术架构与产品架构的设计。

（2）组建前端开发工程师、后端开发工程师、数据开发工程师、知识图谱工程师及 AI 应用研究与开发工程师等相关开发团队进行开发。其中，前端开发工程师、后端开发工程师主要在知识图谱管理平台之上，面向企业的业务需求，进行诸如界面、协同集成等二次定制与开发。而数据开发工程师、知识图谱工程师、AI 应用研究与开发工程师主要梳理数据体系，开发知识图谱构建任务，让认知应用能有效应用。图 11-13 从知识图谱构建、知识图谱管理、知识图谱应用管理的角度，对知识图谱管理平台团队的职责进行了展示。

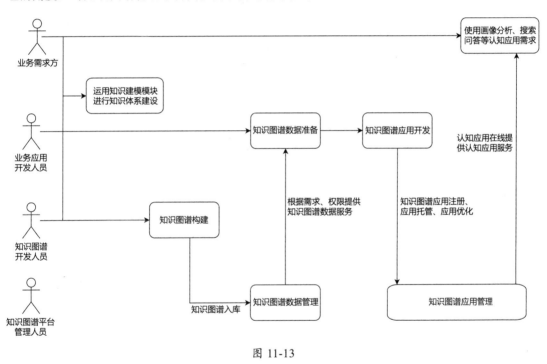

图 11-13

（3）企业认知大脑涉及多个业务、研发团队的协作，必然会面临需求认知不一致、数据认知不一致、功能范围认知不一致等诸多挑战。因此，整体项目沟通、项目计划制定、项目推进都需要由项目经理把控。

11.1.8　企业认知大脑的落地流程示例

企业认知智能落地，是一项结合企业信息系统建设与企业组织管理演变的系统性工作。在企业认知智能落地实践中，需要有对行业业务需求与技术解决方案都熟悉的架构师，从应用、业务、数据的角度判断企业状态，制定认知智能数据与应用的规划方案，并按阶段拆分落地计划。

企业认知大脑作为企业认知智能转型的综合性解决方案，其落地需要分为多个阶段。图11-14对企业认知大脑的落地流程进行了展示。

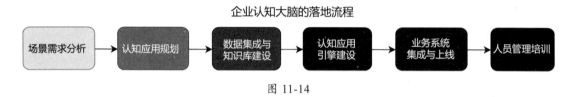

图 11-14

以企业营销认知智能的建设流程为例：

（1）在场景需求分析阶段，企业业务与技术负责人需要梳理构建企业营销认知智能的整体业务目标。业务负责人、技术负责人及架构师需要对业务需求进行拆解，将不同业务模块的需求分析责任落实到具体的个人。场景需求分析从**大蓝图**、**小试点**，都需要拉通企业业务团队、企业信息团队、生态及服务合作伙伴，形成一致的认知。

（2）在认知应用规划阶段，业务专家与架构师需要围绕提升营销收益的业务目标，规划认知应用的功能与边界。比如，为了提升企业对私域流量的认知和引导能力，企业需要以社群营销机器人智能应用辅助导购员智能管理社群。如果需要提升素材投放的效果，那么需要通过用户画像认知用户，辅助运营人员制定投放人群的策略。如果希望通过导购助手引导用户关于品牌的认知，那么需要智能对话、智能推荐等应用。

（3）在数据集成与知识库建设阶段，企业需要组织企业内外部的市场营销人员、产品运营人员、数据管理专家、知识图谱专家，规划营销全域知识体系，基于营销全域知识体系，将企业分散的数据转化为营销全域知识图谱。如前所述，企业可以综合用户数据中台（CDP）与知识图谱管理平台，对营销相关的用户、商品知识图谱进行统一管理。

（4）在认知应用引擎建设阶段，企业需要根据应用规划并完成应用的模型训练、功能开发等相关工作。比如为了实现用户认知引导的闭环，企业需要基于 CDP 建设全流程认知应用。上层的用户画像、广告投放、搜索推荐、智能对话都通过底层的 CDP 及知识图谱管理平台形成对用户一致的认知与理解，再通过投放与收集反馈数据形成对用户认知的迭代，实现智能分析、智能决策、智能迭代的闭环。

（5）在业务系统集成与上线阶段，企业需要将用户画像、营销投放、搜索、推荐等认知应用与企业导购助手、企业 ERP 系统、企业通信工具等业务系统进行集成开发，使企业业务人员能通过自然语言对话、可视化交互等人机友好的方式与认知大脑交互。

（6）在人员管理培训阶段，企业需要组织团队对认知智能应用的方法进行培训，形成人机协同的业务流程。在企业私域流量的营销场景中，企业需要组织导购员对智能导购工具进行培训，将导购助手融入一线导购员的拉新、对话、激活等业务流程中。企业的一线线下导购员的经验能力差异显著、流动性强、人员管理挑战性高，因此，企业需要制定一套面向导购员的认知智能提升管理体系，在该体系中，通过导购拉新数、拉新率、转化率等业务指标形成统一 KPI 指标体系，对导购员的工作产出进行全程把控，通过工具培训、知识沉淀等方式逐步提升导购助手的落地效果，形成一套通过数据指导认知智能迭代的闭环的方法。

11.1.9　企业认知大脑的投入产出分析

企业认知大脑的核心目标是围绕企业业务领域提升人与业务的认知能力，降低企业成本并提高效率。

企业认知大脑的投入成本包括认知智能的人才成本、应用建设成本、大数据计算成本和云底座成本。知识图谱与认知智能是一个重投入的场景，企业认知大脑在建设时需要基于**相关指标**进行进度追踪。企业认知大脑的进度可以从两方面进行追踪，一方面是知识规模的提升，另一方面是认知与推理能力的提升。

- **知识规模**，指用户、设备、企业的实体数量、关系数量、属性数量的规模，这会影响知识服务的边界。

- **认知与推理能力**，一方面可以由知识推理模型的准确率与召回率来衡量，另一方面可以通过收入、员工单位产出、产品活跃度等业务指标来衡量。

企业认知大脑的产出收益主要依托于上层认知智能应用为业务提效创造的收益。从业务实际买单意愿的角度，企业认知大脑的收益需要与具体的业务指标进行关联，比如在电商搜索场景中，企业认知大脑的收益计算需要与商品销售的转化率进行关联。企业可以通过 A/B 测试，对使用企业认知大脑的搜索流量和未使用企业认知大脑的搜索流量进行点击转化率的效果对比，通过对比差值，可以计算企业认知大脑的收益。在企业的其他业务场景中，也可以通过用户个性化服务增值收益、运营调度效率、单位人力效率、风险率等指标的差异，来计算企业认知大脑的收益。

企业认知大脑的收益模式决定了认知智能服务商的售卖逻辑。业内较为通用的方法是系统收费、数据收费和应用整合收费。

- 系统收费，指按知识图谱管理平台的不同功能模块进行收费。

- 数据收费，指按所建设的知识图谱的领域和规模进行收费。

- 应用整合收费，指按搜索、推荐等业务的效果进行收费。

知识图谱与认知智能的服务商可以参考上述商业售卖逻辑与企业进行沟通。从商业的角度，**服务商的定价一定需要与企业的收益正相关。**

另外，在不同领域中，认知智能的投入及产出逻辑会有差别。在营销服务域，认知智能的收益逻辑是抢占用户心智，进而获得诸如品牌效应等额外认知收益。而在设备运维领域，认知智能的收益逻辑在于提高效率、降低人力成本。

在企业营销领域，企业对用户与市场数据进行采集和转化，形成聚合用户、友商、竞品等实体的企业营销知识图谱。在此知识图谱中，企业既需要在微观层面与用户进行认知博弈，也需要在宏观层面与合作伙伴、竞争对手进行认知博弈。

在微观层面，企业通过建设面向用户的认知能力，可实现从认知用户到引导用户的能力。企业希望引导用户点击、购买、分享来获得更大的商业收益，而**用户可以通过构建行为博弈，优化企业对个人的认知来获得更高的收益。**比如，用户可以约束行为来提升信用，以此降低付费的费率；又比如用户可以故意高频且只看低价商品，诱导企业给出优惠的价格来吸引用户转化。双方在博弈过程中都希望获得更高的收益，图 11-15 展示了这个过程。

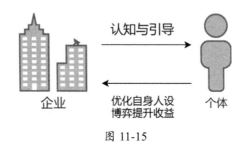

图 11-15

在宏观层面，企业认知大脑可以提升企业合作伙伴的认知协同或者企业博弈能力，通过营销知识图谱全面、实时地了解合作伙伴每个新闻舆情事件的关联和影响。比如，通过知识图谱，了解合作伙伴、竞争对手所属产品的关联风险，进而制定攻击、合作、回避等策略。更进一步地，企业可以通过构建信息和策略，混淆对方企业的认知，提高博弈收益。

而在设备运维检修领域，企业在认知智能上的收益主要在协同提升方面。认知智能可以从设备运维、人工等方面为企业降本增效，以电网场景为例：

- 在设备运维成本方面，能源企业通过设备运维、发输变配用（发电、输电、变电、配电、用电）、状态全息感知、识别分析、知识推理研判能力的体系建设，可大大减少各部门的生产运维成本，同时通过认知智能技术，高效支撑设备运维多项业务的开展；

- 在安全生产方面，为电网的安全、稳定运行提供支撑，通过隐患发现、消除策略推荐等应用，提升电网的稳定运行水平；

- 在电网调度方面，通过建设电网故障处置、虚拟调度员、电网稳态自适应巡航、电网自动仿真、人工智能协同决策、新能源消纳这 6 个智能应用场景，促使人工智能在调控领域落地，为电网的安全、稳定运行提供支撑；

- 在人工成本方面，通过用户服务领域的认知智能建设，降低各场景中人工服务的比例，可直接减少各部门的人工成本数千万元；

- 在安全管控方面，减少各单位的人工基本投入，大幅提升现场作业的安全水平；

- 在企业经营管理方面，通过智能化应用建设，大大降低纸质文件的使用成本。

11.2　企业知识库

企业知识库是企业认知大脑的基础，主要用于对企业的显性知识进行管理，通过对企业组织结构、顾客信息、业务经验进行信息化、数字化、智能化的集中建设，为管理者、员工、用户提供一站式知识存储、分享与应用平台。企业知识库的核心价值是作为知识中枢，提高业务人员认知、决策的效率。

那么如何建立企业知识库，将专家知识和业务数据进行统一整合呢？

11.2.1　企业知识库面临的挑战

企业知识库的目标是对企业的显性知识与隐性知识进行管理，提供知识查询、共享、创新、增值等产品功能。在传统实践中，企业知识库是企业经营管理领域，特别是人力资源领域中重要的组成部分。企业的人力主管、知识主管通过企业知识库，不仅希望沉淀工作流程说明、产品介绍等显性知识，也希望沉淀个人经验规则、决策策略等隐性知识。

从认知智能的视角，企业可以通过企业知识库把握企业人员的认知状态，并通过知识共享、知识查询、知识激励来引导企业个体及组织的认知演变。优秀的企业知识库既带来了企业认知的提升，也带来了企业业务的增长。

企业知识库对于推进企业业务的增长非常重要，但在实践中会遇到诸多挑战，典型的三大挑战如下。

（1）企业信息系统多元化、信息分散。企业信息系统领域经历了数十年的信息化技术发展，贯穿了生产、管理、科研、营销等多个环节，在大多数企业的落地实践过程中，都会有信息系统数量多、技术体系不一致、系统质量参差不齐及重复建设的问题。这进一步导致业务知识与数据分布在多个系统中，让知识的分享、应用都相当困难。

（2）企业知识数据形态多样，理解、转化及应用困难。在企业信息系统中，有超过80%的数据属于非结构化数据，包括文档、邮件、报表、网页、XML、声音、影像、多媒体影像、扫描文件、工程图、记录资料、演示文稿等。

（3）数据孤岛普遍存在，由于上述两个因素，90%以上的企业或多或少地存在数据孤岛问题。数据，特别是非结构化数据，无法得到有效挖掘和应用，而对分散数据的有效应用是组织进行正确、有利决策的必要条件。

以能源、工业制造行业为例，这类企业的业务专业知识深、业务流程复杂、人员与组织结构庞大，不同组织及个体间信息的流通与决策是痛点。那么如何应对企业知识库建设的挑战呢？

11.2.2　企业知识库与知识图谱

知识图谱是贴近人脑记忆、逻辑存储的数据结构，而认知智能是模仿、辅助提升人类认知与决策过程的技术。因此，知识图谱与认知智能技术从逻辑上是天然适合应用于企业知识库的。基于知识图谱技术，企业知识库可以更好地实现组织的协作与沟通，可以沉淀专业知识，进行数据和知识的关联与聚合；在应用知识时，可以提升知识查询效率。

例如，某公司可以将员工的建议存入企业知识库。员工在工作中解决一个难题或发现处理某问题的更好的解决方案后，可以把解决方案提交给一个由专家组成的评审小组。评审小组对这些解决方案进行审核，把最好的方案存入知识库。在方案中注明构建者的姓名，以保证方案的质量，并提高员工提交方案的积极性。

企业知识库可从以下三个方向引入知识图谱技术。

（1）企业知识库运用知识体系管理数据知识体系，**可以让知识有序**。企业可以基于业务场景构建企业的知识本体，建立业务需求、知识、数据相连的知识体系。前面讲解了如何在营销服务、生产运维的业务场景中，构建由需求概念域、事理知识域、实体状态域组成的业务知识体系。基于业务知识体系，可以将营销服务、生产运维的专家知识、规则知识、用户及业务数据转化为业务知识图谱，基于业务知识图谱对企业全域的知识域数据进行分类治理。企业知识与数据通过知识图谱技术的处理，可使大量显性或隐性的信息被数字化与知识化。知识图谱将业务需求与数据知识聚合，将原来的混乱状态变为有序状态，整体提升了知识的质量。

（2）企业知识库通过知识图谱**提升知识服务的效率及准确率**。企业知识库的业务目标是实现对业务知识的有效管理，其中知识传承就是典型的场景。企业销售部门的信息管理工作一直比较复杂，老销售人员一般拥有很多宝贵的信息，但随着其用户的转变或工作的调动，这些信息和知识会损失。因此，企业知识库的一个重要内容就是保存用户的所有信息，以方便新业务人员随时调用。通过知识图谱聚合分散的知识、数据，并通过图数据库提供高性能的存储查询服务，企业知识库在知识图谱上可以进一步构建知识推理引擎，包括专家经验推理、统计推理、深度学习推理等。知识推理引擎可以帮助企业知识库进一步提升和辅助企业人员认知与决策的深度。比如，设备业务人员可以通过知识推理解决重复度高、计算复杂度高的设备电压态势问题。

（3）知识图谱可以**提升知识库产品的人机交互能力**。国内外已有不少企业知识库产品，帮助企业对文档、图片、表格等多种信息格式的新闻、专利、产品与技术文档，提供以一站式编辑、存储、分享的产品能力。通过知识图谱技术，可以对文章、图片进行可视化聚合与关联，比如展示新闻事件之间的关联；也可以为知识服务提供自然语言交互的知识问答能力，有利于知识分享与交流，使得企业个体对知识寻找和利用的时间大幅减少，也自然加快了知识流动的速度。

总之，企业知识库运用知识图谱和认知智能技术，可以从知识治理、知识服务效率及产品交互能力等方面提升效率。

11.2.3 企业知识库的解决方案

企业知识库的建设目标，是充分解决企业基层一线及专业管理人员对海量分散在系统中的规程、制度、工作文档等多源数据，难以快速获取、价值未被充分挖掘等问题。企业知识库的承建团队如企业的信息化团队、互联网团队，需要对研发、生产、供应、销售服务等业务场景开展调研，提炼业务需求，设计知识应用的需求本体，并建立企业知识库，提供知识精准搜索、人机对话的认知应用能力。图 11-16 展示了企业知识库的整体解决方案和架构。

企业知识库以 PC 桌面搜索及移动终端为入口，建立企业全业务统一的数据与知识门户。通过语音交互或者文本输入的方式，实现对企业的专业数据与知识的查询需求，智能、快速、实时地响应，并提供业务信息的精准推送，以此提升员工的工作效率，释放数据与知识的潜在价值。

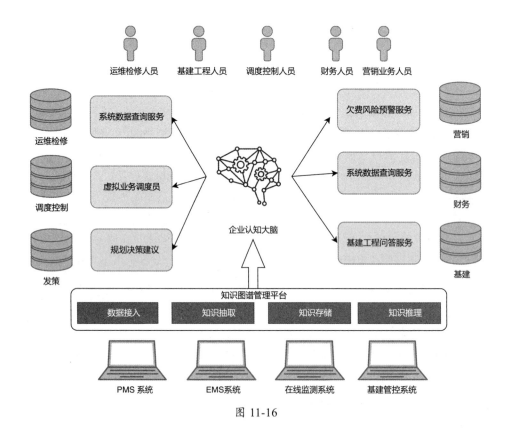

图 11-16

　　企业知识库基于企业全业务统一数据中心（数据中台）的数据资源，结合当前企业各专业系统的建设和知识建设现状，进一步整合和利用系统内企业的各专业数据资源，综合运用大数据、知识图谱、语义分析、实体识别等技术对资源进行知识加工、组织和管理，形成企业专业知识图谱，实现数据资源的充分共享、知识服务的按需获取及非结构化数据与结构化数据的互联。为各专业工作人员和管理人员等提供全方位的智能化数据查询和知识检索等服务，目的在于实现管理人员和各专业工作人员对知识检索的精准性、便捷性需求，全面提升知识资源管理效率、经营效益和服务水平。

　　企业知识库利用知识图谱组织、关联各业务系统的数据，可建设人机交互友好、智能化程度高的知识查询引擎。

- 在人机交互方面，在移动办公终端集成图像识别、行为识别、语音识别、语音合成等相关能力，提供精准且便捷的知识交互方式。企业知识库的知识查询引擎能够接收文字、语音等输入方式，根据查询人的身份信息，智能分析和获取其感兴趣或其职责范围内的内容，帮助查询人获得更加精准的答案。知识查询引擎的输出结果，包括但不限于文字、数字、表格、图表、语音、文件等多种展现方式。

- 在智能化方面，企业知识库的知识查询引擎应结合语义搜索、知识问答、个性化推荐等相关技术，全面支撑企业产品研发、生产、供应、销售、服务、财务等场景的知识应用需求，实现对各业务系统数据及工作规程、规范文件的智能检索与分析，辅助产品研发人员、生产运维检修人员、营销业务人员、供应链管理人员、财务人员等对业务场景的认知与决策工作。企业知识库可以通过知识问答方式，提升企业人员对业务问题的认知、理解和决策能力。比如，初级人员可以通过知识问答的方式自主获取专家医生、专家销售的决策经验来解决问题，实现企业人员的认知协同。

围绕切实促进人工智能与业务场景深度融合的业务目标，企业知识库应注重产品服务的灵活性及可组合性。企业知识库应支持广泛的数据接入，并应按照业内领先的系统技术架构的标准，进行企业知识库的业务架构设计。比如，企业知识库可以将业务架构分为服务对象层、应用场景层、功能集成层、推理计算层、知识图谱层和基础数据层。

11.3 企业决策助手

企业知识库作为企业认知大脑的基础，可以为多种企业认知智能应用提供数据与知识支持。基于营销领域的企业知识库，营销机器人可以帮助销售人员认知用户，并搜索、建议、筛选营销运营策略，提升业务效果。在该场景中，营销机器人是销售人员的决策助手，提升了其认知与决策的能力。

参考 9.6 节中社群营销机器人的解决方案与技术架构，企业可以在营销之外的领域基于知识图谱与认知智能技术建设企业决策助手，以提升不同业务领域中个体与组织的认知与决策能力。

然而，知识图谱与认知智能技术从理解到应用都有相当高的门槛，该如何建立融合认知智能技术的企业管理方法论体系，设计人机友好的产品功能，并在不同的场景中落地呢？

11.3.1 企业决策助手的理论体系

企业决策助手是实现企业认知协同的重要工具，企业认知协同包括自上而下和自下而上两方面。

在"自上而下"方面，管理者希望建设企业管理决策的直达通道，让管理思想和认知准确传递到一线员工，形成一线员工的感知、认知、决策与组织高层的认知、决策协同。在传统的企业知识管理方面，企业不仅在知识工程层面基础薄弱，在知识服务的应用层面也相对单薄，这使得知识管理基本停留在文件存储、数据管理层面。专家、管理者制定的规则和标准停留在空中，无法真正落实到业务一线，在信息-数据-知识-智能路径上无法形成闭环。

因此，企业需要构建认知智能应用，形成自上而下的认知协同。比如企业管理层、专家制定了设备检修、财务管理的相关策略和法则，而传统的认知落地方法是通过邮件推送或者团队组织进行课程学习。如果企业在业务系统及决策助手中更新了规则的相关知识，并通过搜索、问答、推荐等方式与一线业务人员在业务需求场景中直接交互，那么可以实现自上而下的企业认知协同。

因此，企业认知大脑通过建设自上而下的认知智能应用，就可以将知识图谱与通信办公软件结合。比如设备运营型企业可以在企业微信、钉钉等通信软件上，构建拥有认知智能能力的调度机器人。调度机器人将企业认知大脑作为知识中枢，并将通信办公软件作为通信终端。在此框架下，调度机器人可以给调度人员与一线业务人员提供现场情况分享、调度策略建议、调度指令自动下发、现场反馈自动上报的产品功能。因此，调度人员与一线业务人员通过调度机器人实现了一体化的认知协同。

在知识中枢端，企业认知大脑可以与办公及档案的智能化建设相互结合。在企业传统知识管理中，需要处理行业知识分散、知识传承断层、利用率及应用效益差的核心问题。企业半结构化和非结构化的知识分散在企业各处，传统的文档搜索或人工搜索无法提供准确的查询工具，通过知识图谱将多源、异构的数据进行统一知识索引，可实现统一的精准企业信息全局搜索。企业在推进并建设办公文档统一资源中心时，需要建设公文、业务等领域的知识图谱，并建设公文辅助协作、办公搜索、智能推荐、档案无人值守、档案智能编研与整理、档案自动出入库等智能应用。

在通信终端，企业可以建设企业决策助手。企业决策助手支持组织成员之间的知识协同，包括知识共享、强化、下放和流转。企业决策助手可以通过知识图谱沉淀高级、复杂的知识逻辑，并以此辅助其他业务人员的认知与决策过程。比如将博士、硕士研究生才能处理的复杂专业知识推理，通过决策助手的策略建议功能，直接辅助一线中专、大专人员进行推理决策；又或者把一线城市的顶尖医疗专家的认知方法、规则经验、治疗策略，通过认知与决策助手下放到社区医院、普通边远山区，辅助经验较少的医生进行认知与决策。

在"自下而上"方面，百森商学院的管理学教授达文·波特认为："如何看待认知战略，决定了你能走多远"。企业可以应用数据分析建立竞争优势。如果一线人员的行为数据、业务效果反馈数据可被及时、准确地通过数据化同步给管理者与专家，并通过认知智能进行数据分析、辅助解读，企业管理者就如同在拥有自动驾驶的车中"驾驶"企业，企业管理驾驶舱可以帮助企业实现自下而上的企业认知协同。

因此，企业认知大脑自下而上地认知应用，需要建设供管理端使用的企业认知与决策分析应用。目前业内较为普遍的方案是通过大数据与人工智能技术，为企业打造商业分析 BI 系统，以形成企业管理驾驶舱。企业管理者可以通过数据实时、全面地认知业务状态，并基于知识图谱技术，以语音、大屏、BIM 等交互形式提升管理决策层的认知与决策能力。

企业管理驾驶舱需要融合认知智能技术开发智能应用，提升企业管理人员的分析、认知、决策能力。传统的商业分析系统偏向于对数据指标的直接展示，但决策效果受限于管理人员的个体认知与分析能力。而企业管理驾驶舱，通过企业决策助手的知识解读、策略搜索、策略推荐等产品功能，可增强企业管理者的决策与分析能力，形成由知识驱动的业务闭环。通过知识图谱的建设，企业知识库可增强管理者的企业认知能力，通过数据与知识驱动经营，在企业战略决策、企业风险管理等多个领域中产生价值。

11.3.2　企业决策助手的产品需求

基于企业决策助手自上而下和自下而上的方法论，需要进一步从产品设计角度梳理企业决策助手的功能需求。

从对知识运用的角度，企业业务人员认知与决策的典型需求有**博弈性需求、效率性需求、真实性需求和启发性需求**。

- 博弈性需求：例如投资决策、政治军事对抗决策，需要通过知识推理取得信息优势。

- 效率性需求：例如设备运维自动化决策，需要通过知识推理提高决策效率。

- 真实性需求：例如用户风险洞察分析，需要通过知识推理挖掘真实信息。

- 启发性需求：例如产品设计决策、产品研发决策，需要通过知识推理探索新的可能性。

所以，企业决策助手需要基于上述需求，在企业不同业务领域的知识图谱上开发知识推理应用，并与企业的业务系统进行集成。值得关注的是，企业不同领域的知识图谱的形态结构有非常大的差异，会深度影响决策助手的产品设计逻辑。

如果按知识图谱的实体数量和知识深度来划分象限，那么多实体的简单知识及少实体的深度知识是最常见的知识图谱形态。

在广告营销、电商搜索、内容推荐、信贷风控等领域中，知识图谱具有实体规模大、关系数量多、知识规则少、逻辑相对简单的特点。在这个场景中，企业业务人员的首要痛点是难以快速、精准地认知海量实体个体与群体的状态，业务人员也难以同时准确、高效地对众多实体进行精确引导。因此在这些场景中，企业决策助手需要通过路径高亮、结构突出等方式凸显实体状态，并提供面向海量实体的规则清晰、落地方便的决策和建议。

而在诊疗制药、工业制造、金融投顾、法律咨询等领域中，知识图谱通常具有实体规模小、关系数量少但不确定性大、知识规则多、逻辑关联复杂等特点。这类场景的认知与决策的首要痛点是如何在数据知识中构建深度的知识推理模型，获得准确的知识推理结果。因此在这些场景中，企业决策助手需要通过策略搜索、策略共享等方式，降低业务人员的知识推理成本，提高知识推理的准确率。比如在药物发现场景中，运用基于知识图谱的知识推理，可以帮助药物开发人员搜索并筛选概率小的药物分子组合；又或者在医疗诊断场景中，企业决策助手可以通过历史策略、相似策略、专家策略推荐，帮助医生构建策略。

11.3.3 企业决策助手的产品方案

企业决策助手可以有多种落地形态，比如企业统一指挥中心的大屏、办公操作的 PC 或者手机等移动终端，也可以直接与企业营销、运维业务系统进行集成。在各业务系统的操作 UI 上，通过企业决策助手辅助认知、决策、分析，可以大幅提升产品的可用性。图 11-17 展示了企业决策助手的产品方案示例，其中，企业决策助手整体由三大模块组成，分别为**可视化探索模块、策略建议模块和决策控制模块**。

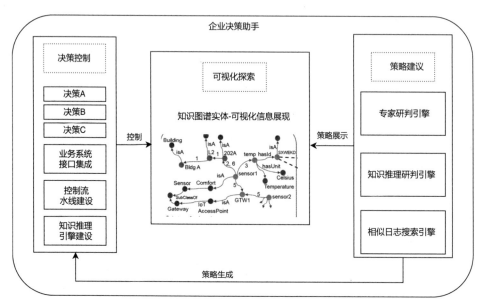

图 11-17

在**可视化探索模块**，企业决策助手主要解决企业业务人员对业务状态掌握不全、理解模糊的问题。企业决策助手可以通过知识图谱的可视化能力将场景中的数据、知识、逻辑关联状态清晰地展现给用户。可视化探索模块可以发挥知识图谱的关联扩展、下钻分析等优势，但在不同的业务场景中构建人机交互友好、提升认知效率的可视化交互逻辑也是有难度的。在企业营销、设备健康管理、企业风险管理等业务实践中，产品经理需要将业务知识查询、知识关联的常用模式抽象为可视化产品交互功能。

- 在企业营销场景中，可视化探索模块可以将热点事件关联、用户购买转化路径、用户社群网络的互动状态展现给运营人员。

- 在设备健康管理场景中，设备运维检修人员可以要求可视化模块提供"展现某变电站关联的所有变压器及其正常参数范围数据""计算该故障变压器过去一周平均电压""展示该变电站关联电线、穿墙套管的运行指标并关联相关参数参考文档"等可视化结果。

- 在企业风险管理场景中，可视化探索模块可以将异常事件、异常设备、异常用户关联的个体、群体相关信息清晰地展现出来。比如，在金融资金流的网络风险识别任务中，资金流环路是重要的风险结构，产品经理需要将环路发现作为标准功能，进一步规划和设计。支持自然语言数据交互也是可视化探索模块需要实现的重要功能。

为了实现上述场景中的产品功能，可视化探索模块需要与知识问答、知识推理等模块进行深度集成。可视化探索模块的展现空间非常有限，因此从产品呈现的角度需要将知识推理的结果有目标、有层次、有逻辑地进行展现。从整体来讲，可视化探索模块是企业决策助手最通用也最受关注的模块，但要达到切实提升业务认知与决策的目标还是相当有挑战性的。

在**策略建议模块**，企业决策助手主要解决业务人员构建决策难的问题。如图 11-17 所示，企业决策助手在策略建议模块中，可以建设专家研判引擎、知识推理研判引擎和相似日志搜索引擎。

（1）专家研判引擎，核心功能是获得人类专家的策略。企业员工在处理业务需求时，容易遇到数据信息缺失、参考知识不足、难以构建有效的推理模型等问题，此时员工通常会通过电话、通信软件等咨询专家以获得决策支持。而企业决策助手基于知识图谱技术，可以将业务场景中的需求痛点与企业的相关专家进行匹配，实现专家搜寻的产品能力。在员工与专家沟通的过程中，知识图谱也可以将场景关联的数据、知识聚合并提供给专家以提高沟通效率。员工和专家沟通积累的问答对话、知识图谱可以进一步提升搜索专家能力。专家研判引擎在决策难度高、决策责任大的医疗诊断、设备检修场景中非常有用。从实践的角度，专家研判引擎的功能标准、实现难度相对较低，应该是在企业中优先开发的引擎。

（2）知识推理研判引擎，核心功能是在业务知识图谱上运用知识推理技术获得最佳策略。人类专家虽然可以基于历史经验构建多条经验策略，但在实际业务中不可避免地会遇到超出经验的情况，这对专家策略的制定是极大的挑战。知识推理研判引擎面临的挑战很多，成本也很高，但一定需要持续投入。随着专家研判引擎对场景知识、经验规则的不断沉淀，知识推理研判引擎的能力也会持续加强。知识推理研判引擎同时会面临诸如业务理解、数据整合、算法迭代的挑战。为了应对上述挑战，开发者在设计自身业务领域的知识推理研判引擎时，可以参考企业生产与营销领域的解决方案。

- 在企业生产领域中，不少企业已有多年、多代的专家系统落地经验。企业的多年实践经验显示，构建经验规则集不仅成本高，而且难以覆盖全面的业务问题场景。因此，企业决策助手需要在专家经验的基础上，进一步引入统计、机器学习、深度学习推理的能力。10.5.2 节围绕设备先进控制的技术难点，介绍了融合专家经验规则与机器学习进行知识推理的解决方案。

- 在企业营销领域中，以用户画像、推荐、搜索场景为例，会在召回、粗排、精排、重排等核心流程中，通过融合专家经验规则与机器学习的知识推理模型，输出对排序结果的研究与判断。在业务实践中，专家们总结出了"业务理解大于数据大于算法"这一重要的实践经验。在具体执行时，运营专家会根据对业务的理解，设定召回、粗排的规则，在海量的候选集中筛选出符合标准的用户、商品与内容。召回与粗排的结果会被进一步输入基于机器学习、深度学习构建的精排模型进行二次排序打分。精排的结果会被进一步根据运营专家的规则进行重排，并最终输出给用户。

（3）相似日志搜索引擎，核心功能是提供对历史日志的查询。该引擎的功能比较基础，主要作为专家研判引擎和知识推理研判引擎的补充。在产品设计方面，需要完成日志数据收集、需求理解转化、搜索匹配等核心功能。10.6.3 节介绍了能源设备运行断面检索的解决方案，其中相关的技术方案是开发者可以参考的。

在**决策控制模块**，企业决策助手主要解决业务人员决策执行效率低的问题。企业人员在使用可视化探索、策略建议模块后，基于自身的认知判断，便可以在决策控制模块中对业务进行操作。在产品设计方面，主要包括业务系统接口集成、控制流水线建设、知识推理引擎建设。

- 在业务系统接口集成方面，企业决策助手可以与企业营销系统、设备管理系统、ERP 等业务系统的操作接口进行集成。决策控制模块可以根据企业人员的决策控制需要，提供可插拔的操作组件。

- 在控制流水线建设方面，决策控制模块可以将多个组件集成为任务流水线，以提高对多个系统组件的控制能力。比如在企业营销系统中，企业决策助手的决策控制模块可以将营销过程中的人群洞察、人群筛选、素材管理子流程组件组合为营销流程画布。运营人员则可以在可视化探索模块、策略建议模块完成对用户的认知及策略构建后，直接在营销流程画布中修改策略参数，就可以完成对人群洞察、筛选等多个组件的控制操作。

- 在知识推理引擎建设方面，可以在决策控制模块中引入知识推理引擎，通过设计条件规则或者知识推理标准，实现对场景决策的自动化处理。该产品方案类似于机器人流程自动化 RPA，业务人员可以基于此能力降低操作成本，提高产出效率。

11.3.4　企业管理驾驶舱

信息爆炸且快速演变的企业内外环境，如同巨浪般时刻"拍打"着企业各级管理者。在复杂、多变的条件下进行认知与决策，压力无疑是巨大的，因为**企业业务成果的好坏与各级管理者的认知与决策直接相关**。管理者们可能一直处于疑问与焦虑之中，每时每刻都思考着业务的状态如何、构建怎样的策略、选择策略的标准是什么、自己的决策是否正确等问题。

管理者会构建团队管理体系，通过**自上而下**或者**自下而上**的组织协同来提升认知范围边界及决策能力。但仅依靠人类的认知与决策不仅能力受限，也存在相当大的风险。

- 在认知能力方面，人类获取信息的速度与广度显然远远落后于机器。比如在金融投资领域，各大基金如果没有开发信息收集机器人，并在第一时间从海量来源中收集企业的相关信息，则无法第一时间建立企业状态认知，并在博弈中建立信息优势。
- 在决策能力方面，人类善于基于当前认知与经验知识，进行抽象概括、知识关联与模糊推理。然而，人类在计算精确度、计算效率、知识推理深度、信息利用率方面是远逊于机器的。
- 在风险方面，**无论是主观还是被动，人的认知可信度也是有限的**。在主观层面上，各级管理者会不可避免地同上下级、同事进行信息博弈，造成信息上传下达的偏差。

图 11-18 展示了企业管理决策体系示例。企业管理人员需要在人力、财务、采购等信息化管控系统之上，围绕战略管控、资源配置、协同运作、共享服务和集中管理等战略目标进行决策。

那么，该如何应对这些挑战呢？

在企业数字化转型过程中，为更好地辅助各级管理层，建立对企业各业务线全面、详尽的认知，建立自下而上的组织认知协同，需要建立企业管理驾驶舱。企业决策助手可以作为企业管理驾驶舱的驾驶助手，协助管理者驾驭企业。

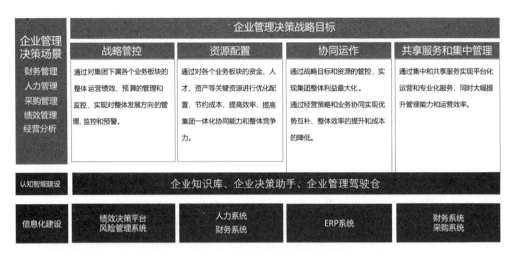

图 11-18

　　图 11-19 展示了企业管理驾驶舱的解决方案体系。**企业管理驾驶舱**，围绕企业市场规模、收入、业务安全的战略目标，构建数据驱动的认知与决策流程体系，该流程体系由 4 个阶段组成：数据产生；数据清洗与存储；数据挖掘、分析、可视化；数据价值落地与反馈。在企业管理驾驶舱中，企业决策助手的核心功能是对企业状态进行实时了解、诊断并优化企业的管理决策能力，提高决策执行效率。

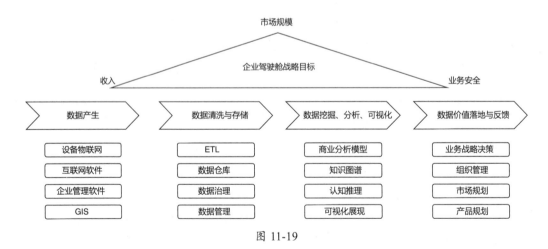

图 11-19

　　由图 11-19 可见，企业决策助手可以在其中的数据挖掘、分析、可视化，以及数据价值落地与反馈阶段发挥重要的作用，如下所述。

- 在数据挖掘、分析、可视化阶段，企业决策助手通过知识图谱技术，可以为分析目标关联相关的知识，进而提升业务对场景的理解能力。同时，通过知识图谱技术可以针对每条数据都进行知识校验，推动业务发现数据短板。据此，企业管理者就可以推动业务进行更精准、完善的数据上报。

- 在数据价值落地与反馈阶段，企业决策助手通过知识图谱技术，可以构建策略搜索、策略推荐、策略校验等能力。策略校验，指运用知识图谱技术对决策者的策略判断进行对比和校验，以此减少策略判断或主观或被动的风险。

在企业经营管理场景中，企业决策助手不仅是认知引导的效率助手，也是企业管理者真实可信的安全助手。**认知智能不仅让业务管理决策的效果更好，也让谎言难以遁形。**

在图 11-20 中对企业决策助手落地企业管理驾驶舱的流程进行了详细展示，该流程可以分为企业监控预警、企业问题诊断、构建解决方案和企业决策执行这 4 个阶段。具体方案可以根据 11.3.2 节介绍的企业决策助手产品方案进行设计，也可以参考用户画像洞察、知识问答、设备智能控制等相关方案。

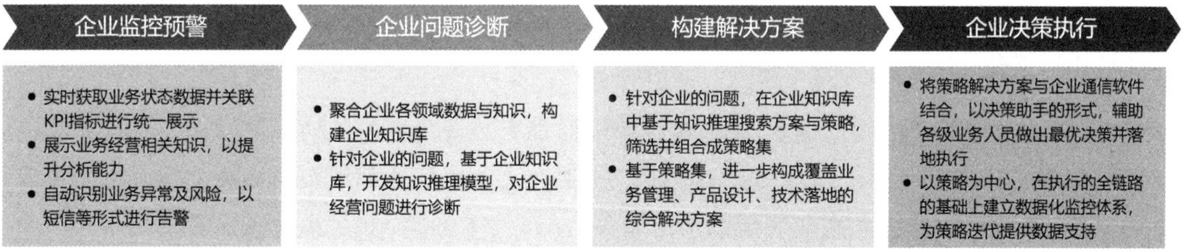

企业监控预警	企业问题诊断	构建解决方案	企业决策执行
• 实时获取业务状态数据并关联 KPI 指标进行统一展示 • 展示业务经营相关知识，以提升分析能力 • 自动识别业务异常及风险，以短信等形式进行告警	• 聚合企业各领域数据与知识，构建企业知识库 • 针对企业的问题，基于企业知识库，开发知识推理模型，对企业经营问题进行诊断	• 针对企业的问题，在企业知识库中基于知识推理搜索方案与策略，筛选并组合成策略集 • 基于策略集，进一步构成覆盖业务管理、产品设计、技术落地的综合解决方案	• 将策略解决方案与企业通信软件结合，以决策助手的形式，辅助各级业务人员做出最优决策并落地执行 • 以策略为中心，在执行的全链路的基础上建立数据化监控体系，为策略迭代提供数据支持

图 11-20

企业决策助手可以降低企业管理驾驶舱的操作难度，作为辅助驾驶手段，帮助企业管理者在数据量大、知识复杂、决策链条长的场景中提升对业务的驾驭能力。同时，知识图谱与认知智能技术可以通过知识关联、知识校验、知识审核，建立对业务可信度的认知。

财务管理是企业经营管理中典型的认知与决策场景。财务管理领域的管理者的认知与决策，需要依托大量的财务数据报告，基于专业的财务知识和企业管理知识，筛选并执行最优策略。然而，在日常工作中经常存在工作效率不高、服务能力不足、专业协同不畅且有审计风险的痛点。

- 工作效率不高，指财务人员日常受困于重复、烦琐的工作中。

- 服务能力不足，指岗位容易陷入缺人状态，难以积极提供服务。

- 专业协同不畅，指在现场协作中存在"枢纽堵塞"问题。

- 有审计风险，指在报销、项目招标、项目预算等场景中，会出现员工造假、隐瞒等现象。

财务管理专业性强、数据复杂、流程关联多等挑战，显然是非常适合使用企业管理驾驶舱及企业决策助手来应对的。企业可以将项目经费管理、费用报销、应付账款、总账、应收账款、资金结算、财务报告等财务工作进行系统信息化建设，在此基础上运用知识图谱技术将财务分析、财务标准等专业知识、项目信息、人员信息进行统一关联和聚合，形成企业财务知识库。

基于财务知识库即可建设企业决策助手，在企业的财务管理系统前端集成洞察分析、知识问答、策略优化、智能审计等能力。管理者可以基于企业管理驾驶舱快速获得财务报表，并获得知识辅助解读、知识审核等能力；同时，一线执行人员可以基于企业知识库，运用财务机器人提高任务处理效率。因此基于企业决策助手，企业可以实现对各级财务数据的处理和分析、财务流程审计与审批、财务流程执行的自动化与智能化。

11.3.5 商业智能决策助手

商业智能（Business Intelligence，BI）又被称为商业智慧或商务智能，通常指运用数据仓库、线上分析和处理、数据挖掘和展现等技术对企业产品发展状况、业务状况进行数据分析，以获得商业启迪的系统性工作。

商业智能作为一款工具，被用来处理企业中的现有数据，并将其转换成知识、分析和结论，辅助业务或者决策者做出正确且明智的决定，是帮助企业更好地利用数据提高决策质量的技术。由此可见，企业商业智能和企业决策助手的业务目标、技术方案、底层系统在定义层面是相似的。在差异性方面，企业决策助手相比传统的商业智能技术，认知与决策智能化程度更高，在人机交互方面更加智能。企业决策助手既可以作为商业智能系统的升级版，也可以与企业商业智能系统进行集成。在产业内，有相当规模的企业管理驾驶舱项目是基于商业智能系统开发的，因此企业管理驾驶舱可以作为系统集成的典型方向。

如前所述，企业决策助手的核心是运用知识图谱与认知智能技术提升业务人员的认知与决策能力，然而传统的知识图谱技术的研究与应用主要集中在语义网、搜索推理或专家系统上，这与商业智能所涉及的业务指数体系建设、报表分析等相关领域是有显著差异的。因此，将知识图谱运用在商业智能中是一项难度颇高的挑战。

那么在产业实践中，企业决策助手应如何与 BI 系统集成，来实现企业的业务目标呢？

企业产品增长分析是企业商业智能系统重要的业务应用场景之一。图 11-21 展示了企业产品增长曲线，企业产品的增长过程可分为种子期、孵化期、扩张期与成熟期。

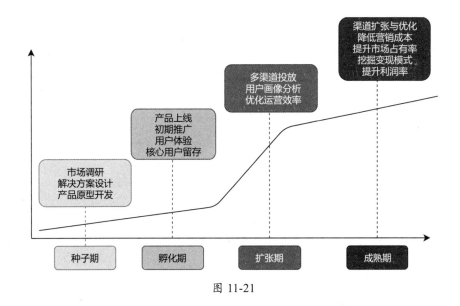

图 11-21

在种子期，企业需要根据市场调研结果，制定品牌投资、合作、竞争策略。企业产品与市场战略涉及多专业领域、高时效性的信息。而企业决策助手通过知识图谱聚合、关联知识、经验、数据，提供业务可视化关联展示、案例搜索、策略推荐、策略搜索等能力，进而辅助市场战略规划与　决策。

在竞品分析场景中，业务人员需要对产业链的风险和机会进行识别。比如，新能源汽车制造商需要对上下游多家供应商的相关商机与风险进行识别和告警。然而，不同公司及产品之间都拥有错综复杂的投资、依赖、竞争等关系。竞品分析所需的合作伙伴、竞争对手的产品战略、盈利点、风险事件信息都分散在各新闻网站、社交平台及调研报告中，导致信息被分割，而且缺乏透明度，这对传统的商业智能系统的挑战是巨大的。

为应对这一挑战，企业决策助手可以将公司内外的产品舆情、专业知识、产品关联等分散信息，通过知识图谱技术形成"竞品知识一张图"。企业决策助手基于"竞品知识一张图"可以提供高性能的多来源数据集成与分析能力，并支持自然语言处理、可视化交互，业务人员可以实时了解竞争对手公司的经营状况和产品的动态变化。

而在扩张期与成熟期，企业需要运用用户画像分析、渠道分析等方法，帮助企业进行资源规划、市场扩展、风险规避等战略决策。

图 11-22 展示了企业营销数字化转型战略分析视图。企业决策助手运用知识图谱与认知智能技术认知用户的产品需求，协助业务人员精准地制定对不同渠道/门店的投资、营销策略。企业

的研发、生产、供应、营销、服务等团队，也可以通过企业决策助手实现认知协同，建设产品企划、研发、供应链、营销服务一体化体系，在一体化体系下对用户进行认知引导，推动产品在扩张期快速增长，或在成熟期降本增效。

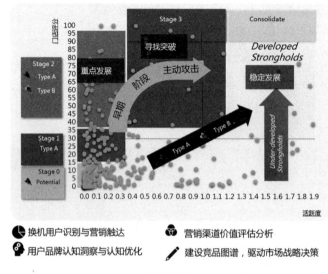

图 11-22

企业决策助手在企业的投资、风控场景中，也可以和商业智能系统集成，发挥提升业务认知与决策能力的重要作用。以企业的内容生态建设场景为例，建立"内容产品一张图"，可以将用户、创作者、意见领袖、企业、内容 IP 进行统一关联，形成内容生态知识图谱。

在此知识图谱上，企业首先可以实时、便捷地认知不同公司、机构所产出的不同内容的状态；数据科学家之后可以基于该图开发内容 IP 潜力预估模型、意见领袖潜力预估模型，提早挖掘潜力对象以提升业务投资收益；算法人员最后可以运用关联预测、属性预测等知识推理方法，挖掘图中高价值的隐藏或非真实信息，为企业博弈提供重要的支持。

在整体上，企业决策助手可以通过构建业务领域的知识图谱，开发实时状态查询、状态预测、商机发现、风险预测等知识推理能力，提升业务对企业自身、合作伙伴和竞争对手的认知与决策能力。

11.3.6 专业智能决策助手

在企业的信息化建设过程中，业务人员需要在多个信息系统上完成复杂的任务流程，这为他们的工作带来了巨大的挑战。

- 在认知与决策阶段，由于人的感知、记忆能力是有限的，因此大量的业务信息、复杂的业务流程规则让业务人员应接不暇。在业务人员的专业知识、认知与决策能力受限的情况下，遇到问题都需要咨询专家。但是，企业所拥有的领域专家通常极为有限，对于咨询的问题可能无法及时回应。

- 在决策执行阶段，人与业务系统、机器交互的效率是极为受限的。人在专业场景中的认知与决策能力与效率，限制了企业业务的产出上限。

因此，企业需要专业的智能决策助手来提升业务产出。**专业智能决策助手**，是在企业决策助手的框架上，构建拥有业务专业知识的虚拟决策专家。虚拟决策专家，类似专家系统，是将人类专家对知识、数据的处理及推理流程，通过知识图谱与认知智能等技术落地和实现。将专业智能决策助手与业务生产系统深度结合，可实现业务系统的半自动化及自动化，或降低系统的使用门槛（用新手替换专家），形成对业务的降本增效。

比如，广告运营领域的专业智能决策助手可以理解业务投放需求，进行自动化的用户筛选与投放。供应链的采购专业智能决策助手可以根据采购需求，对供应商的商品属性进行知识匹配与校验，智能生成最优的采购清单。医疗专业智能决策助手可以沉淀专家病理关联、指标关联判断模型，提供辅助诊疗能力。

专业智能决策助手，可以通过**言传身教**的形式，提升业务人员在专业领域的决策分析能力。

- 言传，指用语言传授经验，可以基于企业决策助手的产品方案中的专家研判引擎框架开发。专业智能决策助手和业务专家一同归纳、总结经验，把判断规则用语言沉淀下来，并通过文档搜索、知识问答服务形态为业务人员答疑解惑。

- 身教，指推理示范，可以基于企业决策助手产品方案中的知识推理研判引擎框架开发。专业智能决策助手可以基于知识推理生成策略集，直接或者辅助业务人员决策。

图 11-23 展示了专业知识推理的流程。专业知识推理，需要基于知识库提供的知识，增强专业场景中的机器学习模型，获得更优的模型结果。整个过程可以细分为**数据知识化、知识融合、知识增强**三个阶段。

- 在**数据知识化**阶段，需要将机器学习技术引入业务场景中，通过统计学习发现样本数据与状态数据的抽象映射关系，进一步发现潜在的知识。比如通过贝叶斯网络，可以在事件归因分析场景中，对事件归属、事件因果关联、事件关联传导进行推导，以此获得事件的关联知识，降低构建经验规则的成本。

- 在**知识融合**阶段，需要将不同来源的知识在知识库中进行知识融合。知识库的知识来源，通常包括基于场景数据运用机器学习模型推理得到的知识，以及人类专家基于过往经验所归纳、总结的知识。

- 在**知识增强**阶段，通过图模型可以融合规则模型与机器学习模型，以此构建专家经验约束下的知识增强的机器学习模型，提供人机融合的知识推理能力，整体提升流程控制效果。如果深入到工业先进控制、智能生产优化的场景中，那么知识图谱结合图神经网络具有带来突破性变革的潜力，但行业的整体应用还处于初级探索阶段。

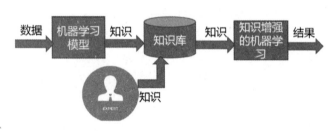

图 11-23

专业智能决策助手的工业落地典型方向是接棒专家系统，提升传统工业设计、模拟、控制软件中对知识、数据的查询能力。专家系统是一种模拟人类专家解决领域问题的计算机程序。在 20 世纪 80 年代的知识工程中，计算机和科学家把能够表达出来的知识、常识和经验放到一个巨大的数据库中，并把常用的判断规则写成程序，这就是专家系统。专家系统的缺点是无法穷尽所有场景，难以处理新的状况。

经过多年的工业界实践，专家系统已在工业智能制造、智能排产等场景中，以"经验规则"的形式发挥了重大作用。专家系统沉淀领域专家的知识与经验，模拟人类专家的决策过程进行推理和判断，能可靠、稳定地解决人类专家需要重复处理的问题。

专业智能决策助手承载了专家系统的历史，又融入了新兴的自然语言理解、机器学习、深度学习等技术，与专家系统相比，不仅大幅提升了知识和经验沉淀效率，还通过知识增强获得了更强大的业务推理能力。专业智能决策助手既可以通过可视化展现知识关联，大幅提高人类专家的关联分析能力，还可以构建专业策略搜索能力，提升专家的决策效率与准确率。

以图 11-24 所示的电力调度场景为例，电力调度是典型的专业认知与决策领域，涉及大量查系统、读系统、请求决策的场景，不仅工作量大，而且重复度高。各级指挥人员陷于基础的重复工作，不仅疲惫，还难以达到业务预期，尤其在电力高峰时期及气象异常季节，电力调度需求并发要求高，仅凭人力支持是非常困难的。

图 11-24

图 11-25 展示了虚拟调度员解决方案。虚拟调度员的核心流程包括意图理解、知识推理与决策落地。当面临更复杂的调度场景时，虚拟调度员需要进一步融合产业专家知识和大数据技术，通过知识增强的方式提升知识推理能力。更详细的解决方案可以回顾 10.5.2 节。

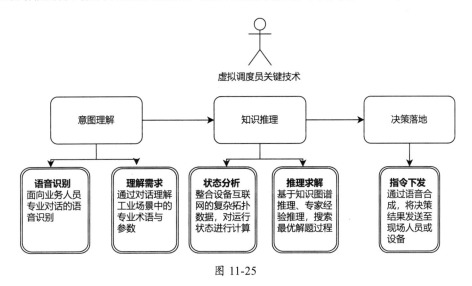

图 11-25

虚拟调度员可以从多个方面为业务创造价值：①提升调度效率，减少人工处理复杂性业务问题工作的占比；②提升检修效率，减少停电时间；③优化资源分配，进一步减少设备运维支出。

11.4 企业办公智能

在企业办公场景中，不同的团队之间由于认知差异、资源限制等因素，在办公协同中会面临沟通不畅、流程阻碍的挑战。同时，日常办公的重复性工作不仅低效，也容易使人工疲惫，带来安全事故。另外，在办公系统数字化、智能化的演变过程中，建立组织智能管理体系，对企业的人力资源团队而言是极具挑战性的。

企业办公智能是企业数据智能化的重要场景，其核心目标是通过数据智能系统建设，提升企业日常办公场景的自动化、智能化能力。面对以上挑战，不仅需要企业知识库的支持，也需要认知智能技术来协同认知与决策。因此，企业办公智能是知识图谱与认知智能技术的重要应用场景。

11.4.1 企业办公协同

随着企业信息化、数字化的演变，企业办公协同与认知智能技术的结合有相当的想象空间。企业从层级管理走向扁平化管理，以流程化为中心走向任务需求、资源整合、工作协同、结果展现、组织迭代的有限且分散的协同网络。

企业办公协同与管理，可以以项目需求动态地聚合拥有相关专业知识的由员工团体组成的特殊团队。从企业管理的角度，建设以人为中心的平等组织关系，能激发年轻一代的活力和创造力。在特殊团队中，每个人都围绕项目需求和目标，选择自己关注的内容，对内容与事件提出建议，分享自己的见解。维基百科、语义网等知识图谱项目就是知识共享与协作的典型案例。

企业办公协同的核心是团队认知协同，即通过知识图谱技术将业务需求、业务事理知识、业务状态聚合为统一的认知知识体系。图 11-26 展示了企业经营管理知识体系。

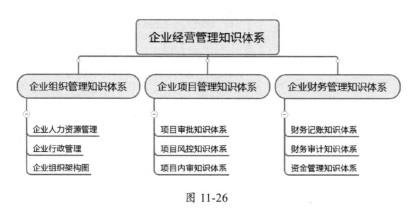

图 11-26

个人的知识体系建设和知识关联已在众多思维导图类产品中被广泛使用,企业知识共享也常以企业网盘、共享文档或者代码开源协同的方式进行。因此个人和企业都可以在已有的企业知识共享产品中引入知识图谱来提升知识关联与查询能力。在引入知识图谱后,可以更好地将分散数据和知识聚合,实现认知的需求与知识连接。如同用户知识图谱拉通了企业市场部门、企业运营部门、IT 部门关于用户的知识,其他领域的知识图谱也具有打破组织认知障碍的能力。所以,企业办公协同的核心是企业知识库。

那么,在已有的企业知识库上,如何实现组织的认知协同?

企业组织的认知协同需要企业在企业知识库上的企业决策协同。类似齿轮之间的协同,企业决策协同的关键还是**决策联动**,特别是权责相邻的角色决策对齐问题。企业办公的认知与决策往往是业务关联人员在聊天对话中达成的。

因此,企业可以基于办公通信软件开展智能化的二次开发。比如在办公通信软件中,引入办公搜索、信息智能推送、对话机器人、任务流程机器人的智能化能力,提升办公协作效率。国内以企业微信、钉钉为代表的办公通信产品已经为企业提供了基础的组织人员通信、任务管理等基础框架。各企业可以在企业知识库上,面向业务场景开发数据采集、数据挖掘、知识关联、决策分析、信息推送的认知智能应用,并在通信软件框架上建设拥有语音对话、数据展现能力的企业决策助手,通过企业知识库、企业决策助手、企业办公软件的集成,达到企业办公协同。

11.4.2　企业数字人

在企业业务的快速演变与发展过程中,人才缺失一直是企业不可避免的核心问题。而通过企业知识库、企业决策助手、企业数字化办公软件(比如企业微信、钉钉)的深度集成,可以构建拥有语音识别、知识搜索推理、办公流程自动执行等能力的**企业数字人**。

企业数字人可以在企业的重复流程领域、专业知识咨询领域、高时效决策响应领域与企业员工协作办公,减少企业员工的人力成本消耗,提升企业业务的执行效率。企业数字人不仅拥有传统 RPA(机器人流程自动化)的自动化处理能力,还拥有认知分析与知识推理能力。

企业数字人通过知识图谱聚合专家经验与业务数据,并运用知识增强的知识推理技术,可以做出比自然人更快、更准的决策。比如在银行信贷审批场景中,审批数字人可以通过知识图谱聚合专业审批专家的经验知识,审核目标对象的支付、浏览等多来源数据,形成对审批对象的全面认知,以此认知为基础,通过知识增强的机器学习、深度学习等算法建模,实现毫秒级的精准信贷审批。审批数字人不仅可以减少信贷审批人员的工作量,还可以提升审批效率与效果。信贷审批人员也可以聚焦到更有挑战性的领域,比如信息市场分析、数字人审批策略调整等,让审批业务能力提升到更高的阶段。

企业数字人在不同的场景中，与企业不同的员工协作会有不同的落地形态。企业数字人的商业价值与垂直场景的知识价值相关，比如，企业旅游签证审批场景中的数字人，其商业价值与签证费用相关。

企业数字人重复的办公操作可以通过 RPA 技术实现。RPA 的核心技术原理是模拟人工操作实现标准录制和录像录制。

RPA 通常提供标准录制、图像录制、智能化录制能力。

- 标准录制：使用屏幕抓取功能，模拟鼠标和键盘对接不同的业务系统。

- 图像录制：针对丰富的非标准化场景，OCR 能针对文字类区域进行文字提取。

- 智能化录制：包括文字识别，比如通过指定的关键词，对关键词所在的位置进行鼠标、键盘的自动化操作。

企业数字人可以在企业财务管理的众多办公场景中发挥作用。图 11-27 梳理了财务管理数字人的解决方案，其中，与知识图谱、认知智能应用关联密切的场景有流程管理、财务管理、风险管理。

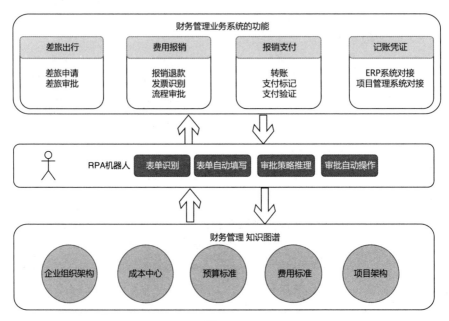

图 11-27

- 流程管理：包括办公流程的生成、流转、审批、存档。

- 财务管理：包括费用管控、报销审核、财务审核。

- 风险管理：包括项目背景分析、项目关联分析、资金流分析。

企业数字人在上述场景中有不少可商业化方向，包括审核机器人、财务机器人、审计机器人等。财务管理的企业数字人可以在机器对批量文字、语音、图像感知识别能力的基础上，通过知识增强的规则判断、知识校验、知识推理来代替人工，处理重复、高频的财务工作。在风险管理领域，企业数字人可以从项目关联洞察、穿透分析、项目关联预测等角度，提高项目审计能力。

图 11-28 展示了财务数字人的业务效果对比。在财务的回单打印、成本审计、报销管理等场景中，都可以通过 RPA 减负、增效并解放人力。

使用场景	传统	RPA
1. 回单打印	需登录银行网银系统，检索出对应人员及回单信息，并根据规则打印回单	RPA机器人每天运行一小时，定量处理几百笔数据，实现了逐笔打印、自动排序，且零错误率
2. 成本审计	需逐项对比大量成本结算单并录入	RPA机器人实现财务系统自动录入，每1.5小时能完成原本6个工作日的任务量
3. 报销管理	大量票据报销，需要前后登录不同网站，完成票据下载、核对金额等多项操作	发票自动化：OCR识别纸质发票，批量提取数据，完成票据录入和管理，工作效率是人工的24倍

 重复工作大量占据员工时间
每月处理报销账单能装2大箱 AI+RPA代替人工处理高频度、重复性的财务工作
减负增效，解放人力

图 11-28

工业互联网也是企业数字人的重要落地场景。工业企业在 5G、物联网的基础设施上，进行了设备信息化与数字化建设。因此，企业人员需要与设备协作完成业务流程。工业制造、能源、交通领域的大型企业，通常拥有海量的设备与复杂的业务流程。因此，设备运营商或设备制造商对设备运维、设备生产场景中的降本增效有巨大的诉求。

工业互联网的挑战，对企业数字人而言是很好的发展机会。企业数字人融合了专家知识、认知智能、业务系统交互能力，不仅提升了人的感知、认知能力，也提升了人对机器的控制能力。

工业场景中企业数字人的建设整体可以分为以下三步。

（1）企业数字人需要集成设备通信、图像声音的采集能力，结合图像识别、视频理解、语音识别的感知智能技术，对业务的当前状态与需求进行精准识别。

（2）企业数字人需要与企业知识库交互，根据规章制度、流程标准、专业知识进行策略挖掘、策略搜索、策略筛选，以获得最优决策。

（3）企业数字人需要将决策通过设备业务系统落地并执行，将反馈及时上报以实现智能迭代。从整体上而言，工业场景中的数字人，是实现工业互联网中自动化、智能化人机协同作业的核心连接器。

11.4.3 企业智能组织管理

企业办公信息化、数字化及智能化不仅可以提升企业办公业务流程的执行效率，也可以为数据驱动的劳动力分析与人力资源战略规划提供支持。管理者对组织宏观与微观的状态有全面认知和把握，是构建人力战略管理的基础。

在快速变化的企业内外部环境中，企业在进行组织管理工作时，需要通过人力资源调整、组织学习培训等方式，来引导和扩展组织的认知边界，提升组织的决策与分析能力。图 11-29 展示了企业人力资源战略的认知智能解决方案。

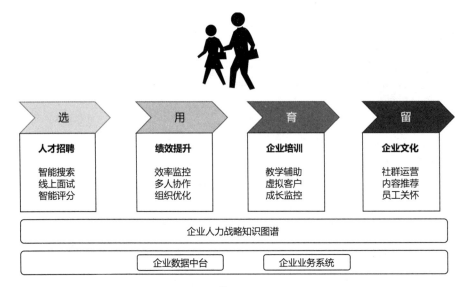

图 11-29

在组织推动创新型业务落地的过程中，可以通过知识图谱构建**企业智能组织管理**体系。例如在营销场景中，推动营销机器人落地不仅是产品技术问题，也是管理问题。具体来讲，可以分为**组织状态认知**与**组织状态引导**。

- 在**组织状态认知**方面，企业通过知识图谱技术聚合销售人员、商品、用户、供应链的状态数据，结合营销专业知识形成联动分析，聚合成对组织状态的全面认知。比如，企业可以从销售人员行为日志中对通话质量进行话术分析，进而获得销售人员的能力反馈；同时，企业也可以从用户评论、市场舆情中获得营销效果反馈。

- 在**组织状态引导**方面，企业不仅需要掌握销售人员使用营销机器人的进度和状态，还需要根据人员的状态来构建管理策略引导销售人员；比如，企业可以进一步从人力资源角度，通过组织学习培训、知识分享、绩效评估、考核激励等策略，智能提升营销场景中的组织能力。

由此可见，知识图谱与认知智能技术可以大幅降低组织的管理与进化成本，成为管理者的管理认知与决策助手。想要实现知识图谱与认知智能驱动的人力资源管理，具体可以从三方面入手。

（1）**人力战略知识图谱建设**：构建面向业务场景需求的人力资源知识体系，形成场景需求域、人力战略事理知识域、组织架构域、组织人员状态域相互连接的人力战略知识图谱。图 11-30 对人力战略知识图谱进行了展示，该知识图谱由人、组织、事件这三种实体组成。

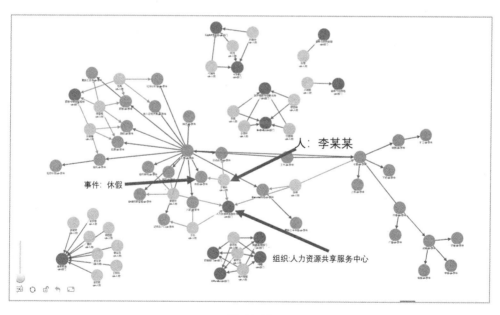

图 11-30

通过知识图谱可以把企业组织管理中的人、组织、事件聚合为一张图，供上层的业务应用使用。图 11-31 展示了人力战略知识图谱中事件实体的属性及属性值。

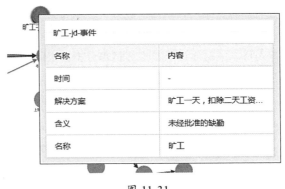

图 11-31

那么，如何使用人力战略知识图谱呢？在用户增长场景中，通过构建用户增长指标体系与用户、产品、业务域的知识图谱关联，可以提升用户增长策略的效果。同理，通过构建人力资源战略的分析指标体系，并以此关联用户、商品、项目、财务、员工知识图谱，可以更好地为构建组织增长策略提供数据支持。

（2）**模型建设**：建立人力资源场景的数据分析与知识推理模型，将人力资源与组织管理的专业知识、经验，通过统计推断、机器学习、图挖掘等构建知识推理模型，实现基于数据与知识的人才战略制定、组织管理决策、人才激励的人力战略迭代。

（3）**平台化系统服务**：通过平台化的产品提供标准数据与知识应用服务。企业知识库、企业决策助手应与企业人力资源业务系统融合，推动认知智能融入人力战略制定、业务运营、员工管理等业务中。通过平台化企业管理驾驶舱等产品，为管理者提供员工效能、组织效能的仪表盘。管理者可以通过即时查询、定时信息推送等产品能力清晰获得组织状态。同时，企业管理驾驶舱可以通过人力战略专业知识关联、人力专家解读、查询搜索等能力，提升管理者对业务人力战略的认知能力，在精确认知的基础上，企业管理驾驶舱还可以辅助管理者针对组织的运行状态，搜索最优的人力战略管理策略。

因此，基于知识图谱与认知智能技术，可以提升管理者对组织人力的战略认知与决策能力，这不仅提高了人力战略的效果，也为管理者减少了工作量，提升了管理效能。

11.5　企业风控与投资认知智能

企业风控与投资，是企业围绕信息进行博弈的过程。知识图谱与认知智能技术可以从数据关联、知识增强等方面提升企业对风险识别、投资机会发现的能力。因此，在企业战略决策场景中，需要围绕人、物、企业组织、产业及生态合作伙伴的状态、事件，建设诸如风险控制、战略投资等认知智能应用能力。

11.5.1　企业风控认知智能

图 11-32 对银行反洗钱场景的资金流动进行了展示。在银行反洗钱场景中，银行账户间的转账模式呈典型的"纺锤体"：资金由个别账户分散汇入大量账户，再由多次穿刺、转账汇入少量账户。如果运用传统数据库、数据分析方法对资金流进行分析，不仅耗时长，而且难以理清其中复杂的拓扑关系。

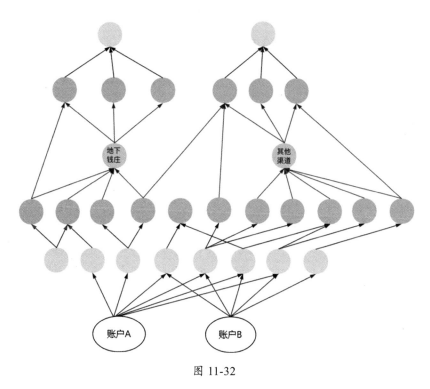

图 11-32

银行通过知识图谱可以从以下三方面提升反洗钱场景中的风控能力。

（1）**数据可视化展现**：通过知识图谱的可视化可以清晰展现企业、个人的关联与宏观结构。知识图谱可以将企业、人、账户、事件的层级关系、聚类关系等清晰地展现出来。业务人员基于此，可以对于资金流、人员关系网、企业关联、事件因果有更强的认知。

（2）**关联探查**：基于图数据库和图计算平台，算法人员可以进一步开发反洗钱场景中的图关联查询算子。基于该算子，业务人员可以围绕嫌疑节点，进行主体节点扩展、路径探查、条件搜索、关键节点发现等关联探查操作。因此，业务人员的认知和分析能力得到了进一步提升。

（3）深度的时序图拓扑网络挖掘：比如在企业风险事件分析场景中，可以将企业事件的逻辑关联和时间关联，形成企业事件时序图的表达。企业实体事件可以被描述为相邻时序上图结构和属性的变化，同时事件之间的关联、企业之间的关联、历史事件和未来事件都可以用整合的知识图谱来表达。基于此，业务人员即可拥有对事件的时间序列数据的分析能力，包括对事件的时间切片筛选、时间切片统计等能力。

由此，对传统的事件因果关联、风险传播识别的研究，可以转化为对知识图谱结构变化、传导趋势的研究。图 11-33 展示了风险传播识别的案例与指标体系。

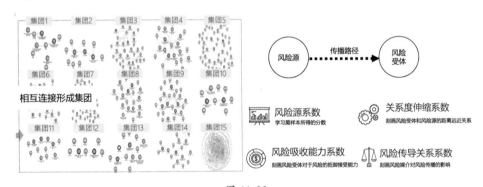

图 11-33

比如某产业上游供应链（产业链图谱）发生变化（在时间序列上结构或属性发生变化），对下游会有什么影响（诸如利好或利空分析等）等，都可以通过知识图谱进行可视化展现和建模分析。参考 10.6.3 节讲解的能源设备运行断面检索解决方案，企业风控研究者可以构建对企业事件的断面检索方案，通过搜索与当前风险节点断面最相似的节点断面，提升对企业风险的识别能力。

11.5.2　企业投资认知智能

金融投资，从逻辑角度来讲，是关于人、企业、机构、产品、设备的**信息流动**和**信息博弈**。知识图谱由于其对分散信息的关联聚合能力、经验及知识沉淀能力、图拓扑推理能力，天然适合在金融投资场景中应用。因此，可以通过知识图谱聚合投资相关的场景信息、专业知识、投资策略，通过规则推理、统计推理、图推理、强化学习推理等认知智能方法，提升个人或者企业的认知与决策能力。更高的认知与决策能力，对企业的投资博弈场景而言，意味着更高的收益、更低的风险。

在企业投资与合作场景中，会涉及对一级或二级市场的投资研究。上市公司或一些重要的标的公司，会在网络中公开披露财务数据、定期公告、公司研报等众多有价值的信息，为投资者的行为提供充分的参考依据。传统投资与研究工作需要分析师通过各种渠道搜集和判别信息，凭借个人经验对零散的数据进行组织建模，以报告的形式产出趋势观点和数据分析。由于大部分物料和时间成本都花费在信息和数据的搜集上，加上金融资讯信息的时效性极强，所以成果可控性不高。纵然头部金融数据机构提供了相应的软件产品，但数据的颗粒度和产业链关联性仍然难以满足多元需求。此外，金融行业人才流动快，专精于某一领域的分析师一旦离职，将直接影响企业对这个行业进行分析的能力。

而利用 NLP 技术自动抓取关键信息，搭建投资与研究领域的知识图谱，能减少基础数据处理方面的工作。图 11-34 展示了企业控股关联知识图谱的案例。

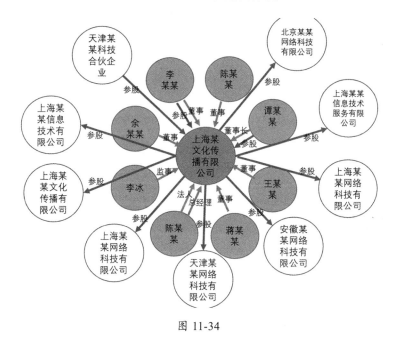

图 11-34

投资与研究知识图谱可以将各个行业的发展和变化抽象并导入数字层面，为知识查询和应用开发提供实现基础。由于在券商研报中 80%的数据指标在传统软件产品中无法被查询，所以数据分析师在进入一个新领域时需要耗费大量的时间搜集类似数据。知识图谱投资与研究产品可以大大缩短这一必要劳动时间，大幅提高投资与研究效率。通过标签扩展等风险传播算法，研究者可以对企业的产业链、投资链带来的风险传导进行计算。

除企业关联、投资与研究逻辑图谱外，基于时间序列、因果分析技术还能搭建聚合企业公告、新闻事件来构成事理图谱。通过将行业的固有逻辑和实时信息相结合，企业分析人员可以更好地推导事情的发展脉络和趋势走向，梳理关联脉络，判断投资机会。

基于知识图谱与认知智能技术，可以通过产品化的平台，为业务人员提供基于图的知识推理服务，提升其对投资风险与利润信息的模式识别能力。常见的知识推理应用包括企业关系模式匹配与企业关系推理。图 11-35 展示了企业关系模式匹配的示例。

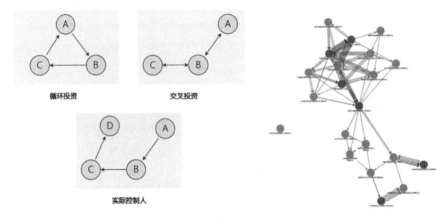

图 11-35

企业投资推理从推理逻辑方向的角度，可分为广度推理和深度推理。广度推理指从网络的宏观视角看个体企业的潜力；深度推理指根据企业事件、金融事件推导的企业动态演变。图 11-36 展示了企业关系推理的方式。

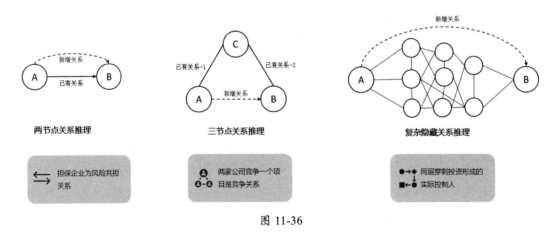

图 11-36

在投资知识图谱上,投资者可以进行企业实体的属性聚合与挖掘(点)、投资人隐藏关系的预测(线)。那么,能否从比投资知识图谱更高维度的拓扑结构(面、体)中发现投资机会呢?

尽管问题非常具有挑战性,但如果结合计算社会学的相关理论,投资者可以从企业内部与外部社群图网络中,挖掘并识别局部或者整体的社群拓扑结构演变,以此构建额外的投资策略。

在企业内部社群中,随着时间的变化,关键节点的改变或者消失会改变社群的形态。比如通过对中心节点的识别,可分析企业关键员工的流失对于企业社群关系分布的影响,进而掌握企业社群的结构变化,有效识别企业风险或者企业投资机会。图 11-37 展示了对中心节点的识别方法。在投资博弈中,针对中心节点的投资可以有效帮助企业把控全局。

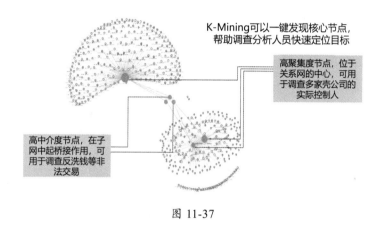

图 11-37

在企业外部社群中,**钱的网络,也是人的网络**。实践证明,出色的资本也是成功的社群网络成长结果。图 11-38 展示了投资网络的社群演变,投资网络随着时间的演变形成层级、群体分割明显的社群。通过知识图谱与认知智能技术,可以协助投资者筛选最优企业外部社群拓展策略,以在资本网络上获得更大收益。

知识增强的机器学习模型或者图深度学习模型可以进一步提升企业商机及风险发现的效果。图 11-39 展示了基于图深度学习的企业评估方法示例。知识图谱可以将企业的人员状态、经营状态、企业产业链、投资网络、关联网络聚合为一张图,在此之上运用图神经网络进行知识表示,进行节点风险及节点投资机会的预测。

知识图谱与认知智能——基本原理、关键技术、应用场景与解决方案

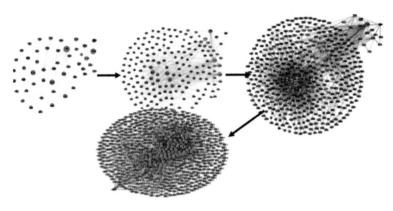

图 11-38

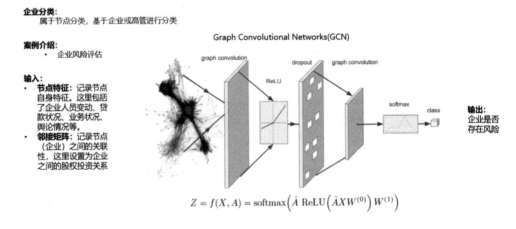

图 11-39

在此基础上，参考 10.6.3 节的能源设备运行断面检索解决方案，也可以构建基于投资与研究知识图谱中语义符号、时间序列、图拓扑结构数据的企业机会与风险断面检索系统。通过该检索系统，企业业务人员可以从海量的分散投资与研究数据中挖掘投资和风控的机会。

与用户营销认知、设备运维认知相似，企业投资领域的知识图谱是根据投资目标企业状态的变化进行盈利的。投资者可以通过数据聚合、知识补全等手段，形成数据丰富且真实的投资知识图谱，全面地掌握与投资目标相关的企业、投资者、环境的真实状态。

在此知识图谱上，投资者既可以基于历史经验构建规则推理引擎，又可以从知识增强的角度构建机器学习、深度学习的知识推理引擎。知识推理引擎可以为投资者的博弈提供策略池，让投资者围绕最大化自身收益的目标，构建最优的风险对冲、Alpha、统计套利策略。

在投资知识图谱与投资知识推理引擎的基础上,还可以进一步用深度强化学习技术构建投资机器人。投资机器人可以自动化、高效率、智能化地筛选最优的博弈策略,在复杂多变的环境中与其他对手进行投资博弈,最大化投资者的投资收益。

11.6 企业认知智能与个体认知智能

如前所述,知识图谱与认知智能技术是实现企业生存、进化的最佳助手。对于所有企业,无论是小到十几人的创业公司还是大到十多万人的 500 强企业,企业自上而下与自下而上的认知协同,都是收益可期但挑战巨大的企业组织管理目标。企业需要一套企业知识库,并建设知识沉淀及认知应用体系。企业知识库将企业日常业务流程、业务通信产生的数据转化为知识,通过统一的知识平台进行管理。企业决策助手基于企业知识库,提供可视化洞察、策略搜索、策略推荐等功能来提升业务认知及协同能力。

随着知识图谱与认知智能技术的发展,企业通过认知智能转型将形成人机认知协同、组织认知协同的一体化的智慧企业。在企业内,通过企业认知大脑、企业知识库、企业决策助手和员工实现认知协作。在企业外,通过市场监听、智能决策、智能触达等能力,与其他企业在营销、服务等诸多领域博弈。企业如同巨人泰坦,而企业各级组织、各个员工、各个设备如同细胞,通过企业认知大脑进行认知协作完成企业业务目标。而企业各级管理者,通过企业认知大脑将拥有认知能力高、决策能力强、自动化程度高的组织管理能力。基于企业认知大脑,管理者可以低投入、高回报、安全地驾驶企业。

那么,个体应该如何从企业认知智能中获益呢?

11.6.1 认知博弈与认知协同

对于人类个体而言,知识图谱与认知智能技术可能意味着巨大的危机。认知智能技术的发展,将进一步压缩简单智能、重复操作等相关工作的空间。同时,企业通过认知智能,必然会设法从算法策略上引导用户、员工以获得更大利益。用户可能会花费预想之外的钱,员工也会被算法控制产出更高收益。

但是企业认知智能的提升,也将会为人类个体带来新的跃升的机会。整体来讲,个体可以从与企业的**认知博弈与认知协同**中获益。

在**认知博弈**方面。人类个体只能赚到认知范围内的钱,包括个体对世界的认知及世界对个体的认知。当个体在产业变革中合理、有效地利用认知智能技术时,就可以在与其他个体的博弈中获得更大的优势。比如读者可以深度消化本书内容，初步建立知识图谱、认知智能应用实践的认知。个体不仅可以把握在组织、行业内认知变革中的上升机会，还可以在海量个体竞争的环境中提前获利。同时，个体如果了解企业认知用户、引导用户的策略逻辑，就可以更好地制定与之博弈获利的策略。

在**认知协同**方面，随着互联网、物联网技术的快速发展，个体不仅可以获得海量信息，而且可以大幅提升对外认知的能力。个体可以通过手机、VR眼镜、汽车、人机接口等多种终端获得对世界信息的感知能力，而仅仅凭借人体是难以完全接受、转化、并应用海量的感知信息的。因此，如果拥有认知与决策助手，辅助个体进行知识沉淀、认知分析、策略优化、决策执行，那么个体将会拥有更强的认知、决策与行动能力。随着知识图谱与认知智能技术的进一步发展，个体将如同拥有辅助决策大脑，帮助个体完成海量感知分析、复杂数值计算、策略筛选的工作。这样个体自身的认知能力可以上移到上层的抽象概念需求，对全局有更强的把控。通过人机协同，个体将具有更强的博弈能力。比如在硬件方面，通过人体接入物联交互接口，个体可以更加智能地感知环境，并进行认知与决策。融合硬件为人体提升认知与决策能力，在体育竞技、军事对抗中是非常典型的应用场景。

11.6.2 宏观协同与微观协同

如果把个体的生命系统当作一个企业，那么企业认知智能的解决方案，同样对个体健康认知智能有所助益。

那么，企业认知智能的解决方案可以在哪些方面协助医疗认知智能呢？

第一，**宏观协同**：医疗企业可以基于企业认知智能解决方案，实现患者、医疗设备、医务人员、医疗机构的协同。知识图谱、认知智能技术在智慧医疗领域对个体自身的生命健康会有巨大的助益。从定义上，智慧医疗是利用先进的物联网与移动通信技术、大数据及人工智能等新一代IT技术，实现医疗信息系统与医疗过程的智能化辅助与自动化处理，实现医疗业务流程的数字化运作，实现患者与医务人员、医疗机构、医疗设备之间的互动。

短期来看，读者可以关注知识图谱与认知智能技术在医疗过程辅助、患者服务、医学科研及临床医学教育等方面的应用。通过知识驱动的智能化服务，能够辅助医院提供更优质的医疗服务。智能医疗诊断助手可以辅助患者的整个诊疗与健康管理过程，辅助医生开展知识和数据驱动的前沿医学研究。智能医疗诊断助手还可以辅助医学生、低年资医生和基层医生开展临床思维训练与实践演练。知识图谱是驱动智慧医疗服务与应用的关键基石。读者如果可以提升对智慧医疗技术的认知，并辅助医生建立生命健康的用户画像、病理知识图谱，则可以更好地享受医疗的红利。

第二，**微观协同**：个体通过认知智能技术将实现智能药物设计、基因医疗等前沿能力，并探索身体进化的可能性。如果把人体当作一个企业，那么人体各个器官即是不同功能的部门。人体各部门运作的知识及协同，是通过分子、细胞、蛋白质、基因等实体的认知协同实现的。药物可以当作对蛋白质-基因网络产生作用的外来信息体，该信息体可以对该网络进行信息修改、存储、转化、溶解等操作。而对于蛋白质-基因网络层面的认知与引导，是远远超过人类个体的神经系统所能够涉及的范围的。

因此基于药物、蛋白质、细胞、组织、身体器官构建知识图谱与认知智能应用，将有助于新药的开发与应用。首先需要建立人体内全器官、细胞状态的精准认知，再构建药物、手术的策略实现，将身体向有利状态引导。普通药物是在细胞、组织层面对生物体进行影响的，而基因药物是在底层的基因-蛋白质网络中对生物体施加影响的。人类目前已可以通过基因剪刀、靶向药物等方式修改基因或控制蛋白质的生成。

但是，人体运作是在微观尺度下的极度复杂系统。因此仅凭人类自身肉体控制能力，是无法对人体内海量身体需求、事理知识、海量实体状态进行认知理解，并以此为基础做出即时、准确的决策的。知识图谱可以帮助人工智能聚合分散的数据知识，提升其对人体运作这个复杂系统的认知能力，并进一步与人体系统进行博弈、引导与进化。

基于知识图谱与认知智能技术，未来人类可能开发出 Drug Gene Protein Control Operation System（DGP-COS）。DGP-COS 是在基因-药物网络上开发的生物操作系统。人工智能可以运作在 DGP-COS 上，对多项人体功能需求进行认知理解，调度内部相关的推理模型，生成最优的决策。人工智能通过 DGP-COS，可以将生成、修复、衰亡等指令下发到基因-药物网络。DGP-COS 与认知智能技术结合，可以联通上层医疗应用与下层基因网络，形成认知协同。DGP-COS 与认知智能技术的结合方式，可以参考企业认知大脑与企业物联网平台的结合方式。

相信在未来，人类通过知识图谱与认知智能技术，不仅可以实现用户、设备、企业的认知协同，更可以在微观人体组织中实现认知协同。知识图谱与认知智能技术将推动用户、设备、企业向更好的状态进行演变。

第 12 章

认知智能与数据交易流通

数据交易，是以数据资源、数据服务为客体的数据流通市场，参与主体包括数据供给方、数据需求方、数据交易平台、评估机构、服务机构及外围的其他部门。知识图谱既是数据交易物，又是数据流通效率、规模及价值提升的重要方式。个体数据是有限的，所以个体的知识也是有限的。个体需要通过数据流通来获取知识，为认知与决策提供依据。数据流通的结果是实现个体认知提升，而个体认知提升会帮助个体获得更大的博弈优势。

数据交易平台以第三方的身份为数据供给方和数据需求方提供数据交易连接服务，而数据的主要交付方式包括 API、数据集、数据报告及数据应用服务等，同时数据交易平台可提供数据定制服务。比如根据数据需求方的特殊需求，由数据供给方进行采集或者标注大规模数据。随着大数据在企业、政府的应用场景中逐渐丰富，数据流通在政策及产业层面都处于快速发展阶段。在政策方面，各部委及省市政府都相继推出了促进大数据产业发展的意见和方案，在全国多个省市都建设了大数据交易中心。在未来，数据资产的交易与流通将成为大数据产业的重要版图。

因此，本章将分享数据的要素及数据交易的特性，在此基础上，从平台建设、知识治理、需求匹配、隐私保护 4 个方面，介绍融合了知识图谱与认知智能技术的数据交易解决方案。

12.1　数据的要素

数据作为一种特殊的资产，无法直接带来业务价值，也难以直接进行评估定价。比如，在广告营销的很多场景中，在数据未使用前，数据应用方很难直接了解该数据的正确性及价值。以广告营销场景为例，广告平台在使用数据后，需要通过 A/B 测试进行对比，才能了解该数据对广告的业务价值。数据的价值是不稳定的，即在不同的时刻，用户的某一特征维度的数据效果受限于用户的即时状态。数据还具有**高时效性**和**规模效应**这两个特点。

（1）**高时效性**。比如用户的需求和兴趣具有转瞬即逝的特点，数据一旦无法得到有效、及时的更新，便会丧失预期的价值。这在互联网自动化商业决策的实践中最为明显。若定向广告和信息推送背后的数据丧失时效性，则整个商业模式的基础就会坍塌。在此背景下，以拷贝等所有权转移为代表的一次性数据交易模式的价值将愈发降低。而数据服务模式大多以长期的服务合作形式开展，数据服务供给者能够及时更新数据库，从而满足数据的高时效性要求，再尽可能满足买方的现实需求。

（2）**规模效应**。大数据应用具有的规模效应主要表现在以下三方面。

- 数据量越大、越多样，能够挖掘和分析出的信息、知识就越多，价值也就越大。例如通过一家工厂的数据资源分析不出整个制造业的形势，而通过整合全国工厂的数据资源，就能分析出整个制造业的形势。清楚了整个制造业的形势，政府就能制定针对性的政策来指导制造业的发展，工厂也能够有计划地生产。

- 数据量越大、越多样，挖掘、分析出的结果相对来说就越准确。从不同类型的数据资源中可以挖掘出相同的信息，例如通过一个家庭的用电量和用电方式可以挖掘出这个家庭的财富状况，从这个家庭的出行地理位置也可以挖掘出这个家庭的财富状况。大数据应用相较于传统统计的优势，就在于数据量大、种类多，能够通过对全量数据的分析来提高结果的准确度。

- 数据挖掘系统应用的人数越多、次数越多，单人单次利用的成本就越低。数据挖掘系统具有软件开发的一般特点，即成本主要集中在研发阶段，在软件开发完成之后使用的人越多，单人单次分摊的成本就越低。同一信息、知识可以从不同的数据资源中挖掘出来。

12.2 数据交易的特性

政府、企业、个体所需的数据知识化服务需要多方数据的整合与协同，才能对业务场景形成全面认知，因此认知智能需要数据交易的生态。

从数据交易的角度，在数据交易要素中存在供需双方不信任、数据本身的高时效性等问题，这决定了数据交易更适合通过服务的方式实现。

数据不同于土地、资本等传统生产要素的一个重要原因在于，它的价值不易进行事前预估。所以数据需求方在购买数据之前无法确定数据的价格，存在买方不信任的问题。而数据具有非独占性，一旦被获知，就可以被无成本地复制，数据供给方也不会轻易地把数据展示给潜在的买家，这又存在卖方不信任的问题。

如果数据以数据服务及上层应用的模式提供服务，则可以解决这种双方不信任的问题。数据供给方根据数据需求方的具体数据应用场景需求，为其提供基于数据要素的分析模型或结果，直接满足需求方的现实需求。

知识交易-商业模型存在多种形态。以专利搜索和交易为例，某公司将大量的名医诊断模型进行了封装，获得了可观的商业收益。某公司运用知识图谱技术将名医专业的知识推理模型进行了封装，列入国家保密技术，作为知识产权和专利进行变现。因此从数据行业的发展来看，**数据的开放和交易无须过分关注数据所有权的移转，完全可以通过数据知识化服务的方式加以实现**。

基因生物技术的数据服务是数据知识化服务的案例。政府主导下的人类染色体项目免费提供所有现有的原始数据，然而Incyte制药公司却可以向使用基因数据库的人收取500万美元的费用。这是因为Incyte制药公司懂得，真正的价值不是拥有广泛的数据。Incyte制药公司将从免费的基因数据中抽取、分析、推理出来的知识，存入系统化的知识管理平台，在知识管理平台上建设了面向基因分析、药物研发等场景的知识推理引擎。因此，数据知识化服务为Incyte制药公司带来了巨大的商业回报。

传统生产要素的交易以所有权的转移为基础，但是数据具有无形性和无限可复制性，数据本身是否发生移转并不存在现实意义。对于知识应用市场的主体——人、物、企业来说，掌握大量的原始数据本身并没有价值，真正有价值的是对数据进行分析、挖掘后得出的知识逻辑和业务认知应用，也就是交易提取后的知识及知识相关的上层服务。

对于数据挖掘者来说，只要拥有了数据资源的使用权，就可以进行数据挖掘，是否还拥有数据资源的所有权就无关紧要了。从所有权的角度，知识服务的产权应该属于知识服务应用的建设者。

知识服务应用的建设者从数据中挖掘出的信息、知识，对原始数据有一定的屏蔽效应。例如，阿里巴巴芝麻信用的评分，屏蔽了用户的具体购物信息和购物习惯。人们是无法根据芝麻信用的评分了解到用户哪天购买了什么，或者用户的具体购物习惯的。

数据需求方，通常通过数据服务的方式来满足自身的商业需求。实际上，以符号形式展现的数据无法直接对现实世界产生价值，而且未经加工的原始数据无法直接加以应用。在数据交易的不少商业实践中，数据的单纯交易和拷贝实际上并不多见。原始数据的移转，不仅很难实现匿名化的处理，还容易诱发一系列的数据安全问题。

数据交易流通价值的实现，基本都建立在数据需求方特定的商业实践需求基础上。数据需求方希望在数据上获得特定的数据模型和分析结果，也就是从数据中获得指导认知与决策的知识。人们在认知、决策、行动中利用的是通过数据挖掘出的知识而不是原始数据，人们在做决策时，不是直接利用数据，而是利用由数据资源形成的信息、知识。人们的决策过程可以分为两步：①分析数据资源，形成一个简单的报告；②根据报告进行决策。当数据量小且推理规则简单时，这两步在大脑中一次完成；但当数据量很大时，就必须分为清晰的两步。

例如，银行的工作人员要想根据用户的工作情况、日常消费情况、以往的存贷款情况等数据，来判断用户的还款能力，就必须先根据这些数据形成一个正式报告，再根据报告进行决策。当用户利用数据做决策时，数据量越大，就越需要构建全面、完善的报告。而在对数据、挖掘、分析形成报告方面，机器比人更有优势。因此，如果可以让机器应用数据、知识解决业务问题，那么可以规避数据交易的不少问题。

因此，在未来，原始数据可能免费或者不直接交易，数据会依托层层的知识图谱与认知智能应用，通过知识专利、业务效果的方式进行交易和结算。

12.3　数据交易的解决方案

数据供给方希望能获得更多的客源，而数据需求方希望获得高性价比、安全的数据，因此数据交易流通需要让数据交易中心承载。以政府主导的数据交易中心通常会借鉴传统的产权交易模式，即有公信力的第三方作为交易中介，促进数据供给方和数据需求方进行交易。然而，数据的产权、时效、应用方式等特性让传统数据交易中心在建设过程中遇到诸多困难，典型的有交易平台建设成本高、数据收集整理难度高、交易需求匹配困难、隐私保护等。

12.3.1　数据交易解决方案总览

在不同企业之间交易流通的数据，通常来源于不同企业自身的业务场景。企业之间的数据流通涉及数据供需理解、数据价值、隐私保护等诸多问题，而类似的问题同样会在企业（特别是大型企业）内部的数据流通中出现。因此，企业内部数据交易的解决方案可能对企业之间的数据交易解决方案有参考意义。

企业的不同部门，通过对业务场景的数据进行采集、清洗、转化，来形成业务领域的数据资产。数据资产经企业的业务团队加工处理后，通常按自身的业务理解定义数据格式、技术标准，并优先服务于自身的业务场景。当企业内部的数据需要流通并服务于其他部门的业务时，必然会遇到不统一的难题，比如数据接口不统一、网络通信标准不统一、技术架构不统一、服务管理不统一等。因此，当企业建设内部的数据交易能力时，首要工作是拉通业务与技术，并建设具有统一认知的数据体系、接口标准体系。

在业务层面，需要拉通各业务团队进行数据体系设计，确定数据流通的安全规则及流通交换的价值衡量标准。在技术层面，业内的多种案例实践，都体现了通过云计算、大数据平台能极大地提高企业建立数据中台及推进数据流通的效率。企业数据中台通过对数据体系的统一管理、对数据价值的统一衡量、对数据服务的统一管理等方式，推进多项业务的流通、交换。因此解决数据交易这一难题，可以从**平台建设、知识治理、需求匹配**三个方向进行。

（1）**平台建设**，推动以云计算、大数据智能为核心的企业数字化转型，为数据流通与应用价值转化奠定统一的底层框架基础。随着云计算的快速发展，云原生、中台等技术快速演变，企业等组织的数字化基建也愈加完善。通过云计算，企业的信息底层架构、数据通信协议标准化程度得以大幅提升。因此，云计算为企业数据的交易和流通在底层框架上奠定了基础。数据是云计算的重要生产资料，而知识是人的生产资料。因此，数据和知识作为生产资料，可以通过云计算平台底层的标准化接口，有效支撑上层应用进行服务。

（2）**知识治理**，由政府、行业龙头企业牵头，通过知识图谱技术对行业数据进行知识治理，形成统一的知识体系标准。统一的行业知识体系标准将促进数据交易与流通，带来行业认知协同。所以行业知识体系、数据交易与流通、行业认知协同是该方向的三大核心要素。

- 在行业知识体系方面，数据流通的基础是行业拥有统一的数据体系、知识体系的标准。如果通过知识图谱技术对产业数据进行治理，则将形成业务、知识、数据统一的体系标准，推动数据高效率地在企业之间流转。

- 在数据交易与流通方面，目前，在不少行业内已存在服务于特定行业的企业成员构建的行业数据交换平台。行业数据交换平台通常会制定联盟内部数据的交换协议标准,并通过严格的成员行为准则约束,保护数据的隐私性。行业数据交换平台主要用于为企业应用提供数据。

● 在行业认知协同方面,从企业认知提升的角度,企业、组织之间数据流通的目标是实现企业对业务目标状态的精准认知,并进一步通过知识协作、策略共享的模式提升企业内外的认知协同能力,最终实现行业认知协同。

比如在金融借贷领域,为了减少信贷风险,企业需要对用户风险有统一的认知。而用户的行为数据通常分散在多个金融机构及数据服务商的系统中,这对数据交易和流通是巨大的挑战。如果可以通过知识图谱技术拉通需求域、事理知识域、实体状态域的本体,形成统一的知识体系,那么同一用户不同的属性知识就能够更好地融合,形成对用户的全面认知。同时,业务知识、规则也被拉通、对齐,这对数据效果的追踪反馈也有极大的助益。

(3)**需求匹配**,即运用知识图谱与认知智能技术来提升数据交易平台的需求匹配能力。数据交易平台也会遇到需求匹配的问题。现在互联网模式的线上数据交易平台通常以数据接口服务、数据应用、数据包的形式服务用户,互联网模式的数据交易平台,也会面向业务的需求进行数据的定制和开发。知识图谱拥有连接数据、知识的能力,而认知智能技术可以提升人类的认知与决策能力。前者可以帮助数据交易应用连接分散的数据和知识,后者可以提升数据交易应用的需求连接能力,两者结合,可以提升需求匹配效率。

12.3.2 数据交易的平台建设

平台建设是数据交易的基础。数据交易可以为企业的智能应用带来更加丰富、全面的数据和知识。不同企业之间的认知通过数据、知识得以相互补充,进而提升认知协同能力。在认知协同体系下,把智能应用比作美味的菜肴,那么数据知识就是菜肴的素材,智能是厨师,而云计算技术是底层基础的厨房。

因此,企业间数据交易的首要基础是推动企业云的基础设施建设。以企业营销场景为例,广告技术服务商、广告平台方等角色通过云原生、DevOps 等技术构建统一的底层通信、服务、应用管理框架,该框架通常被称为营销云底座。在营销云底座上,DSP、DMP、CDP 等应用可以通过统一的数据通信标准,在安全、可控的业务场景下实现数据流通和交易。

那么,为了扩展数据交易的范围,实现企业产品设计、研发、生产、供应、营销服务、经营管理等多场景中的数据交易与流通,就需要推动企业上云。企业上云是指企业通过高速互联网络,将企业的基础系统、业务、平台部署到云端,利用网络便捷地获取计算、存储、数据、应用等服务。基于云的企业数字化基础建设，企业信息的底层架构、数据通信协议的标准化可以大大加快。企业通过云底层标准化建设，可以提升数据接口的标准化程度，进而为系统之间的数据流通提供基础。

运用云计算技术构建数据交易底座，涉及多种技术方向，而**云原生技术**可以在其中发挥重要作用。云原生包含了一组云计算应用，用于帮助企业快速、持续、可靠、规模化地交付业务软件。在企业实践中，云原生由以微服务架构、DevOps 和容器云为代表的敏捷基础架构组件构成。根据云原生计算基金会（CNCF）的定义，云原生应用应具有以下特征。

- 容器化封装：企业应用的部署与服务以容器为基础。通过容器化提高整体开发水平，形成代码和组件重用，简化云原生应用程序的维护成本并提高维护效率。同时通过容器化实现高水平的资源隔离，将可以运行的应用程序和进程容器化，并作为应用程序部署的独立单元。

- 动态管理：通过集中式的容器编排调度系统来动态管理和调度，降低企业应用和运维的成本。

- 面向微服务：实现容器服务的微服务化，并明确服务间的依赖，互相解耦。通过云原生架构，可以为数据交易和流通建立统一的标准。

- 微服务之间 API 接口通信统一：通过统一数据相关的微服务接口的通信标准，才能实现不同企业之间数据服务的通信。具体的协议标准可以参考不同的云厂商提供的数据服务类接口协议标准。

- 交付标准统一：应用标准容器化的打包方式真正实现了应用可移植，使数据交易应用可以水平迁移和移植，减少因企业业务变动和迁移带来的数据服务异常。

- 研发运维过程标准统一：通过 DevOps 的工具链实现研发标准统一。对数据服务的优化和变更能及时、准确地进行反应，保证数据需求方、数据供给方的接口及时更新，从整体上降低不同企业应用的研发变动带来的数据服务异常风险。

云原生还可以为数据交易产业带来多种变革。比如通过云原生实现业务解耦，可以实现用户的无感知治理和接管。通过网格化加速业务逻辑与非业务逻辑的解耦，进而将非业务功能从用户端 SDK 中分离出来放入独立进程中，利用容器共享资源的特性，实现数据服务业务的稳定、无感知变更。因此，数据交易平台能够更好地切换不同的数据服务商而不影响上层业务系统。在数据服务实践中，云原生技术会从底层的 IaaS 平台向上层的 PaaS、SaaS 服务逐步变革。企业云计算，将从资源云向业务云转变，最终全面云原生化。

云原生技术的标准化资源、轻量化弹性调度等特征，降低了企业数据交付服务的风险，提高了数据服务的稳定性，并拥有标准化的数据通信接口。随着技术和生态的不断成熟和完善，云计算将更好地支撑数据交易场景。

12.3.3　数据交易的知识治理

3.5 节介绍了知识治理的相关概念。知识治理是知识资产管理相关工作的集合，包括知识体系规划、知识开发、知识质量管理等多个工作项。如 DIKW 模型所示，数据通过识别转化为信息，信息通过抽取转化为知识，知识通过推理产生智慧。因此知识是数据的上层应用，知识治理决定了数据交易的业务领域和业务目标。知识治理对数据交易的意义包括以下三方面。

（1）有利于行业知识体系统一。通过行业知识体系的建设，能够将不同的业务需求、事理知识及海量实体进行关联与聚合。在行业领域的知识体系下，通过知识图谱构建与知识融合技术，不仅可以对分散的数据建立统一视图，也可以处理数据离散、异常、歧义、错误等问题。因此，知识治理是建设行业数据统一标准的有效保障。

（2）可以提升数据的投入产出比。统一的知识体系，行业中的不同实体在进行数据交换时会带来多种好处。比如在商品数据交易场景中，交易双方拥有彼此统一的商品 ID 体系是实现交易数据可用的有效保障。当 ID 相同时，同一 ID 下的商品数据可以通过 ID 进行合并。同时，统一的商品属性体系能够将在交易中获得的商品数据与自有的商品属性进行合并、补充或者修正。因此，统一的商品知识体系能让数据交易双方的商品数据实现真正的融合，让数据需求方获得对商品更全面的认知。因此，知识治理不仅提升了数据交换的价值，也降低了数据交换的成本。

（3）有利于行业标准的发展，并辅助政府监管决策。知识治理会围绕业务需求目标，将行业的领域数据、知识进行统一把控，可以将行业内的需求类、经验规则类、状态类知识，都通过知识图谱进行统一管理。比如在金融场景中，知识治理通过统一的标准推动数据跨市场互联互通，进而促进金融市场集约化增长。集，指集中人力、物力、财力；约，指节约、高效运行。同时，知识治理通过知识体系、知识图谱能够帮助监管层对市场的运行状态有更全面、实时的认知，进而提升监管决策效率。因此，知识治理可以保障市场信息系统的安全、稳定运行。

12.3.4　数据交易的需求匹配

数据交易的领域，通常包括用户领域、商品领域、产业链领域、设备领域、企业经营管理领域等。在这些领域中，进行数据交易需求与供给匹配也是极具挑战性的。从认知智能的视角，知识流通及数据流通的核心基石是为人、物、企业的认知与决策找到适合的数据，比如企业业务人员希望在数据交易中心，为用户画像、企业投资风控、设备健康管理搜索等业务应用找到可以提升效率的数据。

因此，数据交易需要强大的数据搜索匹配引擎，才能满足数据交易中心的供需匹配需求。数据交易中心的数据搜索匹配引擎，不仅需要对数据需求方所表达的需求与意图进行精确理解，还需要对数据供给方的数据能力进行精确认知。数据供给方的数据能力需要从多个方向考虑，包括数据质量、数据的时效性，以及与数据需求方的业务场景的适配性等，还需要对数据的价值进行预估和计算，以便为数据需求方提供最具性价比的数据。

图 12-1 展示了基于知识图谱和认知智能技术的知识共享和交换平台方案。知识交易合作共享平台可以围绕不同的行业领域建设行业知识图谱。通过行业知识图谱，不仅可以提升搜索引擎对数据需求方的需求理解能力，还可以提升对数据供给方的数据功能理解能力。知识图谱技术还可以提升连接底层数据的能力，帮助搜索引擎更好地整合数据来源。认知智能技术是提升数据交易效率、优化交易效果的重要手段。

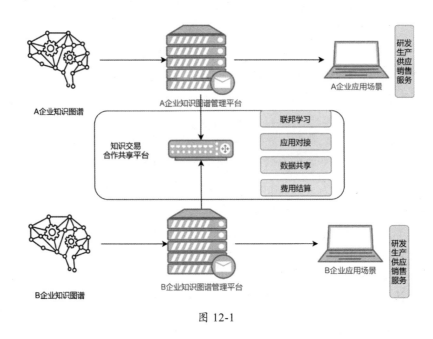

图 12-1

图 12-2 展示了数据知识化服务的流程。数据交易中心需要推动原始数据知识化，通过知识交易带动底层的数据交易。

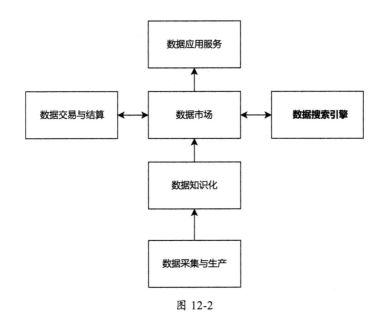

图 12-2

因此基于知识图谱与认知智能技术，数据交易平台可以构建精准的数据供需匹配能力，实现数据交易平台数据流通、数据变现的生态能力。

12.3.5　数据交易的隐私保护

在数据交易中，数据隐私保护是核心底线。数据通过知识化服务，以对原始数据抽象的方式实现了对数据隐私的基础保护。但是在不少数据交易场景中，知识也需要对提供者的隐私进行保护。

以金融投资、企业合作等博弈场景为例，不同社会地位、不同角色对某件事的认知、经验是不同的。比如，一家顶级公司的 CEO 认为比特币有价值，那么会带动比特币的价格大幅上涨；街边小店的食品店主认为比特币没有任何价值，则对比特币的价格影响是有限的。在信息博弈的情报网络中，越有价值的信息提供方，越担心信息泄露对自身的影响。因此，大范围、高价值的数据知识交易需要一种难以篡改、隐私性高、价值可衡量的交易方式。区块链技术因其独有的特性在这个场景中极具应用潜力。图 12-3 展示了知识图谱与区块链的结合方向。

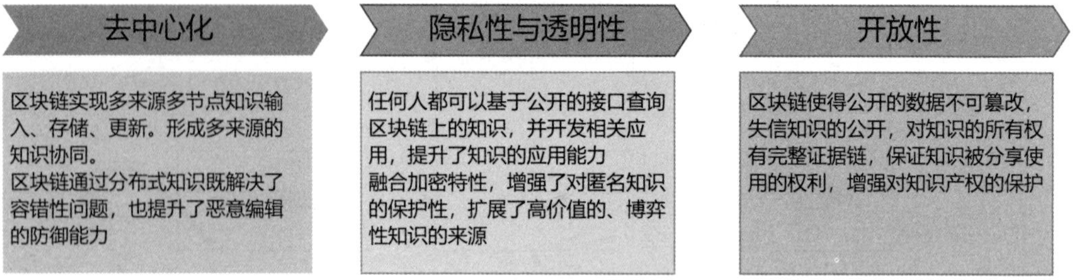

去中心化	隐私性与透明性	开放性
区块链实现多来源多节点知识输入、存储、更新。形成多来源的知识协同。 区块链通过分布式知识既解决了容错性问题，也提升了恶意编辑的防御能力	任何人都可以基于公开的接口查询区块链上的知识，并开发相关应用，提升了知识的应用能力 融合加密特性，增强了对匿名知识的保护性，扩展了高价值的、博弈性知识的来源	区块链使得公开的数据不可篡改，失信知识的公开，对知识的所有权有完整证据链，保证知识被分享使用的权利，增强对知识产权的保护

图 12-3

（1）区块链可以帮助数据知识交易实现**去中心化**。区块链技术的关键特征是去中心化，即不依靠中心管理节点，让每个个体都有机会成为中心。区块链技术能实现数据的分布式记录、存储和更新。在知识图谱中运用区块链技术，能实现多节点知识输入、存储和更新。开放共享编辑能力的知识库，可以在更多的分布式节点获取知识，以鼓励更多人群，特别是那些具有专业领域知识的人来共同参与知识图谱的搭建，实现知识量的进一步充实。对知识实现去中心化还能解决容错性问题，提升系统的抗攻击性。去中心化使知识图谱或知识管理平台不太可能因为某一个局部的意外事故而停止工作，任何一个节点受到攻击都不会使整个系统瘫痪。

（2）区块链技术也为知识交易带来了**隐私性与透明性**。区块链中的数据对所有人公开，任何人都可以通过公开的接口查询区块链上的数据和基于数据开发相关应用。因此，整个平台信息高度透明，为搭建完成的知识资产提供了流通能力，也扩展了可用方向。

（3）区块链技术还具有开放性。将知识图谱与区块链技术相结合，可使知识图谱记录的**数据不可逆，也不可篡改**。区块链在系统层面上实现信息的公开，每次记录或标注的数据和知识都能追溯到源头，实现了对各种错误行为的完整证据链，以及知识体系的安全。区块链还可以提升知识产权保护能力，使得知识在被多层转让后仍可追溯到相应的原始知识贡献者，使知识贡献者的知识产权受到更有力的保护。

另一方面，区块链技术也为知识生态带来了**动力与进化机制**。知识贡献者不仅仅应该被记录，更应该被激励。区块链的激励机制使得知识贡献者的数字化资产可以被交易，让其从更广的渠道进行知识变现。激励可以进一步提高知识贡献的积极性，并且对更优质的知识给予更好的激励。通过激励，可以促进优质知识扩散，并压制、淘汰劣质的知识。因此，区块链可以帮助数据交易建立优胜劣汰的生态。